AF571069

EUL
VERLAG

Finanzwirtschaftliche Effekte der Bilanzierung Strukturierter Produkte – erfolgsneutrale Fair Value-Bilanzierung als alternatives Konzept?

Inaugural-Dissertation zur Erlangung des akademischen Grades eines
Doktors der Wirtschafts- und Sozialwissenschaften
(Dr. rer. pol.)

an der Wirtschaftswissenschaftlichen Fakultät der
Heinrich-Heine-Universität Düsseldorf

D 61 (Diss. Universität Düsseldorf)

vorgelegt von: Dipl.-Kfm. Abdelhakim Azaouagh

Erstgutachter: Univ.-Prof. Dr. Raimund Schirmeister

Zweitgutachter: Univ.-Prof. Dr. Guido Förster

Disputation: 13.02.2014 in Düsseldorf

Dr. Abdelhakim Azaouagh

Finanzwirtschaftliche Effekte der Bilanzierung Strukturierter Produkte

Erfolgsneutrale Fair Value-Bilanzierung als alternatives Konzept?

Mit einem Geleitwort von Prof. Dr. Raimund Schirmeister,
Heinrich-Heine-Universität Düsseldorf

Bibliografische Information der Deutschen Nationalbibliothek

Die Deutsche Nationalbibliothek verzeichnet diese Publikation in der Deutschen Nationalbibliografie; detaillierte bibliografische Daten sind im Internet über <http://dnb.d-nb.de> abrufbar.

Dissertation, Heinrich-Heine-Universität Düsseldorf, 2014

D 61

ISBN 978-3-8441-0333-5
1. Auflage Juni 2014

JOSEF EUL VERLAG GmbH
Brandsberg 6
53797 Lohmar
Tel.: 0 22 05 / 90 10 6-6
Fax: 0 22 05 / 90 10 6-88
E-Mail: info@eul-verlag.de
http://www.eul-verlag.de

Bei der Herstellung unserer Bücher möchten wir die Umwelt schonen. Dieses Buch ist daher auf säurefreiem, 100% chlorfrei gebleichtem, alterungsbeständigem Papier nach DIN 6738 gedruckt.

Geleitwort

Die Verknüpfung von Kassa- mit bedingten und unbedingten Termingeschäften hat eine Fülle von Finanzinstrumenten hervorgebracht, mit denen sich Wissenschaft wie Praxis in den letzten vier Jahrzehnten auseinandersetzen. Speziell heben sich innerhalb solcher Produktinnovationen diejenigen hervor, in welchen ein originäres mit einem derivativen Instrument kombiniert wird, wobei diese zwar gedanklich trennbar, aber nicht einzeln handelbar sind. Hängen diese zudem von wenigstens zwei unterschiedlichen Marktrisiken (wie Zinsniveau, Aktienkurse, Wechselkurse) ab, hat sich die Bezeichnung *Strukturiertes Finanzinstrument* etabliert.

Ein Beispiel hierfür sind *Indexanleihen*, also eine Schuldverschreibung, deren Zins- oder Tilgungsleistungen an einen Aktienindex gekoppelt ist. Zentrales Motiv für derartige Konstruktionen ist der Zuschnitt auf ein individuelles Risikoprofil sowie die Möglichkeit, direkt oder indirekt in verschiedene Märkte zu diversifizieren.

Aus betriebswirtschaftlicher Sicht werfen solche Produkte zwei wesentliche Bewertungsfragen auf, die in hohem Maße unabhängig voneinander diskutiert werden: Zum einen die Frage nach deren adäquater Bilanzierung, zum anderen deren (modelltheoretische) Bepreisung. Während letztere ggf. zur Bilanzierung der Höhe nach beigezogen wird, bleiben ihre bilanzanalytischen und vor allem finanzwirtschaftlichen Implikationen eher unbeachtet.

Allerdings resultiert hieraus eine reizvolle wissenschaftliche Herausforderung mit beachtlichen praktischen Auswirkungen, die in der vorliegenden Monographie von Herrn Dr. *Abdelhakim Azaouagh* aufgegriffen wird. Konkret geht es hierbei um die Konsequenzen, die alternative Bilanzierungsansätze für die Finanzwirtschaft einer Unternehmung und den betroffenen Interessengruppen zur Folge haben (können). Insofern regt diese Untersuchung zur Nachdenklichkeit an.

Düsseldorf, im März 2014 Univ.-Prof. Dr. Raimund Schirmeister

Vorwort

Die vorliegende Arbeit entstand als externer Doktorand am Lehrstuhl für Lehrstuhl für Betriebswirtschaftslehre, insb. Finanzierung und Investition von Prof. Dr. Raimund Schirmeister an der Wirtschaftswissenschaftlichen Fakultät der Heinrich-Heine-Universität Düsseldorf.

Mein besonderer Dank gilt meinem Doktorvater, Herrn Univ.-Prof. Dr. Raimund Schirmeister, der mir diese Arbeit ermöglicht hat und durch Diskussionen, konstruktive Kritik und wertvolle Anregungen wesentlich zum Gelingen beigetragen hat. Bei Herrn Univ.-Prof. Dr. Guido Förster bedanke ich mich herzlich für die Übernahme und zügige Erstellung des Zweitgutachtens. Für die Übernahme des Prüfungsvorsitzes bei der Disputatio bin ich Herrn Univ.-Prof. Dr. Heinz-Dieter Smeets zu Dank verpflichtet.

Für wertvolle Kritik, Anregungen und Korrekturarbeiten während der gesamten Promotionszeit möchte ich mich insbesondere bei Dr. Thomas Held, Raoul Taake und Harald Saegert bedanken.

Abschließend gilt mein größter Dank meinen Eltern. Ihnen ist diese Arbeit gewidmet.

Düsseldorf, im April 2014 Abdelhakim Azaouagh

INHALTSVERZEICHNIS

ABBILDUNGSVERZEICHNIS

TABELLENVERZEICHNIS

ABKÜRZUNGSVERZEICHNIS

Abs.	Absatz
ACT/ACT	Actual/Actual (Zinsmethode)
AG	Aktiengesellschaft
AktG	Aktiengesetz
AFS	Available for Sale
AK	Anschaffungskosten
Art.	Artikel
BaFin	Bundesanstalt für Finanzdienstleistungsaufsicht
BilMoG	Gesetz zur Modernisierung des Bilanzrechts
BilReG	Bilanzrechtsreformgesetz
BIP	Bruttoinlandsprodukt
bspw.	beispielsweise
bzw.	beziehungsweise
c.p.	ceteris paribus
CBOE	Chicago Board of Options Exchange
CCCTB	Common Consolidated Corporate Tax Base
CCP	Central Counterparty
CLN	Credit-Linked Note
CVA	Credit Value Adjustment
DAX	Deutscher Aktienindex
DRSC	Deutsches Rechnungslegungs Standards Committee
DTB	Deutsche Terminbörse

EGHGB	Einführungsgesetz zum Handelsgesetzbuch
EMIR	European Market Infrastructure Regulation
ESMA	European Securities and Markets Authority
EU	Europäische Union
EUR	EURO (Währung)
EUREX	European Exchange
EURIBOR 3M	3-Monats Euro Interbank Offered Rate
EUWAX	European Warrant Exchange
EWG	Europäische Wirtschaftsgemeinschaft
FAK	Fortgeführte Anschaffungskosten
FAS	Financial Accounting Standard
FASB	Financial Accounting Standards Board
Fn.	Fußnote
FV	Fair Value
GKKB	Gemeinsame Konsolidierte Körperschaftsteuer Bemessungsgrundlage
GmbH	Gesellschaft mit beschränkter Haftung
GmbHG	Gesetz betreffend die Gesellschaften mit beschränkter Haftung
GoB	Grundsätze ordnungsmäßiger Buchführung
G/V	Gewinn/Verlust
GuV	Gewinn- und Verlustrechnung
h.M.	herrschende Meinung
HGB	Handelsgesetzbuch
HFA	(IDW) Hauptfachausschuss
HFT	Held for Trading

HTM	Held to Maturity
i.d.R.	in der Regel
i.e.S.	im engeren Sinne
i.H.v.	in Höhe von
IAS	International Accounting Standards
IASB	International Accounting Standards Board
ICAEW	Institute of Chartered Accountants in England and Wales
ICAS	Institute of Chartered Accountants in Scotland
IDW	Institut der Wirtschaftsprüfer
IFRS	International Financial Reporting Standards
InsO	Insolvenzordnung
ISIN	International Securities Identification Number
KMU	Kleine und mittlere Unternehmen
KWG	Gesetz über das Kreditwesen
LAR	Loans and Receivables
LIBOR	London Interbank Offered Rate
LIFFE	London International Financial Futures Exchange
m.E.	meines Erachtens
Nr.	Nummer
o.V.	ohne Verfasser
OCI	Other Comprehensive Income
OTC	Over-the-counter
p.a.	per annum
RS	(IDW) Stellungnahme zur Rechnungslegung

SE	Societas Europaea
SEC	United States Securities and Exchange Commission
SFI	Strukturierte Finanzinstrumente
SOFFEX	Swiss Financial Futures and Options Exchange
sog.	sogenanntes
SPPI	solely payments of principal and interest
SVSP	Schweizerischer Verband für Strukturierte Produkte
u.a.	unter anderem
US-GAAP	United States Generally Accepted Accounting Principles
VaR	Value-at-Risk
WKN	Wertpapierkennnummer
z.B.	zum Beispiel
z.T.	zum Teil
zzgl.	zuzüglich

SYMBOLVERZEICHNIS

α	Partizipationsfaktor der Indexentwicklung
σ	Standardabweichung
C_T	Wert einer (europäischen) Call-Option zum Zeitpunkt T
cap	Indexabhängige Maximalverzinsung (Rendite-Cap)
E	Erwartungswert
E (c_o)	Erwartungswert einer (europäischen) Kaufoption zum Zeitpunkt t=0
E (c_T)	Erwartungswert einer (europäischen) Kaufoption zum Zeitpunkt T
i_s	Fixe Verzinsung
i_I	indexabhängige Verzinsung
I_0	Indexstand zum Zeitpunkt t=0
I_T	Indexstand zum Zeitpunkt T
L	Zahlungsmittelbestand
ln	natürlicher Logarithmus
N	Wert der Gauß'schen Normalverteilungs-Dichtefunktion
Nom	Nominalbetrag
P_t	(Anleihe-)Kurs zum Zeitpunkt t
p_T	Wert einer (europäischen) Put-Option zum Zeitpunkt T
r	Diskontierungszinssatz
r_{adj}	(ausfall-)risikobehafteter Diskontierungszinssatz
R_I	Indexabhängige Rückzahlung
R_{max}	Maximalrückzahlung (bei Renditecap)

R_S	Sichere Rückzahlung (Redemption)
R_T	Gesamt-Rückzahlung zum Zeitpunkt T
S_t	Spot Rate zum Zeitpunkt t
T	Endfälligkeit der Indexanleihe
V	(Anleihe-)Barwert
X	Ausübungspreis einer Option im Black-/Scholes-Modell
Z_t	Zahlungsstrom zum Zeitpunkt t

I. Bilanzierung Strukturierter Finanzinstrumente im Fokus der finanzwirtschaftlichen Rechnungslegungspraxis

A. Steigende Bedeutung und Komplexität von Finanzinstrumenten

Während originäre Finanzinstrumente[1] wie bspw. Anleihen oder Direktkredite schon seit längerem zu den Standard-Finanzinstrumenten sowohl privater als auch institutioneller Investoren zählen, erlebten derivative Finanzinstrumente erst ab den 1970er-Jahren einen regelrechten Boom.[2] Dies war insbesondere an zwei Ereignisse geknüpft: Im Jahre 1973 eröffnete die Chicago Board of Options Exchange (CBOE) den Handel mit klassischen Aktienoptionen, während im gleichen Jahr die Wirtschaftswissenschaftler Fischer Black und Myron Scholes sowie Robert C. Merton ein Modell veröffentlichten, mit dem sich Aktienoptionen präferenzfrei, d.h. ohne Einbezug der erwarteten Rendite der zugrunde liegenden Aktie, bewerten ließen.[3] In den folgenden Jahren entstanden immer mehr Derivatebörsen für standardisierte Optionen und Futures, wie bspw. 1983 die London International Financial Futures Exchange (LIFFE) oder 1988 die Swiss Financial Futures and Options Exchange (SOFFEX[4]). Auch der außerbörsliche Handel wuchs in der Folge. Banken und größere institutionelle Anleger begannen bilaterale Verträge über den Austausch zukünftiger Zahlungsströme zu vereinbaren, wodurch im Vergleich zu den standardisierten börsengehandelten Produkten eine flexible Ausgestaltung der Finanzkontrakte möglich wurde und sie somit präzise auf die Bedürfnisse und Markterwartungen der Vertragspartner zugeschnitten werden konnten.[5] Die Kreation solcher flexibler Zahlungsstrukturen basierend auf

---

1 Im Folgenden werden die Begriffe Finanzinstrument, Finanztitel, Finanzkontrakt sowie Finanzprodukt synonym verwendet und bezeichnen allgemein alle vertraglichen Vereinbarungen, die zu einem Austausch von Zahlungsströmen führen, vgl. bspw. IAS 32.11.

2 Als einer der Hauptgründe kann dabei die Währungskrise der 1960er-Jahre und das letztlich daraus resultierenden Ende des Bretton-Woods-Systems fester Wechselkurse angesehen werden. Vgl. hierzu Rieger (2009), S. 23 f.

3 Vgl. Wohlwend (2001), S. 1, Kruschwitz/Husmann (2012), S. 296. Zum Modell Black/Scholes (1973), Merton (1973).

4 Inzwischen ist die SOFFEX mit der Deutschen Terminbörse (DTB) zur EUREX fusioniert.

5 Vgl. Wohlwend (2001), S. 1.

unterschiedlichen Marktpreisen erfolgt finanzwirtschaftlich gesehen durch die Kombination verschiedener Basisfinanzinstrumente.

Die rasante Entwicklung des Marktes für solche *Strukturierten Finanzinstrumente*[6] (im Folgenden auch SFI abgekürzt) hatte ihre wesentlichen Ursachen zudem in den allgemeinen Kursrückgängen und den Entwicklungen am neuen Markt zu Beginn des neuen Jahrtausends.[7] In der Folge waren potentielle Investoren an alternativen Anlagen interessiert, die ein höheres Ertragspotential als Geldmarkt- oder klassische Rentenanlagen aufwiesen.[8] Vor diesem Hintergrund entwickelten Banken neue, innovative und flexible Strukturen, welche die relativ sicheren Zahlungsstrukturen von Rentenanlagen mit den Ertragschancen verschiedener spekulativer Anlagen in unterschiedlicher Gewichtung miteinander kombinieren.[9]

Während laut einer Statistik des Datendienstleisters *Ariva* Anfang des Jahrtausends lediglich ca. 10.000 unterschiedliche Strukturierte Produkte am Markt gehandelt wurden, wurde 2006 die Marke von 100.000 Produkten überschritten. Ende 2010 waren bereits mehr als 500.000 Titel am Markt und im September 2012 überstieg die Anzahl 1.000.000.[10] Allein auf die Indizes der Deutschen Börse und STOXX wurden im Laufe des Jahres 2012 weltweit ca. 540.000 Strukturierte Produkte emittiert.[11]

Diese rasante Entwicklung des Marktes für Strukturierte Produkte führt allerdings nicht nur zu verbesserten Anlagemöglichkeiten durch die Flexibilität im Rahmen der Strukturierung, sondern erhöht auch die Komplexität und die Risiken sowohl der Anleger als auch der Emittenten durch den Einsatz dieser Produkte. Insbesondere durch die Verknüpfung verschiedenartiger Finanzprodukte mit *unterschiedlichen* Risikofaktoren wird der Markt insgesamt sowie das Risiko der einzelnen Finanzinstrumente und die damit verbundenen finanzwirtschaftlichen Effekte bei

---

6 Im Folgenden werden die Begriffe Strukturierte Finanzinstrumente, Strukturierte Finanzprodukte sowie Strukturierte Produkte synonym verwendet.

7 Vgl. Schaber/Rehm/Märkl/Spies (2010), S. 1.

8 Vgl. Schaber/Rehm/Märkl/Spies (2010), S. 1.

9 Vgl. Schaber/Rehm/Märkl/Spies (2009), S. 1.

10 Vgl. Börse Online (2012).

11 Vgl. Deutsche Börse (2012), S. 46.

den Marktteilnehmern zunehmend intransparent. Daher erfordert die dargestellte Zunahme und Relevanz dieser speziellen Produkte eine eingehende Analyse der finanzwirtschaftlichen Charakteristika und die Auswirkungen auf das Finanzmanagement der Unternehmen, wobei im Rahmen dieser Arbeit zur besseren und einheitlichen Veranschaulichung grundsätzlich die Sicht des Erwerbers eingenommen wird. Weiterhin wird die Perspektive der Erwerber insofern als zweckmäßiger angesehen, da Emittenten ihre ausgegebenen Strukturierten Produkte häufig absichern und lediglich eine Marge in Höhe der Differenz zwischen Kauf- und Verkaufspreis des Gesamtproduktes generieren.[12] Insofern reduzieren sich die finanzwirtschaftlichen Effekte aus Marktpreisschwankungen auf ein Minimum. Dennoch werden an passender Stelle auch auf finanzielle Verbindlichkeiten eingegangen und die Kernaussagen entsprechend herausgearbeitet bzw. validiert.

Zentrales Augenmerk der Analyse liegt dabei auf der transparenten Darstellung der Risikostruktur sowie Ergebnis- und Liquiditätseffekten, die durch die Bilanzierung der Produkte entstehen und auf der Frage, welche institutionellen Implikationen hieraus resultieren.

B. Internationalisierung der Einzel- und Konzernrechnungslegung

Die externe Rechnungslegung ist die zentrale und umfangreichste Informationsquelle, die seitens eines Unternehmens an die unternehmensexternen Informationsempfänger vermittelt wird. Neben der gestiegenen Bedeutung und Komplexität von Finanzinstrumenten ist die zunehmende Internationalisierung der Rechnungslegung und teilweise Konvergenz der Rechnungslegungssysteme als wesentliche Rahmenbedingung für das Finanzmanagement von Unternehmen hervorzuheben. Zusätzlich eröffnet sie dem Unternehmen aufgrund von Wahlrechten und bilanzpolitischen Maßnahmen allerdings auch Spielräume zur Gestaltung der vermittelten Informationen und kann damit der Beeinflussung der Informationsempfänger dienen.

---

[12] Vgl. Walter (2008), S. 62, Das (2001), S. 538 f.

Für deutsche Unternehmen waren dabei für Geschäftsjahre, die vor dem 01.01.2005 begannen, lediglich die Bilanzierungsvorschriften des Deutschen Handelsgesetzbuches (HGB) verbindlich im Einzel- und im Konzernabschluss anzuwenden. Hier dominiert traditionell der Gläubigerschutz und die Substanzerhaltung durch das Vorsichtsprinzip. Eine Bewertung durfte ausschließlich und maximal zu den Anschaffungs- bzw. Herstellungskosten vorgenommen werden.

Seit dem 01.01.2005 müssen für den Konzernabschluss kapitalmarktorientierter Unternehmen die International Accounting Standards (IAS) bzw. später die International Financial Reporting Standards (IFRS) Anwendung finden, wodurch das Prinzip der Fair Value-Bilanzierung (FV) Einzug in die Rechnungslegung deutscher Unternehmen erhielt. Der Fokus der Internationalen Rechnungslegung liegt dabei nahezu ausschließlich in der Informationseffizienz und Entscheidungsnützlichkeit der publizierten Daten des Externen Rechnungswesens für Kapitalmarktteilnehmer, insbesondere für Eigenkapitalgeber. Hierfür wird eine marktorientierte Bewertung als wesentliche Grundlage für einen großen Teil der Finanzinstrumente (wie auch für andere Vermögensgegenstände, die aber für diese Arbeit nicht weiter relevant sind) angesehen.

Durch die Verabschiedung des Gesetzes zur Modernisierung des Bilanzrechts (Bilanzrechtsmodernisierungsgesetz, BilMoG), welches am 29.05.2009 in Kraft getreten ist, erhielt die Fair Value-Bilanzierung – wenn auch mit Einschränkungen – Einzug in den *Einzelabschluss* deutscher Unternehmen.

Im Ergebnis ist somit der Großteil von Unternehmen, welche Strukturierte Finanzinstrumente im Rahmen ihres Finanzmanagements einsetzen, von der Fair Value-Bilanzierung betroffen.

Im Folgenden beziehen sich die Ausführungen in dieser Arbeit sowohl auf das Rechnungslegungswerk der IAS/IFRS als auch auf die Bilanzierungsvorschriften des HGB. Wo es sinnvoll erscheint, werden Gemeinsamkeiten und Unterschiede zwischen HGB und IAS/IFRS sowie auch für das US-amerikanische Rechnungslegungswerk US-GAAP dargestellt. Dabei ist allerdings zu beachten, dass die US-Börsenaufsicht SEC (United States Securities and Exchange

Commission) für nicht-US-amerikanische Unternehmen, die an einer US-amerikanischen Börse gelistet sind, bereits einen IFRS-Abschluss anerkennt. Daher wird der Fokus im Rahmen dieser Arbeit auf die HGB- und IFRS-Bilanzierung gelegt.[13]

C. Gang der Untersuchung

Ausgangspunkt und Motivation für das wissenschaftliche Anliegen dieser Arbeit stellen insbesondere mehrere Diskussionen im Rahmen der unternehmerischen Praxis dar, aus welchen Perspektiven Strukturierte Finanzinstrumente als ein Gesamtprodukt oder als Summe mehrerer Einzelprodukte anzusehen sind. Hiermit eng verknüpft ist dabei stets die Frage nach der "richtigen" bilanziellen Behandlung und den damit verbundenen finanzwirtschaftlichen Folgewirkungen. Grundsätzlich könnte das Strukturierte Produkt einheitlich zum Fair Value oder zu Anschaffungskosten bilanziert werden. Alternativ wäre eine Aufspaltung und separate Bilanzierung der Einzelkomponenten unter Heranziehung unterschiedlicher Bewertungsmodelle möglich.

In der wissenschaftlichen Literatur konzentrieren sich die Ausarbeitungen bislang schwerpunktmäßig auf die Arten und finanzwirtschaftlichen Charakteristika sowie auf die Modellbewertung Strukturierter Produkte oder aber auf die Darstellung der entsprechenden Rechnungslegungsvorschriften. Eine integrierte Betrachtung verschiedener Rechnungslegungsvorschriften und den hieraus resultierenden finanzwirtschaftlichen Folgewirkungen bzw. Implikationen für das Finanzmanagement von Unternehmen wird nicht oder nur äußerst unzureichend vorgenommen.[14] Diese Interdependenzen von Rechnungslegung und Finanzwirtschaft sollen daher im Rahmen dieser Arbeit näher untersucht werden.

---

13 Vgl. Grünberger (2012), S. 26.

14 Beispielhaft seien hier im Bereich der Bilanzierung die Ausarbeitungen von Eisele/Knobloch (2003), Bier/Lopatta (2008) und Scharpf (1999) bzw. im Bereich der Bewertung die Ausarbeitungen von Baule/Scholz/Wilkens (2004), Fischer/Schuster (2002) genannt.

Ziel dieser Arbeit ist somit eine theoretisch fundierte, ganzheitliche sowie praxisrelevante Analyse Strukturierter Finanzinstrumente, die sowohl die grundsätzliche Systematik, Risikostruktur, Bewertung und Bilanzierung auf der einen Seite als auch die aus ihrem Einsatz bei den Unternehmen resultierenden finanzwirtschaftlichen Effekte aus der Bilanzierung herausarbeitet. Aus den hieraus gewonnen Erkenntnissen werden die Vor- und Nachteile der verschiedenen Rechnungslegungsprinzipien diskutiert, um insbesondere zu einer Aussage zu gelangen, wie solche Finanzinstrumente grundsätzlich zu bilanzieren sein sollten. Hierbei wird deutlich, dass insbesondere bei Finanzinstrumenten die Rechnungslegung mehr als nur ein bloßes "Rechenwerk" ist. Sie kann auf der einen Seite von den Unternehmen im Rahmen der gesetzlichen Vorschriften zwar beeinflusst werden, hat aber auf der anderen Seite ebenso Auswirkungen bzw. Rückkopplungen auf die Finanzwirtschaft des Unternehmens; es bestehen mithin wesentliche Interdependenzen.

Nach einer grundlegenden Einordnung und Systematisierung Strukturierter Finanzinstrumente sollen die wesentlichen finanzwirtschaftlichen Charakteristika und die besondere Risikostruktur dieser Produktgruppe herausgearbeitet werden. Anhand des speziellen Typs der Indexanleihe, die im Rahmen dieser Arbeit im Fokus steht, wird im Anschluss zunächst die allgemeine Bewertungslogik dargestellt sowie notwendige Modellprämissen, -parameter und -anpassungen diskutiert, welche bei diesem Typus von Finanzinstrumenten notwendig erscheinen. Dies wird insbesondere anhand eines konkreten Beispiels einer fiktiven Indexanleihe dargestellt.

Im darauf folgenden Kapitel II.C soll dann diskutiert werden, wie eine solche Indexanleihe sowie Strukturierte Finanzinstrumente im Allgemeinen grundsätzlich bei der Bilanzierung abgebildet werden können. Hier wird sowohl auf die Bilanzierung nach Handelsrecht als auch auf die Regelungen der Internationalen Rechnungslegung eingegangen. Im Bereich der Internationalen Rechnungslegung wird gleichermaßen auf die Vorschriften nach IAS 39 und auf die bereits veröffentlichten Vorschriften von IFRS 9 eingegangen.

Darauf aufbauend folgt in Kapitel III die Überleitung auf das Finanzmanagement von Unternehmen. Hier wird zunächst die Relevanz bilanzieller Kennzahlen für das Finanzmanagement eines Unternehmens einschließlich der bilanzpolitischen Möglichkeiten von Unternehmen bei der Bilanzierung Strukturierter Produkte deutlich gemacht. Anschließend wird im Kernteil der Arbeit anhand einer Szenario-Analyse untersucht, welche finanzwirtschaftlichen Auswirkungen die unterschiedlichen Bilanzierungspraktiken auf Ergebniskennzahlen und die Ergebnisvolatilität sowie auf die Risikotransparenz eines Unternehmens haben. Die Effekte werden dabei in kurzfristige und langfristige Effekte unterteilt, je nachdem, ob sie sich lediglich einmalig auf die Kennzahlen im Jahresabschluss oder aber nachhaltig in späteren Perioden auswirken (konkret durch Liquiditätsabflüsse aus dem Unternehmen, die unter Umständen refinanziert werden müssen). Abgrenzungskriterium zwischen kurz- und langfristigen Effekten ist somit die Liquiditätswirksamkeit.

Auf Basis der aus den finanzwirtschaftlichen Effekten gewonnenen Erkenntnisse wird im letzten Kapitel die Diskussion einer erfolgsneutralen Zeitwertbilanzierung als Bilanzierungsalternative für Strukturierte Finanzinstrumente vorgenommen. Hierbei wird – nach einer systematischen Darstellung der Informationsinteressen sowie alternativen Möglichkeiten zur Sicherstellung eines Gläubigerschutzes bei Fair Value-Bilanzierung – mit der erfolgsneutralen Fair Value-Bilanzierung eine Möglichkeit diskutiert, um die gegensätzlichen Bilanzierungsprinzipien deutscher und internationaler Rechnungslegung zusammenzuführen. Somit wird eine Rechnungslegungspraxis skizziert, die weitgehend sowohl eine informationseffiziente und -nützliche ("decision usefulness") als auch gleichzeitig eine dem Vorsichtprinzip und dem Gläubigerschutz entsprechende Bilanzierung ermöglichen soll.

Der Aufbau der Arbeit ist zur besseren Übersicht in Abbildung 1 dargestellt und inhaltlich gruppiert.

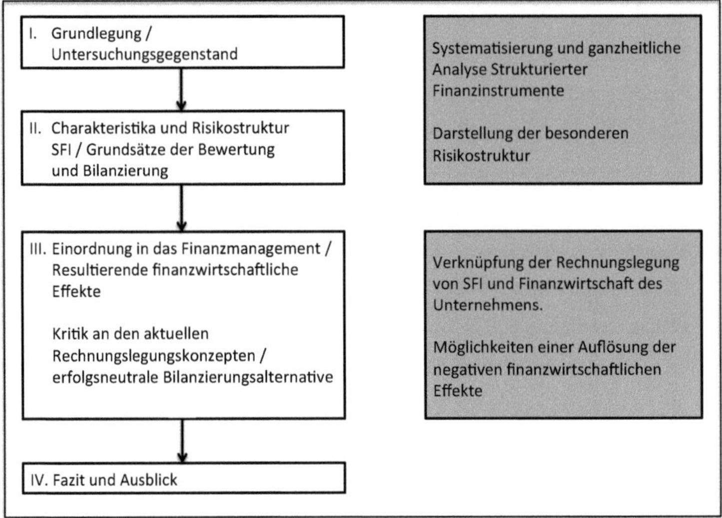

Abbildung 1: Gang der Untersuchung

Der Beitrag dieser Arbeit zur Forschung kann somit in der systematischen Zusammenführung der entsprechenden – auf den finanzwirtschaftlichen Charakteristika Strukturierter Produkte basierenden – Rechnungslegungseffekte und ihren Implikationen für das Finanzmanagement von Unternehmen gesehen werden. Auf Basis der hierbei gewonnen Erkenntnisse wird zudem eine umfassende erfolgsneutrale Fair Value-Bilanzierung vorgeschlagen, die über die bisherigen Konzepte hinausgeht.

Inhaltlich und methodisch ist die vorliegende Arbeit dabei bewusst an der Schnittstelle zwischen Theorie und Praxis angesiedelt; dabei werden einzelne Kapitel theoretisch abgehandelt bzw. entwickelt, ohne dabei die Anwendbarkeit und Relevanz für die praktischen Gegebenheiten außer Acht zu lassen. Daher werden auch englischsprachige Bezeichnungen an geeigneter Stelle mitverwendet, da sie im finanzwirtschaftlichen Umfeld in Theorie und insbesondere in der Praxis gängig sind bzw. sich bereits durchgesetzt haben.

II. Bewertung und Bilanzierung Strukturierter Produkte

A. Chancen- und Risikoprofile Strukturierter Finanzinstrumente

1. Einordnung und Klassifizierung als Ausgangspunkt

Finanzinstrumente bezeichnen gemäß IAS 32.11 allgemein alle Verträge, die gleichzeitig bei dem einen Vertragspartner zu einem finanziellen Vermögenswert (financial asset) und beim anderen Vertragspartner zu einer finanziellen Schuld (financial liability) oder einem Eigenkapitalinstrument (equity instrument) führen.[15] Man unterscheidet dabei grundsätzlich die beiden Hauptklassen der originären und der derivativen Finanzinstrumente. Unter den originären Finanzinstrumente können alle Finanzforderungen und Finanzschulden verstanden werden, bei denen Vertragsabschluss- und Erfüllungszeitpunkt nicht auseinander fallen (Kassatransaktionen).[16] Hierzu zählen bspw. Aktien, Schuldverschreibungen oder sonstige finanzielle Forderungen. Originäre Finanzinstrumente können sowohl Fremdkapital- als auch Eigenkapitalcharakter haben.[17]

Dagegen sind derivative Finanzinstrumente nicht als eigenständige Finanzinstrumente charakterisiert. Ihre vertragliche Ausgestaltung bezieht sich regelmäßig auf einen Basiswert (sog. Underlying).[18] Ein derivatives Finanzinstrument ist – der Definition in IAS 39.9 folgend – ein Finanzinstrument, dessen Wert sich in Abhängigkeit von Änderungen eines bestimmten Zinssatzes, Wertpapierkurses, Rohstoffpreises, Wechselkurses, Preis- oder Zinsindexes, Bonitätsratings oder Kreditindexes oder einer ähnlichen Variablen entwickelt.[19] Verglichen mit anderen Finanzinstrumenten, die in ähnlicher Weise auf Änderungen der zugrunde

---

15 Vgl. Grünberger (2011a), S. 111, IAS 32.11 (2011).

16 Als Kassatransaktionen werden alle Transaktionen bezeichnet, bei denen die Abwicklung des Vertrags unmittelbar nach Abschluss vollzogen wird. Als üblicher Zeitraum gelten hierbei 2 Bankarbeitstage.

17 Vgl. Bieg (2010), S. 609.

18 Vgl. Wolz (2004), S. 397.

19 Vgl. IAS 39.9a.

liegenden Marktparameter reagieren, verlangen Derivate bei Vertragsabschluss zudem keine oder lediglich eine vergleichsweise geringe Auszahlung.[20]

Weiteres wesentliches Unterscheidungsmerkmal zwischen originären und derivativen Finanzinstrumenten ist der Zeitpunkt der Vertragserfüllung. Derivate werden grundsätzlich per Termin erfüllt, d.h. ihre Laufzeit wird i.d.R. vertraglich auf einen zukünftigen Zeitpunkt oder Zeitraum begrenzt.[21] Somit fallen Vertragsabschluss und Vertragserfüllung zeitlich auseinander, wodurch Derivate als schwebende Geschäfte zu klassifizieren sind.[22] Bei Abschluss eines Derivats sind häufig weder Höhe noch Vorzeichen der Zahlungsströme zur Vertragserfüllung bekannt.

Neben diesen beiden Hauptklassen von Finanzinstrumenten hat sich in der jüngeren Vergangenheit die Gruppe der Strukturierten Finanzinstrumente als Anlageklasse etabliert.

Allgemein bezeichnen Strukturierte Finanzinstrumente solche Finanztitel, die im Rahmen des financial engineering aus mindestens zwei der vorgenannten Basisfinanzinstrumente (originäre oder derivative Instrumente) zusammengesetzt werden, von denen mindestens eines ein Derivat ist (eingebettetes Derivat).[23] Bestimmendes Merkmal dieser Definition stellt der derivative Charakter mindestens einer Komponente des (Strukturierten) Finanzinstruments dar, da sonst bspw. auch Anlagefonds unter die Definition eines Strukturierten Finanzinstrumentes

---

[20] Vgl. IAS 39.9b, Wolz (2004), S. 398.

[21] Vgl. IAS 39.9bc, Wolz (2004), S. 397.

[22] Vgl. Bieg (2010), S. 512 f.

[23] Vgl. Wohlwend (2001), S. 5, Bier/Lopatta (2008), S. 304. Vergleichsweise vage fällt die allgemeine Definition des Instituts der Wirtschaftsprüfer (IDW) aus, in der als Abgrenzungsobjekt für Strukturierte Finanzinstrumente die nicht-Strukturierten Finanzinstrumente herangezogen werden: "Strukturierte Finanzinstrumente i.S. dieser IDW Stellungnahme zur Rechnungslegung sind Vermögensgegenstände mit Forderungscharakter (z.B. Ansprüche aus Krediten, Schuldscheindarlehen oder Anleihen) bzw. entsprechende Verbindlichkeiten, die im Vergleich zu den nicht strukturierten Finanzinstrumenten hinsichtlich ihrer Verzinsung, ihrer Laufzeit und/oder ihrer Rückzahlung besondere Ausstattungsmerkmale aufweisen." IDW (2008), S. 1.

fallen würden, da auch hier Zahlungsstrukturen mehrerer Anlagen kombiniert werden.[24]

Die Haupterscheinungsform Strukturierter Finanzinstrumente ist die Kombination eines originären Finanzinstrumentes bzw. Kassageschäftes (beispielsweise einer Schuldverschreibung oder eines Geldmarktinstrumentes) mit einer oder mehreren derivativen Finanzinstrumenten, die zu einer festen rechtlichen und wirtschaftlichen Einheit verbunden werden.[25] Weiteres Merkmal Strukturierter Produkte ist, dass sie zwar gedanklich und rechnerisch in ihre einzelnen Bestandteile zerlegt werden können, die Bestandteile aber sowohl physisch als auch rechtlich nicht abtrennbar und einzeln handelbar sind.[26] Deshalb stellt beispielsweise eine klassische Optionsanleihe, die sich aus einer festverzinslichen Anleihe und einer Kaufoption zusammensetzt, kein Strukturiertes Finanzinstrument im Kontext dieser Arbeit dar, da die beiden Komponenten separat gehandelt bzw. ausgeübt werden können.[27] Grundsätzlich sind auch solche Strukturierten Produkte möglich, bei denen mehrere Derivate ohne eine nicht-derivative Komponente miteinander kombiniert werden. Diese als Strukturierte Derivate bezeichneten Finanzprodukte werden allerdings im Rahmen dieser Arbeit ausgeblendet. Im Folgenden wird nur noch auf Kombinationen von Anleihen und Derivaten eingegangen.[28]

Weder in der Praxis noch in der wissenschaftlichen Literatur existiert eine einheitliche oder allgemein anerkannte Systematisierung Strukturierter Produkte. Auch die Abgrenzung verschiedener Finanzinstrumente ist relativ uneinheitlich. Bspw. werden sowohl in der Literatur als auch in der Praxis die Begriffe Strukturierte Finanzinstrumente und Zertifikate als Synonyme angesehen. Zwar weisen Zertifikate grundsätzlich Ähnlichkeiten zu den hier betrachteten Instrumenten auf, wie bspw. die rechtliche Einordnung als Schuldverschreibungen und den Bezug auf einen Basiswert. Allerdings werden Zertifikate häufig ohne Laufzeitbegren-

---

24 Vgl. Wohlwend (2001), S. 5.

25 Vgl. Scharpf (1999), S. 21.

26 Vgl. Krumnow/Sprißler/Bellavite-Hövermann/Brütting (2004), S. 510.

27 Vgl. Scharpf (1999), S. 21.

28 Daher wird an Stelle von Strukturierten Finanzinstrumenten bzw. Produkten auch der Begriff der Strukturierten Anleihen synonym verwendet.

zung oder mit relativ langen Laufzeiten ausgegeben.[29] Darüber hinaus und wesentlich wichtiger für die Abgrenzung ist, dass Zertifikate im Unterschied zu sonstigen Schuldverschreibungen häufig nicht auf einen Nominalbetrag lauten (dennoch werden bei manchen Emittenten Strukturierte Produkte bzw. Anleihen unter dem Namen "Anlagezertifikate" gehandelt). Stattdessen leitet sich der Wert von dem zugrunde liegenden Basiswert entsprechend des Bezugsverhältnisses ab.[30] Des Weiteren gibt es bei Zertifikaten i.d.R. keine Zinszahlungen, sondern lediglich die Rückzahlung auf Basis der Wertentwicklung des Basiswertes.[31]

Die uneinheitliche Systematisierung und Abgrenzung liegt insbesondere, neben der Produktvielfalt, auch an der emittentenspezifischen Namensgebung.[32] Zudem unterliegt diese Gruppe von Finanzinstrumenten einer hohen Dynamik, in der in kurzen Zeitabständen immer neue "innovative" Konstruktionen sowie neue Varianten und Abwandlungen existierender Produkte unter neuen Bezeichnungen auf den Markt kommen.[33]

Für den weiteren Verlauf dieser Arbeit ist es daher vorteilhaft, als theoretische Fundierung eine Klassifizierung dieser Finanzinstrumente vorzunehmen. Da sich die im Rahmen dieser Arbeit betrachteten Strukturierten Finanzinstrumente gemäß oben ausgeführter Definition dadurch auszeichnen, dass ein originäres Kassainstrument mit einer derivativen Komponente verknüpft wird, erscheint es zweckmäßig, eine erste Klassifizierung anhand der Art der eingebetteten derivativen Komponente vorzunehmen. Die in Tabelle 1 dargestellte Auflistung gibt – in Anlehnung an die Systematik bei *Das*[34] – einen Überblick. Grundsätzlich können alle Arten von Derivaten in ein Strukturiertes Produkt eingebettet werden, wobei

---

29 Vgl. Hockmann/Thießen (2007), S. 450.

30 Vgl. Hockmann/Thießen (2007), S. 450 f.

31 Vgl. Hockmann/Thießen (2007), S. 450. Zu der Abgrenzung von Zertifikaten und Strukturierten Produkten vgl. auch Walter (2008), S. 52-54. In der Praxis werden Zertifikate inzwischen häufig für solche Produkte verwendet, die sich an Privatanleger richten (sog. Retail-Produkte).

32 Vgl. Stoimenov/Wilkens (2004), S. 207.

33 Vgl. Walter (2008), S. 36.

34 Vgl. Das (2001).

die ersten vier Kategorien, d.h. Aktien-, Aktienindex-, Währungs- und Zinsderivate in der Praxis am häufigsten anzutreffen sind.

Kategorie	Art des eingebetteten Derivats
Equity-linked	Aktienderivat
Equity Index-linked	***Aktienindexderivat***
Currency-linked	Währungsderivat
Interest Rate-linked	Zinsderivat
Commodity-linked	Waren(korb-)derivat
Credit-linked	Kreditderivat
Inflation-linked	Inflationsderivat
Insurance-linked	Katastrophen-/Wetterderivat

Tabelle 1: Klassifizierung nach Art des eingebetteten Derivates[35]

Eine Klassifizierung, die auf die Struktur der Zahlungsströme des Finanzinstrumentes abzielt, ist in Abbildung 2 dargestellt.

Erstes Kriterium ist hier der Kapitalschutz. Der Kapitalschutz garantiert dem Erwerber des Produktes die vollständige oder zumindest teilweise Rückzahlung des eingesetzten Kapitals am Ende der Laufzeit.[36] Produkte ohne Kapitalschutz ermöglichen dagegen keine Absicherung gegen negative Kursentwicklungen des Basiswertes.[37] Eine solche Kapitalgarantie bezieht sich stets auf die Tilgung des Nominalbetrags; Zins- oder sonstige Zahlungen werden nicht garantiert.

---

35 Tabelle in Anlehnung an die Systematik in Das (2001).

36 Unter der Voraussetzung, dass der Emittent nicht ausfällt. Auf das Ausfallrisiko wird in Kapitel II.B.3 eingegangen.

37 Vgl. Wohlwend (2001), S. 10. Ob eine Kursentwicklung des zugrunde liegenden Basiswertes positiv oder negativ ist, ist dabei relativ zu sehen, je nach Struktur und vertraglichen Konditionen des Produktes.

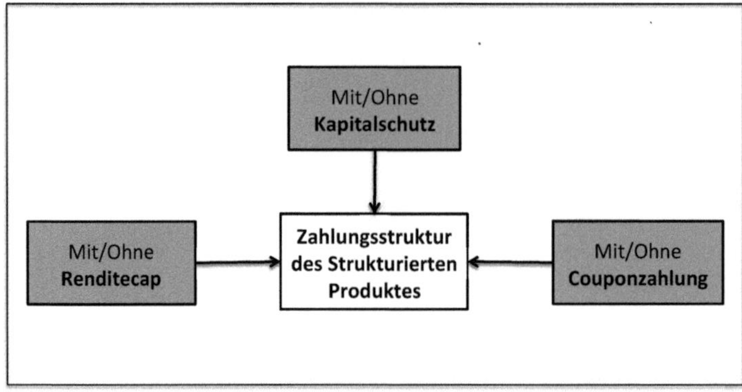

Abbildung 2: Klassifizierung anhand der Zahlungsstruktur[38]

Zweites Unterscheidungskriterium ist das Renditepotential des Produktes. Ist das Renditepotential nicht beschränkt, bedeutet dies für den Erwerber, dass er an positiven Kursentwicklungen des zugrunde liegenden Basiswertes uneingeschränkt partizipiert.[39] Wird das Renditepotential dagegen begrenzt, partizipiert der Investor nur bis zu einer bestimmten Schwelle an positiven Kursentwicklungen.[40] Das dritte Klassifizierungsmerkmal ist die bei Emission vertraglich fixierte Zahlung von festen Zinsen bzw. Coupons (einmalig oder periodisch während der Laufzeit), welche unabhängig von der Entwicklung des zugrunde liegenden Basiswertes sind.

Durch die drei vorgenannten Merkmale lassen sich prinzipiell sämtliche Strukturierten Produkte anhand ihrer Zahlungsströme klassifizieren. Dabei können beide Klassifizierungsarten (Art des eingebetteten Derivates und Zahlungsstruktur) im Rahmen der Analyse additiv verwendet werden.

Die Emission von Strukturierten Finanzprodukten kann grundsätzlich sowohl über eine Privatplatzierung (Over-the-counter, OTC) als auch über eine öffentliche

---

38 Abbildung und Klassifizierungskriterien in Anlehnung an Wohlwend (2001), S. 10.

39 Vgl. Wohlwend (2001), S. 11. Es besteht allerdings die Möglichkeit, dass der Erwerber laut Vertragskonditionen lediglich in Höhe eines festgelegten Partizipationsfaktors (bspw. 80% bzw. 0,8) von positiven Kursentwicklungen profitiert.

40 Vgl. Wohlwend (2001), S. 11.

Platzierung erfolgen. Bei einer Privatplatzierung wird das Produkt an eine oder wenige natürliche oder juristische Personen veräußert, wobei der potentielle Abnehmerkreis im Vorhinein eingeschränkt ist. Bei dieser Platzierungsart werden die konkreten Vertragsbestandteile und die Zahlungsstruktur individuell zwischen Käufer und Verkäufer vereinbart. Durch die bilaterale Verhandlung über die Konditionen des Vertrags kann der Kunde das Produkt flexibel anhand seiner konkreten Bedürfnisse und Erwartungen bezüglich bestimmter Marktbewegungen zusammenstellen; ein regulärer Sekundärmarkt findet beim OTC-Handel i.d.R. nicht statt.[41]

Bei der öffentlichen Platzierung dagegen wird das Strukturierte Produkt verbrieft, mit einer Kennnummer (bspw. WKN, ISIN) versehen und einer größeren Anzahl von potentiellen Abnehmern zum Kauf angeboten. Durch die Verbriefung und Standardisierung (Festlegung des Basiswertes, ggf. seiner Menge und seiner Qualität, Festlegung der Fälligkeitstermine, Festlegung des Handels- und des Erfüllungsortes und Festlegung der zugelassenen Vertragspartner) sind die Produkte prinzipiell fungibel auf dem Sekundärmarkt, werden aber im Vergleich zu den OTC-Produkten nicht mehr 1:1 den Kundenbedürfnissen gerecht.[42]

Obwohl sich in Deutschland u.a. die EUWAX Stuttgart als Handelsplatz für derivative Instrumente etabliert hat, ist davon auszugehen, dass der Großteil der Umsätze in Strukturierten Produkten im außerbörslichen Handel mit den Emittenten abgewickelt wird. Die Hauptgründe hierfür sind in der deutlich höheren Liquidität bzw. individuelleren Zusammenstellung der Produkte und den (prinzipiell unlimitierten) Handelszeiten im außerbörslichen Handel zu sehen.[43]

Zusammenfassend ist der Einsatz Strukturierter Finanzinstrumente somit im Vergleich zu den "klassischen" Finanzinstrumenten mit einer höheren Komplexität und erhöhten Risiken verbunden, die auf den ersten Blick auch für einen fachkundigen Analysten bzw. Bilanzleser nur schwer ersichtlich sind.

---

41 Vgl. Wohlwend (2001), S. 8.

42 Vgl. Wohlwend (2001), S. 8, Bieg (2010), S. 513 f.

43 Vgl. Stoimenov/Wilkens (2004), S. 213, Fn. 37.

2. Verändertes Risikoprofil als Besonderheit Strukturierter Finanzinstrumente

Strukturierte Finanzinstrumente weisen durch die eingebettete derivative Komponente regelmäßig Besonderheiten bei Verzinsung, Laufzeit und/oder Tilgung auf.[44] Wesentliches Charakteristikum solcher Strukturierten Produkte ist somit eine Modifikation der laufenden Ertrags- oder Tilgungsstruktur sowie eine Veränderung der Risikostruktur des originären Basisinstrumentes.[45] Die Veränderung der Cashflows wird dabei meist anhand bestimmter Zinssätze, Wertpapier- oder Warenpreise, Währungskurse sowie Preis- oder Kursindizes oder durch Einbettung von Options- bzw. Kündigungsrechten vorgenommen.[46] Verglichen mit einem originären oder derivativen Finanzinstrument, dessen Wertentwicklung gewöhnlich nur von einem finanzwirtschaftlichen bzw. volkswirtschaftlichen (Marktpreis-)Risikofaktor (bspw. bei Devisentermingeschäften vom Währungsrisiko) abhängig ist, hängt die Wertentwicklung Strukturierter Finanzinstrumente i.d.R. von mehreren volkswirtschaftlichen Marktpreisrisiken ab.[47]

Allerdings existieren auch Strukturierte Produkte, bei denen keine weiteren Marktpreisrisiken integriert, sondern lediglich die Erwerbs- oder Tilgungs*strukturen* verändert werden. Exemplarisch gehören hierzu kündbare Anleihen oder Anleihen mit Zinsbegrenzungen (Integration eines Cap, Floor oder Collar). Im Falle einer fest- oder variabelverzinslichen Anleihe oder Schuldscheindarlehen mit Gläubigerkündigungsrechten würde dies somit eine Kombination von zinstragendem Wertpapier und gekaufter Verkaufsoption aus der Perspektive des Investors oder bei einer variabelverzinslichen Anleihe mit Zinsobergrenze

---

44 Vgl. Schaber/Rehm/Märkl/Spies (2009), S. 1. So auch Das (2001), S. 2: "...a structured note is usually defined as a conventional fixed income debt security combined with a derivative transaction. The derivative element is generally incorporated into the normal fixed income security structure by linking either the redemption value and/or the value of coupons payable to movements in the price of a specified asset."

45 Vgl. Bier/Lopatta (2008), S. 304.

46 Vgl. Bier/Lopatta (2008), S. 304.

47 Vgl. Bier/Lopatta (2008), S. 306.

(Capped Floating Rate Note) eine Kombination von variabelverzinslicher Anleihe und einer Short-Position in einem Zinscap darstellen.[48]

Entsprechend werden daher auch im Rahmen der Kapitalmarktaufsicht einfache und komplexe Strukturierte Produkte unterschieden. Als einfache Strukturierte Produkte werden gemäß dem Rundschreiben der Bundesanstalt für Finanzdienstleistungsaufsicht (BaFin) solche Produkte eingeordnet, die durch Verbindung eines Kassainstruments mit einem oder mehreren gleichartigen Derivaten derselben Risikokategorie kombiniert werden und dadurch kein messbares zusätzliches Risiko aufweisen.[49] Charakteristisch ist weiterhin eine Kapitalgarantie in Höhe des Nominalbetrags, der Ausschluss einer Negativverzinsung und der Ausschluss von Liefer- oder Abnahmeverpflichtungen.[50] Alle anderen Produkte, die insbesondere die Einbettung von Derivaten einer anderen Risikokategorie oder keine Kapitalgarantie beinhalten, werden den komplexen Strukturierten Produkten zugeordnet.

Die im Gesamtprodukt durch die eingebettete derivative Komponente veränderten Chancen und Risiken sind allerdings häufig nicht auf den ersten Blick ersichtlich.[51] Diese Intransparenz gilt dabei potentiell sowohl für den Erwerber eines solchen Finanzproduktes als auch für einen fachkundigen, aber nicht spezialisierten Bilanzleser. Beispielsweise hat die im Rahmen dieser Arbeit genauer betrachtete Indexanleihe trotz der Namensgebung nur begrenzt Gemeinsamkeiten mit einer typischen "Anleihe", welche relativ sichere und von vorneherein festgelegte Auszahlungen impliziert. Dies ist bei Indexanleihen durch die Kopplung an einen Aktienindex gerade nicht der Fall. Neben dem Zinsrisiko des zugrunde liegenden Kassainstrumentes können in Strukturierten Finanzprodukten – bezugnehmend auf die Darstellung in Tabelle 1 – weitere Risiken integriert werden. Je nach Art des eingebetteten Derivats können dies Risiken aus Wertänderungen einer Aktie, eines Aktienindex, einer Währungsnotierung oder eines Warenkorbes sein.

48 Vgl. Scharpf (1999), S. 22, Schaber/Rehm/Märkl/Spies (2010), S. 159.

49 Vgl. BaFin (1999a), S. 3, Walter (2008), S. 43 f.

50 Vgl. hierzu BaFin (1999a), S. 3.

51 Vgl. Schaber/Rehm/Märkl/Spies (2009), S. 1, Wilding/Volkart (2007), S. 814.

Zusätzlich können Risiken aus Kreditereignissen, Inflationsgrößen oder Katastrophen über entsprechende Derivate integriert werden.

Neben den bereits dargestellten Systematisierungen anhand der Art der eingebetteten derivativen Komponente sowie anhand der Zahlungsstruktur des Strukturierten Produktes wird häufig eine Systematisierung anhand des Rendite-/Risiko-Profils vorgenommen, wobei die drei Hauptklassen Kapitalschutz, Renditeoptimierung und Partizipation unterschieden werden.[52]

In die Hauptklasse "Kapitalschutz" fallen dabei alle Produkte, die einen vollständigen oder zumindest teilweisen Schutz des eingesetzten Kapitals bei gleichzeitiger Partizipation an steigenden Wertpapier- oder Indexkursen beinhalten. Diese Produkte weisen daher meist das geringste Risiko auf. Der Anleger verzichtet jedoch i.d.R. vollständig oder teilweise auf die laufenden Erträge (Zinsen oder Coupon) einer relativ sicheren Anlage. Bei schlechter Entwicklung verliert der Anleger daher lediglich den Zinsertrag, bei guter Entwicklung hat er die Chance auf eine (je nach Ausgestaltung) einem Aktien- oder Indexinvestment analoge Verzinsung.[53] Aufgrund der Kapitalgarantie können solche Produkte speziell Anlegern mit geringer Risikotoleranz als Alternative zu klassischen Anleihen oder Geldmarktprodukten dienen.[54]

"Renditeoptimierungsprodukte" sind insbesondere bei seitwärts tendierenden Märkten attraktiv. Der Investor erhält eine im Vergleich zu ähnlichen Anlagen höhere laufende Verzinsung, muss aber Einbußen bei der Kapitalrückzahlung in Kauf nehmen, wenn das Underlying (i.d.R. eine Aktie oder ein Index) unter einen bestimmten Kurs sinkt. Damit zeichnen sich diese Finanzinstrumente durch eine begrenzte Rendite und fehlenden Schutz gegenüber hohen Kursrückgängen des

---

52 Diese Kategorisierung wird auch vom Schweizerischen Verband für Strukturierte Produkte (SVSP) empfohlen und ist in der sogenannten "Swiss Derivative Map" dargestellt. Abrufbar unter http://www.svsp-verband.ch/home/swissderivativemap.aspx (abgerufen am 12.09.2013). Zu den drei Hauptkategorien kann im weiteren Sinne auch die Kategorie "Hebel" gezählt werden, bei der über eine Hebelwirkung ein im Bezug auf den Eigenkapitaleinsatz akzentuiertes Gewinn-/Verlustprofil erreicht werden kann. Da sich diese Produkte allerdings nicht aus mehreren Finanzinstrumenten gemäß der oben genannten Definition Strukturierter Finanzinstrumente zusammensetzen, sollen Sie hier nicht weiter betrachtet werden. Vgl. zu den Hauptklassen auch Wilding/Volkart (2007), S. 814-815.

53 Vgl. Wilding/Volkart (2007), S. 814 f.

54 Vgl. Rieger (2009), S. 177.

Underlyings aus. Da der Anleger – wie bei einer direkten Aktienanlage – je nach Ausgestaltung der Gefahr eines Totalverlustes ausgesetzt ist, erhöht sich das Risiko gegenüber Produkten mit Kapitalschutz wesentlich. Allerdings ist das Risiko insofern geringer gegenüber einer direkten Investition in den Basiswert, da keine vollständige Partizipation an sinkenden Kursen durch den Anleger erfolgt, sondern erst ab einer vertraglich fixierten Schwelle.[55] Diese Kategorie eignet sich eher für Anleger, die eine moderate bis hohe Risikoneigung aufweisen.[56]

Die dritte Kategorie "Partizipation" beinhaltet Finanzinstrumente, die ein ähnliches Auszahlungsprofil aufweisen wie das Underlying. Sie sind somit weder gegen Verluste des eingesetzten Kapitals geschützt noch ist ihre Rendite vertraglich nach oben hin begrenzt. Folglich weisen Produkte dieser Kategorie im Vergleich zu den vorgenannten Klassen das höchste Risiko auf und sind eher für spekulative Anleger geeignet. Der Investor partizipiert am Kursverlauf des Underlyings, muss jedoch i.d.R. auf die laufenden Erträge aus dem Underlying (beispielsweise Dividenden) zugunsten des Emittenten verzichten.[57]

Der Erwerb Strukturierter Produkte bietet somit für den Anleger besondere Vorteile:[58] Jeder Anleger hat grundsätzlich eine persönliche Risikopräferenz. Strukturierte Produkte ermöglichen es der Gesamtheit der Anleger, für jedes Marktszenario ihre individuellen Rendite- und Risikopräferenzen umzusetzen und durch die gezielte Übernahme bestimmter Risiken höhere Erträge zu generieren.[59]

Beispielsweise wird ein konservativer Anleger eher in Produkte mit Kapitalschutz investieren, während ein risikoaffiner Anleger eher auf Renditeoptimierungs- und Partizipationsprodukte zurückgreifen wird.

---

55 Vgl. Wilding/Volkart (2007), S. 815.

56 Vgl. Rieger (2009), S. 177.

57 Vgl. Wilding/Volkart (2007), S. 815.

58 Vgl. zum folgenden Abschnitt o.V. (2011), S. 60.

59 Vgl. Bier/Lopatta (2008), S. 304, Rieger (2009), S. 262.

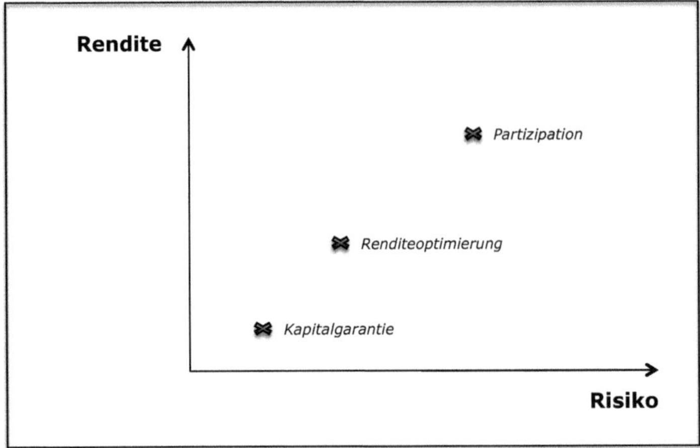

Abbildung 3: Klassifizierung anhand des Rendite-Risiko-Profils[60]

Zudem können mit Strukturierten Produkten verschiedene Markterwartungen umgesetzt werden, d.h., je nach Investitionsstrategie kann eine Rendite sowohl bei steigenden, fallenden als auch seitwärts tendierenden Märkten erwirtschaftet werden.[61] Zentral ist hierbei die korrekte Einschätzung der Basiswertentwicklung. Weiterhin bieten Strukturierte Produkte einen signifikanten Zeitvorteil, d.h., das Produkt kann vom Vertragspartner innerhalb kurzer Zeit auf die individuellen Anforderungen des Anlegers zugeschnitten werden. Eine kosten- und zeitintensive Recherche der passenden Anlage aus den zahlreichen bereits am Markt existierenden (aber unter Umständen nicht 1:1 der individuellen Erwartungen entsprechenden) Investitionsmöglichkeiten entfällt.

Schließlich existieren Anlageklassen, in die nur schwer oder gar nicht direkt investiert werden kann. Die Auszahlungen von Strukturierten Produkten könnten beispielsweise an einen Index in Emerging Markets (oder auch in bestimmte Edelmetalle oder Rohstoffe) gekoppelt werden. Auf diese Weise kann die eigene Anlagestrategie effizient umgesetzt werden, ohne direkt die zugrunde liegenden

60 Abbildung in Anlehnung an Rieger (2009), S. 178.

61 Vgl. SVSP (2012).

Basiswerte erwerben zu müssen, die unter Umständen einer Investitionsbarriere unterliegen.[62] Allerdings ist auch die Anlage in liquide Märkte einfacher, da es beispielsweise nicht notwendig ist, einen Index exakt über die einzelnen Werte nachzubilden, was einerseits den zeitlichen Aufwand und die Transaktionskosten aber andererseits das notwendige Anlagekapital reduziert.

Zu den Investoren Strukturierter Produkte zählen insbesondere institutionelle Anleger wie Investmentfonds oder Hedgefonds, Investmentbanken, Versicherungen sowie Industriekonzerne im Rahmen ihrer internen Risikorichtlinie.[63] Allerdings sind Strukturierte Produkte inzwischen auch für Privatanleger zugänglich, wobei diese Anlegergruppe – durch die Fokussierung auf finanzwirtschaftliche Effekte aus der Rechnungslegung – im Rahmen dieser Arbeit nicht relevant ist.

Motive für die Anlage in Strukturierte Produkte ist somit die Möglichkeit, individuelle Markterwartungen und damit einhergehende Rendite- und Risikopräferenzen ohne hohen Kapitaleinsatz umzusetzen. Mit dem Erwerb von nur einem oder wenigen Wertpapieren lassen sich durchaus komplexe Anlagestrategien verfolgen.[64] Damit zusammen hängt auch die Möglichkeit der Diversifikation. Durch die Kombination von originären und derivativen Finanzinstrumenten können Anleger mit einem Produkt in verschiedenen Marktsegmenten gleichzeitig investieren.[65]

Weitere Motive für die Anlage in Strukturierte Produkte können aufgrund gesetzlicher Restriktionen bestehen. Bspw. kann es für Versicherungen leichter sein in Strukturierte Produkte mit Kapitalschutz zu investieren als in Derivate.[66] Zudem kann die selbständige Abbildung des gewünschten Zahlungsprofils über die einzelnen Basisfinanzinstrumente für den Erwerber aufgrund von

---

62 Vgl. Wilding/Volkart (2007), S. 815.

63 Zu beachten ist, dass in Deutschland Versicherungen der Erwerb von Strukturierten Produkten nur unter restriktiven Bedingungen seitens der BaFin gestattet ist. Hierzu gehört insbesondere, dass das Produkt eine Kapitalgarantie beinhalten muss und eine Negativverzinsung ausgeschlossen ist. Vgl. BaFin (1999a), S. 3.

64 Vgl. HSBC Trinkaus (2012), S. 137.

65 Vgl. Riechert/Eck (1999), S. 273 f.

66 Vgl. hierzu auch BaFin (1999a).

Marktzugangsbeschränkungen oder fehlendem Know-How nicht durchführbar sein, weshalb auf Strukturierte Produkte zurückgegriffen wird.

Der Vorteil der Strukturierung stellt gleichzeitig aber auch eine der Risiken des Erwerbs solcher Produkte dar. Dabei besteht das Risiko, dass der Erwerber die Zahlungs- und Risikostruktur des Gesamtproduktes in seiner Gesamtheit falsch einschätzen kann. Weiterer Nachteil resultiert aus der eingeschränkten Handelbarkeit. Je individueller bzw. komplexer das Produkt ist, desto schwieriger wird es sein, es während der Laufzeit zu veräußern.[67] Darüber hinaus wird der Erwerb Strukturierter Produkte regelmäßig komplexere Unternehmensprozesse und erweitertes Know-How insbesondere im Bereich Bewertung, Bilanzierung und Risikomanagement erfordern.

Ein weiterer Aspekt bei der risiko-orientierten Betrachtung Strukturierter Produkte ist, dass solche Produkte i.d.R. als Inhaberschuldverschreibungen angesehen werden, für die der Emittent mit seinem ganzen Vermögen haftet.[68] Die Sicherheit der vertraglichen Zahlungen eines Strukturierten Produktes hängt daher maßgeblich von der Bonität des Schuldners bzw. Emittenten ab. Diese Thematik wird insbesondere im nächsten Hauptkapitel im Rahmen der Bewertung aufgegriffen.

Als Emittenten Strukturierter Produkte fungieren i.d.R. größere Banken. Ein Motiv für die Emission ist die Verlagerung von Preis- und Bonitätsrisiken.[69] Beispielsweise können durch Kündigungsrechte geringere Aufschläge für das Adressenausfallrisiko eingepreist werden oder eigene Kreditrisiken durch die Emission von Credit-Linked Notes (CLNs) abgebaut werden.[70]

Weiteres wesentliches Motiv für die Emission ist die Finanzierungsfunktion. Wäre die Verlagerung von Preis- und Bonitätsrisiken das alleinige Ziel des Emittenten, könnte dies auch durch den Handel der derivativen Komponente erfolgen.[71] Durch die Einbettung in ein Schuldinstrument erfolgt dagegen auch ein

---

67 Vgl. Gallati (2011), S. 22 f., SVSP (2013).

68 Vgl. Credit Suisse (2013), HSBC (2012), S. 138.

69 Vgl. Walter (2008), S. 49.

70 Vgl. Walter (2008), S. 61 f.

71 Vgl. Walter (2008), S. 49.

Kapitalzufluss. Viele Banken emittieren Produkte mit einer unterhalb der marktüblichen Verzinsung liegenden oder gänzlich fehlenden festen Verzinsung in Kombination mit einer derivativen Komponente auf einen Basiswert. Somit erfolgt die Refinanzierung der Bank zunächst zu relativ günstigen Konditionen. Das Risiko, welches aus den potentiellen Zahlungen aus der derivativen Komponente resultiert, kann durch den Abschluss eines gegenläufigen Geschäftes (sogenannte Back-to-Back-Geschäfte) kompensiert werden, sodass der Bank aus dieser Komponente keine offene Position entsteht. Aus der Differenz zwischen den Preisen aus Gegengeschäft und an den Kunden verkauftem Geschäft erzielt die Bank eine kalkulierbare und feste Rendite[72], wobei die Absicherung die potentielle Maximalrendite der emittierten Indexanleihe schmälert. Allerdings kann die Bank die derivative Position auch offen lassen und durch die bewusste Übernahme des Risikos einen potentiell höheren Ertrag generieren, sofern sich das Underlying zu Gunsten der Bank verändert.

Weiterer Vorteil für die Bank ist die relative Intransparenz Strukturierter Produkte. Durch die individuelle Strukturierung anhand der Kundenerwartungen ist es für den Anleger relativ schwierig, das Produkt und dessen Zusammensetzung mit bereits am Markt existierenden Produkten zu vergleichen. Für den Emittenten besteht in dieser Intransparenz bzw. Informationsasymmetrie die Möglichkeit, höhere Margen und Prämien zu generieren. Zudem ist die Strukturierung als Dienstleistung zu sehen, welche entsprechend zu entgelten ist.[73] Grundsätzlich wird daher das Strukturierte Produkt in seiner Gesamtheit regelmäßig teurer sein als die Summe der einzelnen Komponenten.[74] So konnte in zahlreichen empirischen Studien (u.a. von *Stoimenov/Wilkens* für Strukturierte Produkte auf den DAX und von *Wohlwend* für Strukturierte Produkte auf schweizerische Aktien) festgestellt werden, dass es bei der Emission teilweise zu deutlichen Überbewertungen der Gesamtprodukte zu Gunsten der Emittenten – im Vergleich

---

72 Vgl. Das (2001), S. 538 f.

73 Vgl. Perridon/Steiner/Rathgeber (2012), S. 378.

74 Diese als Mispricing bezeichnete Differenz zwischen Gesamtkaufpreis und dem Wert der einzelnen Komponenten beinhaltet neben der Marge (Reingewinn) des Emittenten allerdings auch weitere Kosten für Hedging, Marketing und Vertrieb des Produktes. Vgl. Rieger (2011), S. 258 f.

zu den frei am Markt gehandelten Basisfinanzinstrumenten – kommt.[75] Darüber hinaus bietet eine Strukturierung den Emittenten die Möglichkeit, sich durch neue Produktgestaltungen vom Wettbewerb abzuheben und durch die flexible Reaktion auf Kundenwünsche die Kundenbindung zu verstärken.[76]

Während einfache und auch strukturierte Derivate prinzipiell als Absicherungsinstrumente dienen können, sind die hier betrachteten Strukturierten Anlageprodukte nicht zur Absicherung geeignet. Absicherung setzt stets ein Grundgeschäft bzw. einen Bestand voraus, der abgesichert werden soll.[77] Dagegen sind strukturierte Anlageprodukte bereits als Grundgeschäft zu sehen, deren Zahlungsströme ihrerseits abgesichert werden können. Bspw. könnte die emittierende Bank die indexabhängige Zahlung der im folgenden Kapitel darzustellenden Indexanleihe über eine Indexoption zum Fälligkeitszeitpunkt absichern. Im Ergebnis könnte sich die Bank somit unter Umständen günstiger refinanzieren und eine Marge aus der Differenz zwischen Kauf- und Verkauf der eingebetteten Option generieren, ohne aber selbst ein Risiko aus der Indexkomponente aufzubauen. Beide Strategien hängen im Wesentlichen von der Risikoneigung und dem Geschäftsmodell der emittierenden Bank ab.

Im Folgenden wird exemplarisch für Strukturierte Anleihen auf eine Indexanleihe eingegangen und ihre spezifischen Charakteristika sowie Zusammensetzung als Basis für die weitere Analyse herausgearbeitet.

3. Finanzwirtschaftliche Charakteristika und Duplikation von Indexanleihen

Eine Indexanleihe ("Index-linked Bond") bezeichnet einen Typus Strukturierter Produkte und ist gemäß *Schaber/Rehm/Märkl/Spies* definiert als ein Schuldinstru-

---

75 Vgl. Stoimenov/Wilkens (2004), Wohlwend (2001). Eine Übersicht über weitere empirische Studien findet sich ebenfalls bei Stoimenov/Wilkens (2004). Als Vergleichsmaßstab wurde bei den meisten Studien die implizite Volatilität auf Basis der beobachteten Preise herangezogen.

76 Vgl. Abt/Gehlen (1999), S. 4.

77 Vgl. BaFin (1999a), S. 3.

ment, "... dessen Zins- und/oder Tilgungszahlungen von der Wertentwicklung einer Aktie, eines Aktienkorbes, eines Aktienindex oder von der Wertentwicklung eines bzw. mehrerer Investmentfonds"[78] abhängt. Sie entsteht durch die Kombination einer fest- oder variabelverzinslichen Schuldverschreibung mit einer eingebetteten derivativen Komponente zur Generierung der aktienindex-basierten Zins- und/oder Tilgungsleistungen, was in einem zusätzlichen Marktpreisrisiko (Aktienkurs- bzw. Indexrisiko) mündet.[79] Somit resultiert ein Finanzinstrument, welches Zahlungsströme beider Finanzinstrumentgruppen beinhaltet. Bestimmte Ausprägungen der weiteren Parameter wie bspw. Laufzeit, Besicherung und Handelbarkeit sind dagegen kein zwingendes Charakterisierungsmerkmal von Indexanleihen.[80] Im Fokus dieser Arbeit stehen Indexanleihen, die sich auf einen Aktienindex beziehen.

Sofern Indexanleihen nicht an der Börse gehandelt, sondern individuell zwischen zwei Vertragsparteien "Over-the-counter" abgeschlossen werden, kann damit die gesamte Zahlungsstruktur, insbesondere Laufzeit, Zahlungszeitpunkte, Zahlungsbedingungen sowie Auswahl des zugrunde liegenden Index im Grenzfall individuell zwischen den Vertragsparteien ausgehandelt und vereinbart werden.[81] Im Ergebnis existiert somit nicht *die* Indexanleihe, sondern nur eine Menge verschiedener Finanztitel, die eine ähnliche Zahlungsstruktur aufweisen und sich allgemein der Kategorie der Indexanleihen zuordnen lassen. In der Regel setzen sich diese Zahlungsströme derart zusammen, dass die Basiszahlungen von Investitionskapital und Tilgung ähnlich einer Anleihe fixiert sind. So wird das Strukturierte Produkt beispielsweise zu einem festen Nominalbetrag ausgegeben, dessen Preis gewöhnlich 100% beträgt oder auch mehr (Agio) bzw. weniger (Disagio) betragen kann. Während der Laufzeit bzw. Haltedauer der Indexanleihe

---

78 Schaber/Rehm/Märkl/Spies (2009), S. 18. So auch Das (2001): "Equity index-linked structured notes may be defined as fixed income securities where the interest coupons and/or principal of the instrument is linked to the movements in equity market indexes".

79 Vgl. Schaber/Rehm/Märkl/Spies (2009), S. 18, Wiedemann (2003), S. 212.

80 Vgl. Ebertz (1992), S. 1.

81 Ein Beispiel für eine börsengehandelte (nicht-kapitalgarantierte) Indexanleihe ist die "Indexanleihe Classic bezogen auf den DAX®" der Commerzbank AG (ISIN DE000CK5XW59).

oder einmalig am Laufzeitende (Zero Coupon) werden vom Emittenten vertragliche Couponzahlungen an den Erwerber ausgezahlt, die von der Entwicklung eines Index abhängig sind. Neben der indexabhängigen Komponente kann zusätzlich auch ein fester oder variabler Zinscoupon vereinbart werden.

Grundsätzlich können bei Indexanleihen Bull- und Bear-Indexanleihen unterschieden werden. Im Falle von Bull-Indexanleihen partizipiert der Investor an einer positiven Entwicklung (also einem Anstieg) des zugrunde liegenden Index, bei einer Bear-Indexanleihe profitiert er dagegen von einer negativen Entwicklung (also einem gesunkenen Indexstand).[82] Darüber hinaus wurden auch schon frühzeitig Indexanleihen emittiert, bei denen in den Emissionsbedingungen festgelegt wurde, dass sowohl Bull- als auch Bear-Anteile gezeichnet werden müssen, wie bspw. bei einer Indexanleihe der Deutsche Bank Finance N.V. aus dem Jahr 1986.[83] Die spezifische Risiko- und Erwartungsstruktur des Anlegers muss bei solchen Produkten somit dadurch gesteuert werden, dass er entweder den Bull- oder Bear-Anteil am Sekundärmarkt vollständig oder teilweise weiterveräußert. Dies hat für den Emittenten den Vorteil, dass er sein Exposure[84] aus der Indexbewegung von vornherein ausschließt und kalkulierbare Zahlungsströme aus der Veräußerung der Strukturierten Anleihe erhält, mithin ein perfekter Hedge der beiden Anteile entsteht.[85]

Bei der Rückzahlung des investierten Kapitals gibt es ebenfalls diverse Ausgestaltungsmöglichkeiten. In Anlehnung an die in Kapitel II.A.1 dargestellte Systematisierung anhand der Zahlungsstruktur werden zunächst kapitalgarantierte und nicht-kapitalgarantierte Indexanleihen unterschieden. Weitere Ausgestaltungsmöglichkeiten sind die Zahlungen von fixen Coupons sowie die unbegrenzte oder begrenzte Partizipation an der Indexentwicklung.

Bei *kapitalgarantierten* Indexanleihen handelt es sich um Finanztitel, bei denen der Emittent verspricht, am Laufzeitende mindestens den investierten Nominalbe-

---

82 Vgl. Das (2001), S. 522 f.

83 Vgl. hierzu Köpf/Walz (1986).

84 Als Exposure wird im finanzwirtschaftlichen Umfeld das Risiko von Marktschwankungen bezeichnet, der ein bestimmtes Vermögen ausgesetzt ist.

85 Vgl. Köpf/Walz (1986), S.460 f., Das (2001), S. 523.

trag zurückzuzahlen.[86] Eventuelle Zinszahlungen aus der Indexanleihe fallen dann an, wenn der Stand des zugrunde liegenden Index zu den bei Emission festgelegten zukünftigen Zinsterminen im Vergleich zum Indexstand an zeitlich vorangegangenen Zeitpunkten gestiegen oder gesunken ist, abhängig davon, ob es sich um eine Indexanleihe vom Bull- oder vom Bear-Typ handelt. Im Folgenden beziehen sich die Ausführungen auf eine Bull-Indexanleihe, sind aber auf eine Bear-Indexanleihe entsprechend übertragbar.

Im einfachsten Fall wird zur Zinszahlungsberechnung der Indexstand zum Zahlungstermin (I_T) mit dem Indexstand bei Emission (I_0) der Indexanleihe verglichen. Ist der Indexstand niedriger als zum Emissionstermin, werden keinerlei Zinsen gezahlt. Im umgekehrten Fall orientieren sich die Zinszahlungen an der prozentualen Erhöhung des Indexstandes zwischen zwei festgelegten Terminen, wobei i.d.R. zwei Arten unterschieden werden können:

- Bei kapitalgarantierten Indexanleihen mit Partizipationsfaktor ergibt sich die indexabhängige Verzinsung i_I durch Multiplikation der prozentualen Indexsteigerung mit einem festgelegten Faktor.[87] Die Partizipation an der Indexsteigerung ist i.d.R. nicht begrenzt (α=1).

  (1) $i_I = \alpha * \frac{I_T - I_0}{I_0}$

  I_0 kann somit bei einer kapitalgarantierten Bull-Indexanleihe als Schwellenwert angesehen werden, unterhalb dessen die Tilgungsleistung konstant und gleich R_S ist.[88]

- Dagegen partizipiert der Anleger bei kapitalgarantierten Indexanleihen mit Renditeobergrenze häufig vollständig an der prozentualen Indexsteigerungsrate, allerdings nur bis zu einer festgelegten Renditeobergrenze (Renditecap). Übersteigt die prozentuale Indexsteigerung diesen

[86] Vgl. Fischer/Schuster (2002), S. 244.

[87] Vgl. Fischer/Schuster (2002), S. 244.

[88] Vgl. auch Ebertz (1992), S. 42.

Cap, wird eine Verzinsung lediglich in Höhe der Renditeobergrenze gewährt.[89]

$$(2)\ i_I = min\left\{\frac{I_T - I_0}{I_0}\ ; cap\right\}$$

Wesentlicher Vorteil einer solchen Ausgestaltung ist für den Investor die auf den Nennwert bezogene Kapitalgarantie in Verbindung mit einer Chance auf erhöhte Couponzahlungen, mithin eine Begrenzung des Verlustrisikos.[90]

Eine weitere Ausgestaltungsmöglichkeit (ohne Kapitalgarantie) besteht darin, dass auch die Tilgung vollständig oder teilweise an die Entwicklung des zugrunde liegenden Index gekoppelt wird. Dabei kann der Rückzahlungsbetrag sowohl über dem Nennwert als auch darunter liegen, wodurch sich gleichermaßen Chancen und Risiken der Indexentwicklung auch im Nominalbetrag widerspiegeln. Theoretisch denkbar wäre auch eine Kopplung des gesamten Nominalbetrags an die Indexentwicklung, d.h. bei einer festgelegten Indexentwicklung verfällt der gesamte Anspruch auf Rückzahlung des Nominals.

Neben den am häufigsten verwendeten Underlyings (Aktienkörbe und Aktienindizes) gibt es in der Praxis auch Varianten von Indexanleihen, die an die Wertentwicklung eines Investment-, Hedge- oder Dachfonds gekoppelt sind (sogenannte Hedge Fund Linked Notes).[91] Des Weiteren wurden in der jüngeren Vergangenheit auch Anleihen von Staaten (bspw. Argentinien) emittiert, deren Zins- und/oder Tilgungszahlungen von der Entwicklung des Bruttoinlandsproduktes (BIP) abhängig ist.[92]

Zu den in der Praxis am häufigsten verwendeten Referenz-Indizes zählen neben Aktienkursindizes (stock index-linked bonds) auch Wechselkurse (currency- bzw. forex-linked bonds). Seltener existieren zudem auch solche Anleihen, die an einen

89 Vgl. Fischer/Schuster (2002), S. 244.

90 Vgl. Schaber/Rehm/Märkl/Spies (2009), S. 263.

91 Vgl. Schaber/Rehm/Märkl/Spies (2009), S. 80, 263.

92 Vgl. zu BIP-indexierten Anleihen Trauten/Wilkens/Wimschulte (2008).

Warenpreisindex (commodity price-linked bonds) oder an eine Inflationsrate (inflation-linked bonds) gebunden sind.[93]

Im Ergebnis kann festhalten werden, dass sich Indexanleihen finanzwirtschaftlich im Wesentlichen aus investiertem Kapital (principal amount) und der entsprechenden (indexabhängigen oder indexunabhängigen) Rückzahlung (amortisation of principal amount) sowie laufenden, indexabhängigen Couponzahlungen (interest payments) zusammensetzen.

Im Folgenden soll nun detaillierter darauf eingegangen werden, mit welcher Systematik sich die Zahlungsströme einer Indexanleihe über verschiedene Basisfinanzinstrumente darstellen lassen, um die Grundlage für die Bewertung und Bilanzierung dieser Werte zu legen. Daher wird als Beispiel die fiktive kapitalgarantierte Indexanleihe INDEX1000 skizziert, die als Grundlage für die Darstellung der bilanziellen Behandlung und die finanzwirtschaftliche Analyse der Effekte der Bilanzierung dienen soll.

Es sei angenommen, dass die Indexanleihe folgende finanzwirtschaftlichen Charakteristika aufweist

- Erwerb des Gesamtproduktes in t_0 (31.12.2011) zum Marktwert
- Nennwert der Anleihekomponente: 10.000 EUR
- außerbörslich gehandelt; keine institutionelle Clearing-Stelle
- 4 Jahre Laufzeit: t_0 bis t_4 (mit $t_4 = T$)
- jährliche Couponzahlung von 0,5% auf den Nominalbetrag der Anleihe
- Tilgungsstruktur folgendermaßen abhängig vom Deutschen Aktienindex (DAX):
    - In T: Indexunabhängige Tilgung zum Nennwert 10.000 EUR (zzgl. 0,5% fixem Coupon auf den Nennwert)
    - Indexstand (I) in T : $I_T \leq I_0$: Auszahlung = 0

---

93 Vgl. Ebertz (1992), S. 2.

- Indexstand (I) in T : $I_T > I_0$: Auszahlung R_I

  mit $R_I = Nom * \propto * \frac{I_T - I_0}{I_0}$

Sofern der DAX zum Fälligkeitszeitpunkt T die Schwelle I_0 nicht erreicht, wird die Indexanleihe zum Nennwert von 10.000 zuzüglich einer unterdurchschnittlichen fixen Marktverzinsung von 0,5% p.a. getilgt. Überschreitet der DAX hingegen die Schwelle von I_0 (Indexstand zum Zeitpunkt der Emission), erhält der Erwerber zum Zeitpunkt der Fälligkeit eine zusätzliche Zinszahlung. D.h. die Auszahlung der (kapitalgarantierten) Indexanleihe würde sich in diesem Fall aus der sicheren Rückzahlung des Nominalbetrags zzgl. einer fixen Verzinsung und einer indexabhängigen Auszahlung zusammensetzen. Dabei kann optional auch ein Partizipationsfaktor (vgl. Formel (1)) an der indexabhängigen Auszahlung festgelegt werden, auf den aber aus Vereinfachungsgründen im Beispiel verzichtet wird.

Das Auszahlungsprofil zum Zeitpunkt der Fälligkeit (T) für INDEX1000 stellt sich folgendermaßen dar:

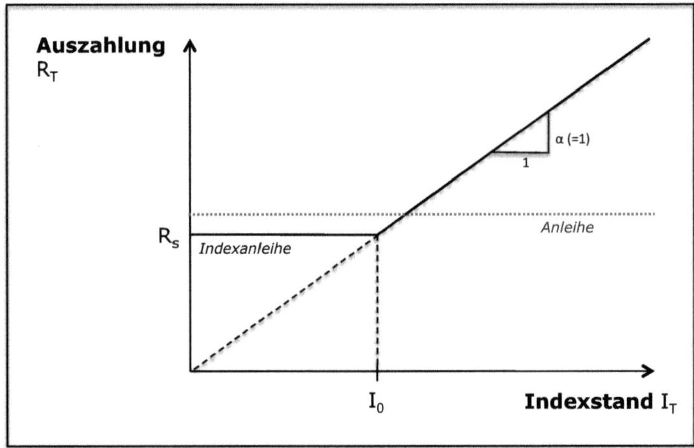

Abbildung 4: Zahlungsprofil einer Indexanleihe ohne Renditecap

Aus der Abbildung ist bereits ersichtlich, dass der Verlauf des Zahlungsprofils einer kapitalgarantierten Indexanleihe ohne Renditebeschränkung dem einer Kaufoption auf Aktien grundsätzlich ähnelt. Hier sei angemerkt, dass die Duplikation einer indexabhängigen Zahlung maßgeblich von einer Kapitalgarantie abhängt. Beim Fehlen einer Kapitalgarantie, d.h. einer Partizipation auch an negativen Entwicklungen des Index, müsste die Duplikation durch symmetrische Derivate erfolgen, im konkreten Beispiel anhand eines Forwards auf den Index.[94]

Mathematisch formuliert lässt sich die Auszahlung zum Zeitpunkt T auch folgendermaßen darstellen:

(3) $R_T = max\,[R_s\,;\, R_s + R_I\,]$

R_T sei die Gesamtrückzahlung zum Zeitpunkt der Fälligkeit und ergibt sich, abhängig von der Indexentwicklung, als Maximum aus der sicheren Tilgung der Anleihekomponente R_S bzw. aus der sicheren Tilgung der Anleihekomponente zuzüglich der indexabhängigen Auszahlung R_I.

Die sichere Tilgung R_S ergibt sich durch die Tilgung des Nominalbetrags zuzüglich einer Verzinsung mit dem sicheren fixen Zinssatz i_s.

(4) $R_S = Nom * (1 + i_s\,)$

Die indexabhängige Zahlung R_I berechnet sich durch Multiplikation des Nominals mit der relativen Veränderungsrate des Index gegenüber dem Indexstand zum Zeitpunkt der Emission.

(5) $R_I = Nom * \propto * \frac{I_T - I_0}{I_0}$

Die Duplizierung des Erwerbs und der sicheren Tilgungszahlung des Nominals gelingt somit mit einer realen oder synthetischen festverzinslichen Anleihe, deren Laufzeit an dem entsprechenden Zahlungstermin endet und deren Rückzahlungsbetrag dem der sicheren Zins- und Tilgungsleistung bis zum Zeitpunkt der Fälligkeit T entspricht.[95]

---

94 Dies würde die Bewertung wesentlich erschweren, bspw. bei der Berücksichtigung von Ausfallrisiken durch Credit Value Adjustments (CVA). Vgl. hierzu ausführlicher Kapitel II.B.3.

95 Vgl. Ebertz (1992), S. 24.

Etwas komplexer gestaltet sich die Duplikation der *indexbasierten* Zinszahlungen, insbesondere wenn die Auszahlungen nach oben hin begrenzt sind oder – wie bei der exemplarischen Indexanleihe – eine Negativverzinsung ausgeschlossen wird, sofern der Indexwert sich gegenüber dem Referenzzeitpunkt negativ entwickelt.[96]

Für das in dieser Arbeit verwendete Beispiel wird Formel (3) abgewandelt zu[97]:

$$(6)\ R_T = \begin{cases} Nom * (1 + i_s) & falls\ I_T \leq I_0 \\ Nom * (1 + i_s + \propto * \frac{I_T - I_0}{I_0}) & falls\ I_T > I_0 \end{cases}$$

d.h., sofern es zu keiner Indexsteigerung kommt ($I_T \leq I_0$), erfolgt lediglich die Auszahlung des Nominals (zzgl. fixem Coupon). Steigt der Indexstand zum Fälligkeitstermin T ($I_T > I_0$), berechnet sich die indexabhängige Tilgung aus

$$(7)\ R_I = Nom * \propto * \frac{I_T - I_0}{I_0}$$

Umformuliert ergibt sich folgende Beziehung:

$$(8)\ R_T = Nom * (1 + i_s) + \frac{\propto * Nom}{I_0} * \begin{cases} 0 & falls\ I_T \leq I_0 \\ I_T - I_0 & falls\ I_T > I_0 \end{cases}$$

Wird der zweite Term der Gleichung aus Formel (8) betrachtet, ist erkennbar, dass es sich hier aus finanzwirtschaftlicher Sicht um einen Terminhandel auf Aktien bzw. auf einen Aktienindex handelt;[98] die Indexanleihe setzt sich konkret aus der garantierten Tilgung des Nominals (zzgl. der fixen Verzinsung) und der Anzahl $\frac{\propto * Nom}{I_0}$ Inhaberpositionen in Europäischen Kaufoptionen (Long Call) auf den Index mit einem Ausübungspreis von $X = I_0$ zusammen[99].

Im Falle einer Indexanleihe, die eine Partizipation an Indexsteigerungen nur bis zu einem maximalen Schwellenwert vorsieht, würde sich das Auszahlungsprofil am Laufzeitende wie folgt darstellen:

---

96 Vgl. Ebertz (1992), S. 24.

97 Vgl. auch Fischer/Schuster (2002), S. 245, Fischer/Keber/Schuster (2001), S. 28.

98 Vgl. Köpf/Walz (1986), S. 459.

99 Vgl. Fischer/Schuster (2002), S. 245.

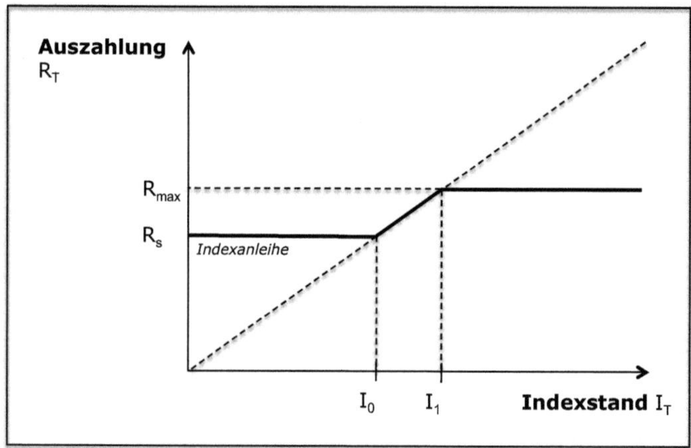

Abbildung 5: Zahlungsprofil einer Indexanleihe mit Renditecap

Aus Abbildung 5 ist bereits ersichtlich, dass sich die Auszahlung einer gekappten Indexanleihe zusammensetzt aus der garantierten Rückzahlung des Nominals, Kaufoptionen auf den Index in Inhaberposition mit einem Ausübungspreis I_0 und Kaufoptionen auf den Index in Stillhalterposition, allerdings mit einem Ausübungspreis in Höhe von I_1 (wobei $I_1 > I_0$). Beide Optionskomponenten zusammen stellen einen Bull-Spread mit Kaufoptionen dar, d.h. die Kombination von zwei Kaufoptionen auf den gleichen Basiswert, allerdings mit unterschiedlichen Ausübungspreisen und Positionen (Inhaberposition in der Kaufoption mit geringerem Ausübungspreis und Stillhalterposition in der Kaufoption mit höherem Ausübungspreis).[100]

Der Ausgestaltung kapitalgarantierter Indexanleihen bzw. Strukturierten Produkten mit Kapitalgarantie im Allgemeinen liegt das Konzept der Portfolio Insurance zugrunde.[101] Ziel dieses Konzeptes ist die Partizipation an steigenden Marktbewegungen (upside participation) bei gleichzeitiger Begrenzung der Auswirkungen

---

[100] Vgl. Fischer/Schuster (2002), S. 256 f.

[101] Die Idee der Kapitalabsicherung durch die Kombination von Optionen und festverzinslichen Finanzanlagen lässt sich auf Merton/Scholes/Gladstein (1978), S. 185 zurückführen. Vgl. auch Wohlwend (2004), S. 13.

negativer Marktbewegungen (downside protection).[102] Bei den hier betrachteten Bull-Indexanleihen liegt eine Portfolio Insurance-Strategie mit Call-Optionen vor. Hierbei werden Zins-Kassageschäfte zur Abbildung des Portfoliomindestwertes verwendet und die Partizipation an potentiellen Aktienkurssteigerungen über den Erwerb von Call-Optionen gewährleistet.[103] Im Falle der oben betrachteten Indexanleihen gelingt dies konkret über eine festverzinsliche Anleihe mit einer unterdurchschnittlichen Marktverzinsung (in Form eines unterdurchschnittlichen Nominalzinses) als Kompensation für die Ertragschance aus der Indexposition und einer Inhaberposition in Kaufoptionen auf den DAX.

Aufbauend auf den bislang gewonnenen Erkenntnissen wird im Folgenden die Bewertung von Indexanleihen dargestellt. Im Rahmen der Bewertung wird aus Vereinfachungsgründen lediglich eine kapitalgarantierte Indexanleihe ohne Renditecap betrachtet. Die Aussagen lassen sich allerdings auch auf andere Typen von Indexanleihen verallgemeinern und entsprechend konstruieren.

B. Arbitragetheoretische Bewertung von Indexanleihen

1. Bewertung der Anleihekomponente durch Duplikation der Zahlungsströme

Die Modelle zur Bewertung von Finanzinstrumenten zielen darauf ab, den Zusammenhang zwischen den Zahlungsströmen eines Finanzinstrumentes und seinem Marktpreis zu erklären.[104] Im Rahmen der Bewertungstheorie wird dabei, je nach Berücksichtigung von Investor-Präferenzen, zwischen präferenzabhängigen und präferenzunabhängigen Bewertungsmodellen unterschieden. Gleichgewichtsmodelle setzen grundsätzlich eine Markträumung voraus; somit müssen die Präferenzen der Marktteilnehmer innerhalb des Modells bekannt sein. Bei Arbitragemodellen kann auf die Berücksichtigung der expliziten Präferenzen

102 Vgl. Steiner/Bruns (2000), S. 375.

103 Vgl. Steiner/Bruns (2000), S. 385.

104 Vgl. Ebertz (1992), S. 8.

verzichtet werden; hier steht die Arbitragefreiheit des Finanzmarktes im Vordergrund.[105] Unter Arbitrage wird dabei der zeitnahe, mit einem risikolosen Gewinn verbundene Kauf und Verkauf von Zahlungsströmen verstanden.[106]

Der Zusammenhang zwischen Arbitragefreiheit und einem Marktgleichgewicht lässt sich somit wie folgt darstellen: Solange auf einem Markt risikofreie Arbitragegewinne möglich sind, kann es kein Gleichgewicht geben, da Arbitrageure weitere Geschäfte abschließen würden. Erst wenn keine Arbitragegewinne mehr möglich sind, kann sich ein Gleichgewicht auf dem Markt einstellen. Arbitragefreiheit ist somit eine notwendige, aber nicht hinreichende Bedingung für ein Marktgleichgewicht.[107] Der Wert eines Finanzinstruments lässt sich in Arbitragemodellen dann feststellen, wenn sich seine Zahlungsströme über ein Portfolio von Finanzinstrumenten mit bekannten (Markt-)Preisen exakt nachbilden lassen.[108] Hierbei gilt das "law of one price", d.h. zwei oder mehr Portfolios mit identischen Zahlungsströmen dürfen keine unterschiedlichen Preise aufweisen.[109]

Da sich Strukturierte Produkte aus mehreren Komponenten zusammensetzen, ergibt sich der Wert des Gesamtinstrumentes gemäß dem Wertadditivitätstheorem[110] als die Summe der Werte der einzelnen Komponenten (sofern von Transaktionskosten abgesehen wird).[111] Zudem darf keine Arbitrage möglich sein bzw. Arbitrageprozesse müssen zu einem gleichen Wert im Gleichgewichtszustand

105 Vgl. Ebertz (1992), S. 8.

106 Vgl. Jaschke/Stehle/Wernicke (2000), S. 440.

107 Vgl. Ebertz (1992), S. 8.

108 Vgl. Ebertz (1992), S. 9. Weitergehende Details zur Arbitrage und zu Arbitragemodellen finden sich bei Perridon/Steiner/Rathgeber (2009).

109 Vgl. Jaschke/Stehle/Wernicke (2000), S. 440.

110 Das Wertadditivitätstheorem besagt, dass der Marktwert des durch zwei (oder mehr) unsicheren Zahlungsströmen entstehenden Zahlungsstroms der Summe der Marktwerte der einzelnen Zahlungsströme entspricht. Vgl. Franke/Hax (2009), S. 336 f., Perridon/Steiner/Rathgeber (2012), S. 550, Kruschwitz/Husmann (2012), S. 122.

111 Die Wertadditivität kann grundsätzlich auch für die Bewertung Strukturierter Produkte angenommen werden, obgleich bei der Bepreisung des Gesamtproduktes bei Emission neben den Preisen der Einzelkomponenten auch eine Gewinnmarge einkalkuliert wird. Die Differenz zwischen den Einzelwerten und dem Wert des Gesamtproduktes stellt somit die Anschaffungsnebenkosten dar.

führen. Insgesamt muss die Modellbewertung des Gesamtproduktes somit über eine Bewertung der Einzelkomponenten erfolgen.

Hierzu wird zunächst die Zusammensetzung des Strukturierten Produktes analysiert. Jedes Strukturierte Produkt ist durch seine finanzwirtschaftliche und rechtliche Ausgestaltung über eine Auszahlungsfunktion definiert, welche für jedes mögliche Szenario die Zahlungsströme des Produktes beschreibt.[112] Im Rahmen der Bewertung eines Strukturierten Produktes wird somit zunächst versucht, über ein Portfolio von einzelnen Finanztiteln eine Auszahlungsfunktion zu generieren, welche die Auszahlungsfunktion des gesamten Strukturierten Produktes exakt nachbildet.[113] Dieser Prozess wird als Duplikation bezeichnet. Das Portfolio sollte dabei in jedem Szenario exakt dieselbe Auszahlung erzeugen wie das Strukturierte Produkt selbst; ist ein solches Portfolio (auch Duplikationsportfolio genannt) gefunden, muss dieses Portfolio konsequenterweise dieselbe Risikostruktur und einen identischen Preis wie das Strukturierte Produkt haben.[114] Als Basisinstrumente kommen im Rahmen der Zerlegung bzw. Duplikation alle Finanzinstrumente in Frage, für die mit standardisierten Bewertungsmethoden Preise festgestellt werden können.[115] Ein zweckmäßiges Duplikationsportfolio ist letztlich dann erreicht, wenn sich die einzelnen Komponenten über anerkannte Bewertungsmodelle oder durch repräsentative Marktpreise bewerten lassen;[116] eine weitere Zerlegung ist dann nicht mehr notwendig und angebracht.[117] Für Strukturierte Produkte ist i.d.R. eine sogenannte statische Duplikation ausreichend, d.h. die Zusammensetzung des Duplikationsportfolios ändert sich nicht in Abhängigkeit von der Entwicklung der relevanten Marktpreise, sondern ist im Zeitablauf konstant.[118]

---

112 Vgl. Walter (2008), S: 58.

113 Vgl. Kruschwitz/Husmann (2012), S. 121, Walter (2008), S. 58 f.

114 Vgl. Walter (2008), S. 59.

115 Vgl. Walter (2008), S. 59.

116 Dieser Bewertungsansatz wird als Valuation by Duplication bezeichnet.

117 Vgl. Walter (2008), S. 59. Beispielsweise ist es nicht zweckmäßig und angebracht, eine Anleihe in die einzelnen Zahlungsströme (Zero Bonds) zu zerlegen und separat zu bewerten.

118 Vgl. Walter (2008), S. 59.

Im Folgenden wird von einer solchen arbitragetheoretischen Bewertung der Indexanleihe ausgegangen.

Der Wert einer Indexanleihe während der Laufzeit wird insgesamt sowohl durch die Veränderung des zugrunde liegenden Index als auch durch die Zinsentwicklung auf dem Kapitalmarkt determiniert.[119] Im Rahmen der Bewertung von Anleihen sind grundsätzlich alle Risiken, denen die Wertentwicklung der Anleihe unterliegt, zu berücksichtigen. Hierzu zählen das Zinsänderungsrisiko, das Bonitätsrisiko sowie das Liquiditätsrisiko.[120] Bonitätsinduzierte Anpassungen bei der Bewertung des Finanztitels werden in Kapitel II.B.3 aufgegriffen.

Die hier betrachtete Anleihekomponente setzt sich finanzwirtschaftlich aus drei Cashflow-Typen zusammen: Einer Kapitalzahlung des Erwerbers an den Emittenten bzw. Verkäufer der Anleihe, laufenden Zinszahlungen des Emittenten an den Inhaber der Indexanleihe und der Rückzahlung des Nominalbetrags durch den Emittenten.[121] Im Ergebnis lässt sie sich als Reihe von Zahlungsströmen auf einer Zeitachse zwischen Startdatum und Endfälligkeitsdatum darstellen. Der Wert der Anleihekomponente entspricht der Summe der Barwerte aller Zahlungen auf den Betrachtungs- bzw. Bewertungszeitpunkt unter Verwendung eines zweckmäßigen Diskontierungszinssatzes r (Formel (9)).[122]

$$(9)\quad V = \sum_{t=1}^{n} \frac{Z_t}{(1+r)^t}$$

Für die Bestimmungen des Diskontierungszinses im Rahmen der Bewertung ist zwischen der Renditestruktur einer Anleihe und der laufzeitabhängigen Zinsstruktur zu unterscheiden. Die Renditestruktur einer Anleihe ergibt sich als Verhältnis

---

119 Vgl. Köpf/Walz (1986), S. 461.

120 Zusätzlich zu den genannten Risiken wirken noch weitere Faktoren auf den Wert von Anleihen, wie beispielsweise die Inflation. Im Rahmen dieser Arbeit wird davon ausgegangen, dass die Inflation bereits hinreichend im Nominalzins der Anleihe berücksichtigt ist. Wechselkursrisiken wirken vor allem bei Doppelwährungsanleihen. Auch dieser Risikofaktor wird im Rahmen dieser Arbeit vernachlässigt, da sich sämtliche Beispiele auf EUR-Anleihen beziehen und daher kein Wechselkursrisiko in Bezug auf die Nominalbeträge der Anleihe wirkt.

121 Weitere Zahlungen wie bspw. Gebühren werden an dieser Stelle ausgeblendet.

122 Vgl. Perridon/Steiner/Rathgeber (2009), S. 177.

der diskontierten Einzahlungen zum investierten Kapital. Es werden also bei der Renditestrukturberechnung sämtliche Zahlungsströme mit derselben Rate – der Rendite – auf Gegenwartswerte diskontiert; somit ist die Rendite ein gewichteter Durchschnittszins über die Laufzeit.[123] Allerdings bleiben Zinsen im Zeitablauf nicht konstant, sondern ändern sich laufend. Daher können bei der Bewertung der Anleihekomponente (bzw. allgemein von zinsbasierten Finanzinstrumenten) keine einheitlichen Zinssätze für die Diskontierung der Zahlungsströme verwendet werden; es ist auf die Zinsstruktur abzustellen.[124] Somit wird jeder Zahlungsstrom mit dem Zinssatz diskontiert, der abhängig von Wiederanlagetermin und -dauer nach den aktuellen Marktverhältnissen erwartet wird.

Die Konstruktion der laufzeitabhängigen Zinsstruktur erfolgt grundsätzlich über die Effektivrenditen von Nullcouponanleihen für verschiedene Fälligkeitszeitpunkte.[125] Der Vorteil von Nullcouponanleihen im Rahmen der Zinsstrukturberechnung besteht darin, dass es lediglich eine Einzahlung am Ende der Laufzeit gibt. Somit ist die Verzinsung bei gegebenem Kurs der einzige unbekannte Parameter in der Bewertungsgleichung.[126] Zudem wird das Problem der Wiederanlage zwischenzeitlicher Coupons verlagert und es ergibt sich eine eindeutige laufzeitabhängige Rendite.[127] Da die Zinsstruktur lediglich Laufzeitunterschiede abbilden soll, werden für die Darstellung i.d.R. Staatsanleihen verwendet.[128] Hintergrund ist dabei die Annahme der Marktteilnehmer, dass eine Staatsanleihe kein Ausfallrisiko beinhaltet und daher eine "reine" Zinsstruktur ergibt.[129]

---

123 Vgl. Deutsche Bundesbank (1997), S. 62.

124 Zu den Theorien der Zeitstruktur von Zinssätzen vgl. Franke/Hax (2009), S. 402-406, Spremann/Gantenbein (2007), S. 59.

125 Ein Beispiel zur Schätzung der Zinsstruktur aus *Couponanleihen* unterschiedlicher Fälligkeiten findet sich bei Kruschwitz/Husmann (2012), S. 165-168.

126 Vgl. Perridon/Steiner/Rathgeber (2012), S. 193.

127 Vgl. Gallati (2011), S. 55, Perridon/Steiner/Rathgeber (2009), S. 180.

128 Vgl. Steiner/Bruns/Stöckl (2012), S. 149.

129 Vgl. Gallati (2011), S. 51. Allerdings gibt es bei Zinsstrukturkurven verschiedener Staatsanleihen teilweise deutliche Unterschiede, welche auf unterschiedliche Ausfallrisiken zurückzuführen sind. Dies zeigt sich momentan ganz deutlich an der aktuellen "Schuldenkrise".

Die graphische Darstellung der Zinsstrukturkurve ergibt sich aus den Effektivrenditen der Nullcouponanleihen ohne Kreditausfallrisiko in Abhängigkeit von ihrer (Rest-)Laufzeit.[130] Exemplarisch ist in Abbildung 6 die Zinsstrukturkurve für Bundesanleihen und Anleihen anderer Emittenten zum 20.12.2012 dargestellt. Relevant ist für die Zwecke dieser Arbeit insbesondere die Zinsstruktur für Bundesanleihen (grüne Kurve in Abbildung 6) als quasi-risikoloser Basiszins.

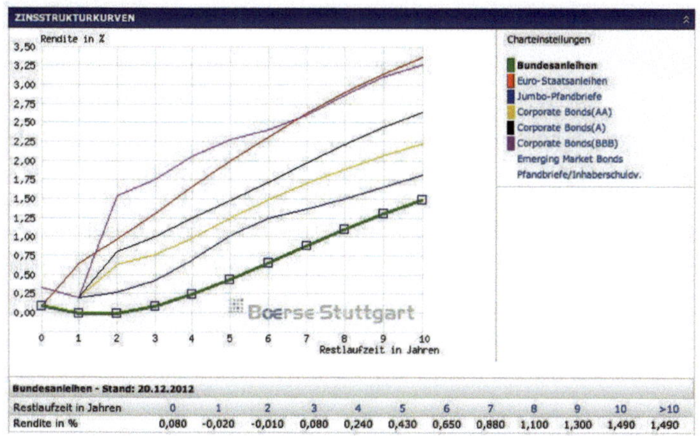

Bundesanleihen - Stand: 20.12.2012

Restlaufzeit in Jahren	0	1	2	3	4	5	6	7	8	9	10	>10
Rendite in %	0,080	-0,020	-0,010	0,080	0,240	0,430	0,650	0,880	1,100	1,300	1,490	1,490

Abbildung 6: Zinsstrukturkurve nach Emittenten[131]

Im Folgenden wird für die laufzeitabhängige Effektivrendite von Nullcouponanleihen der Begriff Spot-Rate verwendet.[132] Die daraus resultierende Zinskurve wird als Zero Curve bzw. Nullcouponkurve bezeichnet.[133] Die Spot-

---

130 Vgl. Gallati (2011), S. 51.

131 Quelle: Börse Stuttgart. https://www.boerse-stuttgart.de/de/toolsundservices/zinsstruktur kurve/zinsstrukturkurve.html?code=ba

132 Vgl. Bruns/Meyer-Bullerdiek (2013), S. 353.

133 Vgl. Spremann/Gantenbein (2007), S. 59, Bruns/Meyer-Bullerdiek (2013), S. 353.

Rate S_t einer Nullcouponanleihe mit aktuellem Kurs P, welche zum Nominalbetrag getilgt wird, ergibt sich nach folgender Formel[134]:

$$(10)\ S_t = \sqrt[t]{\frac{100}{P_t}} - 1$$

Werden steuerliche Effekte und unterschiedliche Transaktionskosten vernachlässigt, müssten sich bei identischer Restlaufzeit für unterschiedliche (ausfallrisikolose) Nullcouponanleihen die selben Effektivrenditen ergeben, da sonst risikolose Arbitragegewinne möglich wären. Somit lassen sich durch die Effektivrenditen eindeutige Zinsstrukturkurven beschreiben.[135]

Ein Problem bei der Ermittlung von Spot-Rates aus echten Nullcouponanleihen ergibt sich allerdings in den Fällen, in denen auf dem Markt für Nullcoupon-Staatsanleihen nicht für alle verschiedenen (Rest-)Laufzeiten Titel zur Verfügung stehen.[136]

In diesen Fällen gibt es die Möglichkeit, zuverlässige Spot-Rates auch aus Couponanleihen zu ermitteln: Dabei werden die einzelnen Zahlungen einer Couponanleihe (sofern zulässig) separiert und als einzelne Nullcouponanleihen interpretiert (sogenanntes Anleihe-Stripping). Dahinter steht die Überlegung, dass der Marktpreis einer Couponanleihe sich aus der Summe der Barwerte der einzelnen Zahlungsströme ergibt; die Couponanleihe lässt sich somit als Bündel von Nullcouponanleihen interpretieren.[137] Auf diese Weise wird auch die Zinsstruktur am Markt für Bundeswertpapiere geschätzt, die im Rahmen dieser Arbeit zur

---

134 Vgl. Perridon/Steiner/Rathgeber (2009), S. 180.

135 Vgl. Perridon/Steiner/Rathgeber (2009), S. 180.

136 Für Staatsanleihen der Bundesrepublik Deutschland wird zwar am Kapitalmarkt angenommen, dass sie im Vergleich zu Privatunternehmen und anderen Staaten ein relativ geringes Ausfallrisiko aufweisen, allerdings handelt es sich bei diesen Anleihen überwiegend um Couponanleihen. Vgl. Perridon/Steiner/Rathgeber (2009), S. 180, S. 194.

137 Vgl. Perridon/Steiner/Rathgeber (2009), S. 180. Eine weitere Möglichkeit der indirekten Generierung von Spot-Rates kann über die Duplizierung von Nullcouponanleihen durch eine Kombination aus Krediten und Kapitalanlagen erfolgen. Vgl. hierzu Perridon/Steiner/Rathgeber (2009), S. 181 f. Weiterhin kann zur Schätzung der Zinsstruktur auf den Markt für Zinsswaps zurückgegriffen werden. Vgl. Spremann/Gantenbein (2007), S. 90 f.

Bewertung verwendet wird.[138] Abgezinst wird folglich stets mit der für die entsprechende Laufzeit gültigen Spot Rate zuzüglich der noch darzustellenden risikoadjustierten Komponenten des Diskontierungszinses.[139]

Obgleich in der jüngeren Vergangenheit verstärkt auf Swap Rates zurückgegriffen wurde, werden in der Praxis nach wie vor überwiegend Spot Rates aus Staatsanleihen verwendet.[140] Im Folgenden werden daher zur Barwertberechnung Spot Rates aus Couponanleihen deutscher Staatsanleihen verwendet.

Bei der Ermittlung des Wertes der Anleihekomponente müssen zudem die Stückzinsen berücksichtigt werden. Anleihezinsen werden ausschließlich am Coupontermin in voller Höhe an den Inhaber der Anleihe gezahlt.[141] Da die Zinsen allerdings für den gesamten Coupon-Zeitraum gezahlt werden, müssen Anlegern, welche die Anleihe veräußern, die aufgelaufenen Zinsen zwischen dem letzten Coupontermin und dem Kaufdatum ausgezahlt werden. Der Wert respektive Kaufpreis einer Anleihe inklusive Stückzinsen wird als dirty price bezeichnet. Der um die Stückzinsen bereinigte Wert bzw. Kaufpreis wird entsprechend als clean price bezeichnet.

Im Rahmen des Euro-Einführungsgesetzes wurde die Zinsberechnungsmethode für alle Neuemissionen in EUR am Kapitalmarkt auf die actual/actual-(ACT/ACT) Methode umgestellt, d.h. sowohl die Zinstage als auch die Gesamt-Jahrestage werden taggenau ausgezählt.[142] Diese Zinskonvention wird daher auch im Rahmen dieser Arbeit bei der Berechnung der Werte im nächsten Kapitel verwendet.

---

[138] Zur Schätzungsmethode vgl. Deutsche Bundesbank (2013), 85 f.

[139] Vgl. Schaber/Rehm/Märkl/Spies (2010), S. 131. Für die Spot-Rate wird in der Literatur und in der Praxis teilweise auch der Begriff Zero-Rate verwendet.

[140] Der Vorteil von Swapmärkten ist, dass sie im Vergleich zu Märkten für Industrieanleihen relativ liquide sind. Darüber hinaus ist das Bonitätsrisiko vergleichsweise sehr gering, da zum Einen das Nominalkapital bei gleicher Währung i.d.R. nicht ausgetauscht wird und zum Anderen bei der Bestimmung der zu zahlenden Beträge meist nur die Differenz der beiden Zinsbeträge maßgeblich ist. Vgl. hierzu Frühwirth/Höger (2000), S. 41.

[141] Vgl. Perridon/Steiner/Rathgeber (2009), S. 178.

[142] Vgl. Steiner/Bruns/Stöckl (2012), S. 147.

2. Einflussfaktoren einer optionstheoretischen Bewertung der indexbasierten Komponente

Entsprechend der im vorangegangenen Kapitel erläuterten Duplikation stellt die indexabhängige Komponente finanzwirtschaftlich eine erworbene Kaufoption (Long Call) auf den Index mit festgelegtem Ausübungspreis dar. Daher ist bei ihrer Bepreisung auf die Bewertungsmethodik von Optionen zurückzugreifen.

Da es sich bei Optionen, im Gegensatz zu Forwards, Futures oder auch Swaps, um *bedingte* Termingeschäfte handelt, kann der Erwerber die Option bei einer für ihn ungünstigen Entwicklung des Basiswertkurses verfallen lassen; er verliert somit lediglich die gezahlte Optionsprämie. Bei Strukturierten Produkten ist die Optionskomponente implizit in der Zahlungsstruktur enthalten; die Option ist somit weder separat handelbar, noch kann sie vorzeitig ausgeübt werden.

Da die indexabhängige Zahlung lediglich am Laufzeitende berechnet und ausgezahlt wird, sofern sich der Index für den Anleger positiv entwickelt, handelt es sich hier um eine europäische Option. Zur Bewertung von Optionen können statistische, präferenzabhängige oder präferenzunabhängige Modelle verwendet werden. Während die statistischen Modelle bei der Preisfindung auf empirische realisierte Preise sowie deren Einflussfaktoren zurückgreifen, bestimmen die präferenzabhängigen und -unabhängigen Modelle einen Preis bei Kapitalmarktgleichgewicht.[143] Im Folgenden wird auf eine präferenzfreie Bewertung mit Hilfe des Modells von Black/Scholes[144] zurückgegriffen.[145]

Da grundsätzlich diverse Parameter den Wert der Optionskomponente einer Indexanleihe beeinflussen, ist zunächst zu prüfen, wie sie im Rahmen der Bewertung zu berücksichtigen bzw. anzupassen sind. Als wesentlicher Parameter ist

---

143 Vgl. Perridon/Steiner/Rathgeber (2012), S. 352. Für eine ausführlichere Darstellung von Optionspreismodellen vgl. Perridon/Steiner/Rathgeber (2012), Hull (2009).

144 Zum Modell Black/Scholes (1973), Merton (1974).

145 Obgleich viele der Modellprämissen (Vorhandensein eines vollkommenen und vollständigen Marktes, konstanter risikoloser Zins, Irrelevanz von Transaktionskosten und Steuern) in der Realität nicht zutreffen, wird im Rahmen dieser Arbeit für die exemplarische Bewertung der indexbasierten Optionskomponente vereinfachend das Black/Scholes-Modell verwendet, da der Fokus letztlich auf der Darstellung der finanzwirtschaftlichen Effekte aus der Rechnungslegung gesetzt wird und weniger auf die Modellbewertung.

hierbei zunächst der Stand des Aktienindex bzw. die Differenz von aktuellem Indexstand und Ausübungspreis (sog. Moneyness) zu nennen. Hier steigt der Wert der Optionskomponente, je weiter der Aktienindex steigt. Beinhaltet die Indexanleihe allerdings eine Verkaufoption (Bear-Indexanleihe), verliert die Optionskomponente dagegen zunehmend an Wert, je weiter der Index steigt, da hierbei die Auszahlung jener Betrag ist, um den der Ausübungspreis den Basiswert übersteigt.[146]

Weiterhin gewinnt die Optionskomponente mit zunehmender (Rest-)Laufzeit c.p. an Wert. Eine Ausnahme könnte allerdings sein, wenn eine größere Dividendenzahlung erwartet wird. Dann könnte eine kürzer laufende Option, die vor dem Dividendentermin liegt, mehr Wert sein als eine länger laufende.[147]

Wesentlicher Einflussfaktor der Optionskomponente ist die Volatilität des Aktienindex. Je höher die Volatilität ist, desto höher ist damit die Wahrscheinlichkeit, dass der Index stark ansteigt (was eine entsprechende indexabhängige Auszahlung zur Folge hat) oder aber stark fällt (was allerdings keine negative Auszahlung zur Folge hat, außer der ohnehin gezahlten Optionsprämie).[148] Der Erwerber profitiert somit von Kursanstiegen, hat aber ein auf die Optionsprämie begrenztes Risiko im Falle von Kursrückgängen. Analog dazu profitiert der Erwerber einer Bear-Indexanleihe von Kursrückgängen, während sein Risiko bei Kursanstiegen ebenfalls auf die Optionsprämie begrenzt ist. Daher ist der Wert der Optionskomponente positiv mit der Volatilität des Aktienindex korreliert.[149] Diese kann grundsätzlich auf zwei Arten ermittelt werden: Die einfachste Möglichkeit wäre die Bestimmung von historischen Volatilitäten als Standardabweichung der Index-Renditen aus der Vergangenheit.[150] Die in der Praxis gängigere Variante ist allerdings die Heranziehung impliziter Volatilitäten. Die implizite Volatilität wird aus der Black/Scholes-Formel bestimmt, indem alle Inputparameter (Aktueller Kurs, Ausübungspreis, Restlaufzeit, risikoloser Zins)

[146] Vgl. Hull (2009), S. 258.

[147] Vgl. Hull (2009), S. 259.

[148] Vgl. Fischer/Schuster (2002), S. 251.

[149] Vgl. Hull (2009), S. 259.

[150] Vgl. Rudolph/Schäfer (2005), S. 265 f.

sowie der am Markt gehandelte Optionspreis als gegeben gesetzt werden und die implizite Volatilität als unbekannter Parameter berechnet wird.[151] Die implizite Volatilität drückt somit die über den Optionspreis ausgedrückten Erwartungen der Marktteilnehmer in Bezug auf die Schwankungsintensität des Basiswertes aus.[152] Vorteil der impliziten Volatilität im Vergleich zur historischen Volatilität ist somit die Berücksichtigung der Zukunftserwartungen, während die historische Volatilität definitionsgemäß nur die Entwicklung in der Vergangenheit berücksichtigt, sich allerdings kaum für die Extrapolation zukünftiger Marktschwankungen eignet. Als Indikator für die Volatilität des Basiswertes wird im Rahmen dieser Arbeit daher der Volatilitätsindex VDAX-NEW (ISIN[153] DE000A0DMX99) für die Wertberechnung verwendet. Dieser Index ermittelt die impliziten Volatilitäten auf Basis von Optionspreisen eines speziellen Optionsportfolios auf den DAX.[154]

Weiterhin relevant für die Bewertung der Optionskomponente ist der risikolose Zins. Dieser beeinflusst ihren Wert in weniger eindeutiger Weise.[155] Wenn der risikolose Zinssatz steigt, steigen auch die Renditeforderungen der Anleger für die Aktienkurse bzw. den Index. Allerdings sinkt der Barwert jeder zukünftigen Auszahlung für den Erwerber der Option, da mit einem höheren Zinssatz diskontiert werden muss.[156] In der Praxis neigen dagegen die Kurse dazu zu fallen, wenn der Zinssatz steigt. Der Nettoeffekt aus dem gestiegenen Zinssatz und dem sinkenden Kurs würde in einem sinkenden Wert einer Kaufoption (Bull-Indexanleihe) und einem steigenden Wert einer Verkaufoption (Bear-Indexanleihe)

---

151 Vgl. Rudolph/Schäfer (2005), S. 266.

152 Vgl. Rudolph/Schäfer (2005), S. 266.

153 Die ISIN (International Securities Identification Number) ist eine internationale und eindeutige Identifikationsnummer für (börsennotierte) Wertpapiere.

154 Das Optionsportfolio setzt sich dabei aus bestimmten an der EUREX gehandelten Optionen auf den DAX zusammen, die innerhalb der nächsten 30 Tage auslaufen und sich entweder out-of-the-money oder at-the-money befinden. Vgl. hierzu Deutsche Börse (2006). Angesichts der etwas längeren Laufzeit der synthetischen Option ist der Zeithorizont der VDAX-NEW-Volatilitäten zwar vergleichsweise kurz, wird allerdings im Rahmen dieser Arbeit aus Vereinfachungsgründen dennoch herangezogen, zumal die Volatilitätskennzahlen auf täglicher Basis verfügbar und für eine exemplarische Darstellung der Bewertung ausreichend sind.

155 Vgl. Hull (2009), S. 259.

156 Vgl. Hull (2009), S. 259.

resultieren.[157] Im Rahmen der Bewertung der Optionskomponente wird – wie bei der Bewertung der Anleihekomponente – auf Spot Rates aus Staatsanleihen der Bundesrepublik Deutschland zurückgegriffen.

Auch Dividenden beeinflussen grundsätzlich den Wert von Optionen. Durch die Dividendenerwartung bzw. -zahlung, kommt es zu einem Sinken des Aktienkurses, wodurch auch der Index aufgrund der Kursabschläge der jeweiligen Aktien sinkt.[158] Dadurch nimmt die Wahrscheinlichkeit ab, dass der Index am Fälligkeitstag überdurchschnittlich steigt, was in einem geringeren Gleichgewichtspreis einer Kaufoption resultiert.[159] Dadurch verlieren mit steigender Dividendenrendite tendenziell Kaufoptionen an Wert, während Verkaufoptionen an Wert gewinnen.[160]

Für die hier betrachtete indexabhängige Komponente stellt sich die Frage, ob die Dividenden in die Bewertung einbezogen werden müssen. Da es sich hierbei lediglich um eine synthetische Option handelt, bei der zum Fälligkeitstermin der Basiswert nicht geliefert wird, sondern ausschließlich Berechnungsgrundlage für die indexabhängige Zahlung ist, könnte man einwenden, dass eine Berücksichtigung von Dividenden nicht notwendig ist.

Allerdings bleibt hierbei außer Acht, dass eine Zahlung von Dividenden stets den Kurs des Basiswertes beeinflusst. Ein Erwerber einer Kaufoption erhält keine Dividende auf den Basiswert und hat somit einen Nachteil, da die Dividendenausschüttung sich negativ auf den für die Optionsbewertung relevanten Kurs auswirkt. Verkaufoptionen dagegen profitieren durch den sinkenden Kurs aufgrund der Dividendenausschüttung.[161] Dabei ist zu unterscheiden, um welche Art von Index es sich handelt. Kursindizes messen lediglich die reine Kursentwicklung unter Einbeziehung von Bezugsrechten und Sonderzahlungen, wobei Dividenden

---

[157] Vgl. Fischer/Schuster (2002), S. 249, Hull (2009), S. 259.

[158] Vgl. Fischer/Schuster (2002), S. 252.

[159] Vgl. Fischer/Schuster (2002), S. 252.

[160] Vgl. Hull (2009), S. 259.

[161] Vgl. Steiner/Bruns (2000), S. 331. Die Ausführungen gelten dabei für den hier relevanten Typ einer europäischen Option. Für die Berücksichtigung von Dividenden bei amerikanischen Optionen vgl. Steiner/Bruns (2000), S. 334-336.

außer Acht gelassen werden.[162] Dagegen werden bei Performanceindizes sämtliche Erträge aus Dividenden und Bonuszahlungen in den Index reinvestiert.[163] Bei Optionen auf Kursindizes müssten somit die Black/Scholes-Formel um die stetige Dividendenrendite korrigiert werden. Da sich die im Rahmen dieser Arbeit relevanten Index-Kurse auf den *Performanceindex* DAX beziehen, ist eine Anpassung der Black/Scholes-Formel nicht notwendig.[164]

Da auch die Zahlung der indexabhängigen Komponente von der Solvenz des Emittenten abhängt, liegt schließlich ein wesentlicher Einflussfaktor im Bonitätsrisiko des Emittenten. Hier besteht eine negative Korrelation mit dem Wert der Optionskomponente, d.h. je höher das Ausfallrisiko des Emittenten eingeschätzt wird, desto stärker verliert die Optionskomponente an Wert.[165]

Zudem wirkt bei Strukturierten Produkten der Partizipationsfaktor an der Indexentwicklung auf den Wert der indexabhängigen Zahlung und damit auf den Wert des Gesamtproduktes. Je höher der Partizipationsfaktor in den Emissionsbedingungen festgelegt wird, desto höher ist der Erwartungswert der indexabhängigen Zahlungen.[166]

Je nach Konstruktion des Gesamtproduktes wird die indexabhängige Zahlung insbesondere in kapitalgarantierten Produkten häufig als "Extra-Verzinsung" verstanden. Tatsächlich wird die Optionsprämie regelmäßig implizit in den Zahlungsströmen der Anleihekomponente berücksichtigt, d.h. die Option auf eine indexabhängige Zusatzzahlung wird durch geringere fixe Zinszahlungen, einem Agio oder aber durch einen entsprechend geringeren Partizipationsfaktor "erkauft". Im Ergebnis ist die Indexoption somit keinesfalls als *kostenlose* Chance zu verstehen, sondern wird implizit in der Zahlungsstruktur eingepreist.[167]

---

[162] Vgl. Wiedemann (2003), S. 225.

[163] Vgl. Wiedemann (2003), S. 225.

[164] Vgl. Rudolph/Schäfer (2005), S. 331.

[165] Vgl. auch Fischer/Schuster (2002), S. 249.

[166] Vgl. Fischer/Schuster (2002), S. 248 f.

[167] Vgl. Fischer/Schuster (2002), S. 246, Heinrich (1999), S. 71. So auch Das (2001), S. 522: "The option premium is typically funded by foregone income or interest coupon or risking a small portion of the principal of the transaction." bzw. Das (2001), S. 537: "The basic

3. Berücksichtigung des Ausfallrisikos von Indexanleihen im Diskontierungszins

Ausgehend von den bisherigen Ausführungen ergibt sich die hier dargestellte Indexanleihe finanzwirtschaftlich als Kombination aus einer festverzinslichen Anleihe mit jährlicher Couponzahlung und einer Kaufoption auf den DAX. Diese Strukturierung ist anhand folgender Formel[168] ersichtlich, wobei der Bewertungsparameter r für den risikolosen Diskontierungszins steht.

(11) $\sum_{t=1}^{n} \frac{Z_t}{(1+r)^t} + \frac{\propto * Nom}{I_o} * \left[I_T * e^{(-r*T)} * N(d_1) - I_o * N(d_1 - \sigma * \sqrt{T}\right]$

Allerdings berücksichtigen die verwendeten Zinssätze und damit die Bewertungsergebnisse bisher nicht das spezifische Bonitätsrisiko[169] des Kontraktpartners bzw. des Emittenten.

Strukturierte Produkte unterscheiden sich von an organisierten Börsen gehandelten Finanzinstrumenten insbesondere durch ein höheres Adressenausfallrisiko.[170] Als Adressenausfall- bzw. Bonitätsrisiko wird dabei jenes Risiko bezeichnet, dass der Schuldner seinen finanziellen Verpflichtungen nicht fristgerecht und vollständig nachkommt.[171] Bei börsengehandelten Produkten tritt gewöhnlich eine zentrale Clearingstelle als Gegenpartei auf, welche die abgeschlossenen Finanzgeschäfte täglich bewertet und durch ein Margensystem[172] für eine Reduzierung der Ausfallrisiken sorgt. Dagegen werden Strukturierte Finanzprodukte häufig durch einen bilateralen Kontrakt zwischen dem Veräußerer und dem Erwerber abgeschlossen. Daher fehlt ein solches institutionelles Clearing.[173] Sofern eine der

component of these transaction is a fixed income bond where the coupon or return is foregone and utilized to buy an option that creates the required exposure to the index."

168 Vgl. auch Fischer/Keber/Schuster (2001), S. 30.

169 Im Folgenden werden die Begriffe Bonitätsrisiko, Adressenausfallrisiko sowie Gegenparteirisiko synonym verwendet.

170 Vgl. Wohlwend (2001), S. 256.

171 Vgl. Steiner/Bruns/Stöckl (2012), S. 190.

172 Ein Margen- bzw. Marginsystem bezeichnet die Hinterlegung von Sicherheitsleistungen bei Börsengeschäften, abhängig von der Marktwertentwicklung der zugrunde liegenden Position.

173 Wilkens/Stoimenov (2005), S. 515.

beiden Vertragsparteien nicht in der Lage ist, seine vertraglichen Verpflichtungen zu erfüllen, erleidet die Gegenpartei daher einen finanziellen Schaden.[174]

Im Gegensatz zu Anlageformen wie bspw. Fonds haftet bei Strukturierten Finanzinstrumenten nicht das Sondervermögen, sondern ausschließlich der Emittent des Produktes.[175] Die Zahlung der vertraglichen Cashflows hängt demnach maßgeblich von der Bonität des Emittenten ab. Auch die am 16. August 2012 in der EU in Kraft getretene EMIR-Verordnung (European Market Infrastructure Regulation) zur Erhöhung der Transparenz und Reduzierung von systemischen Risiken auf den Finanzmärkten wird daran kurzfristig nichts ändern. Die Verordnung schreibt für außerbörslich gehandelte Derivate eine zwingende Abwicklung über zentrale Clearingstellen (so genannte Central Counterparts, CCP) vor, allerdings zunächst nur für finanzielle Gegenparteien (bzw. Finanzdienstleistungsinstitute). Bei nicht-finanziellen Gegenparteien gilt die Vorschrift erst bei Überschreitung von festgelegten Schwellenwerten. Ferner umfasst die Clearing-Verpflichtung zunächst nur relativ standardisierte OTC-Derivate und keine Strukturierten Produkte.[176] Zusätzlich zu den Vorgaben zum zentralen Clearing, müssen in Zukunft alle OTC-Derivategeschäfte an ein zentrales Handelsregister (Trade Repository) gemeldet werden, um die Risikotransparenz des Marktes, insbesondere für die Regulierungsbehörden, zu erhöhen.

Daher kommt beim Handel von außerbörslichen Strukturierten Finanzinstrumenten der Berücksichtigung der Bonität der Vertragspartei derzeit nach wie vor eine wesentliche Bedeutung zu.[177]

Dabei ist relativ unstrittig, dass eine Anpassung an das Bonitätsrisiko vorgenommen werden muss, auch wenn in der Literatur vereinzelt entgegengehalten wird, dass eine Adjustierung der Diskontierungszinssätze an das Bonitätsrisiko nicht zwingend notwendig ist: Hierzu wird argumentiert, dass insbesondere bei der

174 Vgl. Wohlwend (2001), S. 256.

175 Vgl. Rieger (2009), S. 171, HSBC (2012), S. 30.

176 Vgl. hierzu die Vorgaben der Regulierungsbehörde European Securities and Markets Authority (ESMA), veröffentlicht unter http://ec.europa.eu/internal_market/financial-markets/derivatives/index_en.htm (abgerufen am 21.06.2013).

177 Vgl. Wohlwend (2001), S. 256.

Verwendung von LIBOR- oder Swapsätzen zur Diskontierung keine risikolosen Zinssätze vorliegen, da es sich hierbei um Interbanken-Zinssätze handelt, bei denen zwei Banken involviert sind und damit ein doppeltes Gegenparteienrisiko besteht. Somit ist in diesen Zinssätzen bereits ein Bonitätsrisiko eingepreist. Im Ergebnis soll laut *Wohlwend* aus diesen Gründen für die Bewertung des zinsbasierten Teils Strukturierter Finanzinstrumente aus praktischen Gründen auf die Verwendung bonitätsgerechter Zinssätze verzichtet werden.[178]

Diese Auffassung kann inzwischen als überholt betrachtet werden:

Zum Einen wird bei der Bewertung i.d.R. als Basiszinssatz nicht auf Interbankenzinssätze, sondern auf Spot-Rates aus risikolosen Staatsanleihen zurückgegriffen. Zum Anderen muss das Ausfallrisiko heute in einem anderen Licht betrachtet werden als in der Vergangenheit: Lange Zeit galten Staaten und größere Finanzdienstleister als "sicher", wodurch das Ausfallrisiko regelmäßig als vernachlässigbar angenommen werden konnte.[179] Insbesondere seit der Finanz- und Schuldenkrise (mit der Insolvenz von Lehman Brothers sowie Schieflagen weiterer Banken und Staaten) ist allerdings deutlich geworden, dass das Ausfallrisiko auch größerer Finanzinstitute und ganzer Staaten von wesentlicher Relevanz ist.

Auch in Bezug auf die Rechnungslegung wird eine Anpassung der Bewertung an die Ausfallrisiken der Gegenpartei von den jeweiligen Rechnungslegungs-Institutionen gefordert. In einer Veröffentlichung des IASB Expert Advisory Panels wird unter Absatz 29 auf die Notwendigkeit sogenannter Valuation Adjustments eingegangen, die auch das Kontrahentenrisiko betreffen.[180] Im Wesentlichen beziehen sich die Ausführungen dabei auf Wertanpassungen von Finanzinstrumenten, die zum Fair Value bilanziert werden. Dies betrifft gemäß IAS 39 insbesondere Derivate. Allerdings wird in IAS 39.82 das Kreditrisiko ohnehin als wertbeeinflussender Faktor explizit genannt.[181]

---

[178] Vgl. hierzu Wohlwend (2001), S. 212.

[179] Vgl. Rieger (2011), S. 251.

[180] Vgl. IASB (2008b), S. 12, Glischke/Mach/Stemmer (2009), S. 553.

[181] Vgl. hierzu auch Glischke/Mach/Stemmer (2009), S. 553.

Für die Rechnungslegung nach HGB wird in einem Positionspapier des Deutschen Rechnungslegungs Standards Committee (DRSC) ebenfalls darauf hingewiesen, dass Ausfallrisiken eine wertbestimmende Komponente bei einer Bewertung zum beizulegenden Zeitwert darstellen.[182]

Aus diesen Gründen ist eine Anpassung der Diskontierungszinssätze an das Bonitätsrisiko im Rahmen der Bewertung zwingend erforderlich.

Für die Beurteilung der Bonität des Emittenten spielen die Emittentenratings der großen Ratingagenturen Standard & Poor's, Moody's oder Fitch als Indikator eine wesentliche Rolle. Insbesondere im Zusammenhang mit der Emission von Anleihen hat die Bedeutung von Ratings in den USA und in Europa signifikant zugenommen.[183] Dabei gibt es grundsätzlich zwei Vorgehensweisen bei der Erstellung eines Ratings: bei den standardisierten Verfahren entwickeln die Ratingagenturen mathematisch-statistische Bewertungen auf Basis von allgemein zugänglichen Informationen (bspw. Jahresabschlüsse oder sonstige Publikationen); dagegen erfolgen bei den Individualanalysen (meist nach Kundenauftrag) tiefer gehende Analysen inklusive Managementinterviews und Beurteilung von Strategien und Plänen.[184] Hier wird bereits eine Wechselbeziehung zwischen Bewertung und Bilanzierung bei (Strukturierten) Finanzinstrumenten deutlich: Einerseits ist die modelltheoretische Bewertung die Grundlage für die Bilanzierung, anderseits beeinflusst die Bilanzierung über die das Unternehmens- bzw. Produktrating über das Ausfallrisiko wiederum die Modellbewertung.

Der besondere gesamtwirtschaftliche Vorteil von Ratingagenturen – auch bei der Beurteilung der Emittenten Strukturierter Produkte – besteht darin, dass sich Unternehmen verstärkt Kapital am anonymen Kapitalmarkt holen und die Ratingagenturen die Bonitätsbeurteilung für die Gesamtheit der Marktteilnehmer vornehmen.[185] Für viele Anleger wäre ein eigenes Rating nicht möglich, da es zu zeit- bzw. kostenintensiv wäre oder aber sie gar keinen Zugang zu den relevanten

[182] Vgl. DRSC (2009), S. 3.

[183] Vgl. Zantow (2011), S. 241.

[184] Vgl. Zantow (2011), S. 243.

[185] Vgl. Zantow (2011), S. 241.

Informationen hätten. Ratingagenturen werden somit als zentrale Institution für die Beurteilung der Kreditwürdigkeit anerkannt und i.d.R. auch als unabhängig angesehen. Hier kann allerdings, insbesondere aus den Diskussionen im Rahmen der europäischen Schuldenkrise, angeführt werden, dass Ratingagenturen teilweise politisch beeinflusst sein können. Darüber hinaus ist auch die Unabhängigkeit von Ratingagenturen durchaus fraglich, da sie häufig von den Kunden direkt beauftragt werden (sogenanntes Auftragsrating). Dennoch wird einem Rating nach wie vor eine hohe Aussagekraft beigemessen und beeinflusst die Finanzwirtschaft in erheblichem Umfang. Für die Emittenten bietet ein Rating den Vorteil, dass eine positive Beurteilung zu einer Senkung von Risikoaufschlägen auf die Rendite der emittierten Titel führt und somit eine Art Signalling für den Kapitalmarkt darstellt.[186]

Insbesondere resultieren aufgrund des Ratings am Markt beobachtbare Bonitätszuschläge, die im Rahmen der Bewertung herangezogen werden können. Allerdings muss beim Rating insbesondere kritisch angemerkt werden, dass sie mit zeitlicher Verzögerung angepasst werden, wodurch die Rating-Informationen nicht immer die aktuellste Bonitätseinschätzung widerspiegeln.[187] Als Beispiel kann hierbei das Standard & Poor's-Rating für Lehman Brothers angeführt werden, welches bis zum Eintritt des Chapter 11 noch bei A lag.[188]

Bei den hier betrachteten Indexanleihen wirkt das Ausfallrisiko der Gegenpartei auf zwei Arten auf den Wert der Indexanleihe: ein höheres Ausfallrisiko führt zu einer stärkeren Diskontierung und damit zu einem niedrigeren Wert der zinsbasierten Komponente. Des Weiteren wird allerdings auch die Zahlung der indexbasierten Cashflows durch ein höheres Ausfallrisiko der Gegenpartei belastet und ist daher bei der Bewertung ebenfalls wertmindernd zu berücksichtigen.[189]

---

[186] Vgl. Zantow (2007), S. 235. Als signalling wird in der Neuen Institutionenökonomik der Abbau von Informationsasymmetrien durch die besser-informierte Partei durch Bereitstellung von relevanten Informationen bezeichnet. Ziel ist dabei ein Zustandekommen eines Vertrags oder eine Senkung von Risikozuschlägen. Vgl. zur Neuen Institutionenökonomik Jensen/Meckling (1976).

[187] Vgl. Rieger (2011), S. 251, Löffler (2005), S. 379 f.

[188] Vgl. Rieger (2011), S. 251.

[189] Vgl. Wohlwend (2001), S. 256.

In der Praxis wird für die Quantifizierung des Ausfallrisikos auf Credit Spreads zurückgegriffen. Dabei ist ein Credit Spread in der wissenschaftlichen Literatur definiert als Renditedifferenz einer bonitätsrisiko-behafteten (Unternehmens-)Anleihe und einer praktisch risikolosen Benchmark-Rendite aus Staatsanleihen von Emittenten besten Ratings, bspw. der Bundesrepublik Deutschland oder aus Swapsätzen.[190] Der Credit Spread kann idealerweise durch den Vergleich der Rendite einer konkreten Unternehmensanleihe des gleichen Emittenten mit der geschätzten Zinsstrukturkurve einer (ausfall-)risikofreien Staatsanleihe für die jeweilige Restlaufzeit berechnet werden. Im Vergleich zu periodisch durchgeführten Ratings können Veränderungen der Bonitätseinschätzung durch Credit Spreads somit kurzfristiger berücksichtigt werden.[191] In der Praxis werden die Aufschläge allerdings teilweise auch rating-spezifisch anhand eines Referenzindex abgeleitet. Hierzu werden Credit Spreads durch die Heranziehung mehrerer Anleihen unterschiedlicher Emittenten mit gleichem Rating wie das des Emittenten des zu bewertenden Produktes berechnet.[192]

Der Credit Spread stellt somit eine Kompensation des Ausfallrisikos in Form eines Renditezuschlags gegenüber Staatsanleihen dar.[193] Allerdings beinhaltet diese Differenz nicht nur einen Zuschlag für das Ausfallrisiko, sondern auch einen Zuschlag für die eingeschränkte Handelbarkeit (liquidity spread).[194] Sofern das Produkt nicht an einer Börse oder mit ausreichender Liquidität handelbar ist, besteht für den Käufer stets das Risiko, das Produkt bei Bedarf nicht oder nur mit signifikanten Abschlägen weiterveräußern zu können.

Dieses Liquiditätsrisiko wird daher mit einem Risikoaufschlag (liquidity spread) bei der Bewertung eingepreist.

---

190 Vgl. Zantow/Dinauer (2011), S. 403.

191 Vgl. Rieger (2011), S. 251.

192 Vgl. Schlecker (2009), S. 167, 175.

193 Vgl. Schlecker (2009), S. 2.

194 Vgl. Spremann/Gantenbein (2007), S. 36. Streng genommen beinhaltet der Credit Spread auch eine Prämie für die besondere Attraktivität von Staatsanleihen seitens der Kapitalmarktteilnehmer. Dies ist insbesondere empirisch an der positiven Differenz von Swap Rates gegenüber Spot Rates erkennbar, obwohl Swap Rates an sich bereits als weitgehend frei von Bonitätsrisiken gelten. Eine ausführliche Diskussion und empirische Studien finden sich bei Schlecker (2009).

Credit Spread und Liquidity Spread hängen folglich insbesondere von folgenden Einflussfaktoren ab[195]:

- Rating des Emittenten
- Restlaufzeit der Emittenten-Anleihe (je länger die Restlaufzeit, desto höher der Spread)
- Liquidität der Emittenten-Anleihe
- Risikosensitivität der Investoren (bspw. verlangen Investoren in Krisenzeiten eine höhere Risikoprämie)[196]
- Besicherungsvereinbarungen (Laufender Ausgleich von Marktwertänderungen durch entsprechende Sicherheits-Leistungen reduziert das Exposure aufgrund von Kontrahentenausfällen)

Insgesamt setzt sich der (ausfall-)risikoadjustierte Diskontierungszins somit theoretisch aus folgenden Komponenten zusammen[197]:

- (Ausfall-)Risikofreier Basiszinssatz
- Bonitätsrisiko-Zuschlag (credit spread i.e.S.)
- Liquiditätsrisiko-Zuschlag (liquidty spread)

Die einzelnen Komponenten des risikoadjustierten Diskontierungszinses sind auch in Abbildung 7 veranschaulicht.

Die emittentenspezifischen Risikoprämien können somit zur Quantifizierung der Risikostruktur verwendet und in die Bewertung einbezogen werden, indem die erwarteten vertraglichen Cashflows aus dem Finanzkontrakt bzw. der Indexanleihe mit dem risikoadjustierten Zins anstelle der risikolosen Spot-Rates diskontiert werden.[198]

---

195 Vgl. hierzu Zantow/Dinauer (2011), S. 403.

196 Diese als Spreadrisiko bezeichnete Änderung resultiert nicht durch emittentenspezifische Bonitätsänderungen, sondern durch allgemeine Marktänderungen in Krisenzeiten oder in Zeiten einer sich verschlechternden Konjunkturlage und lässt sich nicht diversifizieren. Vgl. Schlecker (2009), S. 20.

197 Vgl. Gilgenberg/Weiss (2009), S. 182.

198 Vgl. Perridon/Steiner/Rathgeber (2012), S. 201.

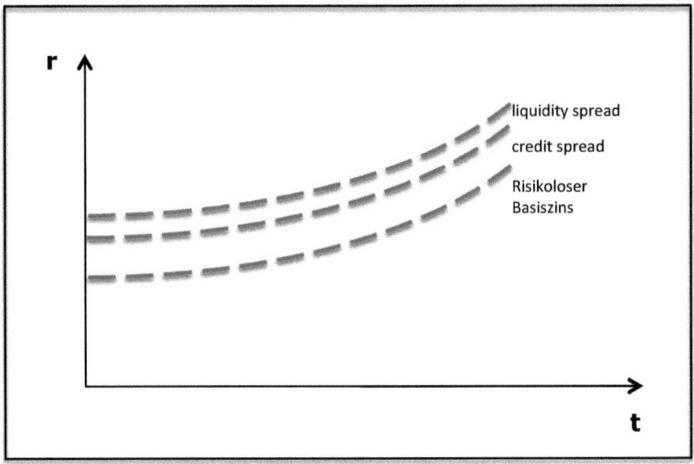

Abbildung 7: Komponenten des Diskontierungszinses[199]

Die in Kapitel II.B dargestellte Bewertung der Anleihe- sowie der Optionskomponente gilt daher prinzipiell nur, wenn die zu bewertende Indexanleihe keinem Bonitätsrisiko unterliegt. Da dies bei von privatrechtlichen Kreditinstituten emittierten Produkten regelmäßig *nicht* der Fall ist[200], ist eine Korrektur des berechneten Erwartungswertes an das Kontrahentenrisiko des Emittenten vorzunehmen.[201]

Die Anpassung an das Ausfallrisiko im Rahmen der Bewertung der Anleihekomponente kann entsprechend der obigen Überlegungen dadurch erfolgen, dass zur Spot Rate die beiden Risikokomponenten für Bonitätsrisiken und Liquiditätsrisiken zum risikoadjustierten Diskontierungszins hinzuaddiert werden. Diese Rate kann dann zur Barwertberechnung der Zahlungsströme der Anleihe verwendet werden.

---

199 Eigene Darstellung.

200 Als Ausnahme gelten lediglich leistungsstarke Industriestaaten mit einer sehr geringen Ausfallwahrscheinlichkeit. Darüber hinaus könnte auch auf eine Berücksichtigung des Ausfallrisikos im Rahmen der Bewertung verzichtet werden, sofern die Transaktion über entsprechende Sicherheitsleistungen besichert wurde.

201 Vgl. Fischer/Keber/Schuster (2001), S. 30.

Zur Berücksichtigung des Ausfallrisikos des Emittenten im Rahmen der Optionsbewertung muss die Barwertermittlung der Option (Formel (11)) leicht abgewandelt werden.

Hierzu ist zunächst der Optionswert zum Zeitpunkt der Fälligkeit T zu berechnen, wobei die (ausfall-)risikolose Spot Rate verwendet wird.

Der errechnete Erwartungswert der Optionskomponente zum Zeitpunkt T kann dann mit dem an das Ausfallrisiko des Emittenten adjustierten und annualisierten Zinssatz r_{adj} auf den Bewertungszeitpunkt diskontiert werden.[202]

$$(12)\quad E(c_0) = \frac{E(c_T)}{r_{adj}}$$

Grundsätzlich wird sowohl für die Options- als auch die Anleihekomponente der gleiche Credit Spread verwendet. Zu beachten ist lediglich der zeitliche Anfall der Einzahlungen. Während es bei der Optionskomponente nur zum Fälligkeitszeitpunkt T zu einer Einzahlung kommt, muss bei der Anleihekomponente berücksichtigt werden, dass es zu zwischenzeitlichen Zinszahlungen kommt, für die auch eine andere Spot Rate gemäß der Zinsstrukturkurve herangezogen werden muss. Daher kann der Gesamtwert über Formel (13)[203] dargestellt werden:

$$(13)\quad \sum_{t=1}^{n} \frac{Z_t}{\left(1+r_{adj}\right)^t} + \frac{\frac{\propto * Nom}{I_0} * \left[I_0 * e^{(r*T)} * N(d_1) - I_T * N(d_1 - \sigma * \sqrt{T})\right]}{e^{(r_{adj} * T)}}$$

Anhand dieser Formel wird die Strukturierung der Indexanleihe nochmals deutlich. Letztlich setzt sich der Wert des Gesamtinstruments aus dem Barwert der Anleihe und dem Barwert der eingebetteten Option zusammen.

Diese relativ einfache Art der Berücksichtigung von Ausfallrisiken durch Addition des Credit Spreads zur risikofreien Spot Rate ist allerdings theoretisch nur aussagekräftig, sofern die indexabhängige Zahlung durch Optionen dupliziert wird. Bei einer Duplikation durch *symmetrische* Derivate (bspw. durch einen Forward, sofern keine Kapitalgarantie gewährt wird und damit negative Entwicklungen des Index zu Lasten des Erwerbers gehen), gestaltet sich die Anpassung

---

202 Vgl. Hull/White (1995) sowie Fischer/Schuster (2002), S. 247.

203 Vgl. auch Fischer/Keber/Schuster (2001), S. 30, Fischer/Schuster (2002), S. 247 f.

wesentlich schwieriger. Da hierbei in der Zukunft potentiell nicht nur der Emittent, sondern auch der Erwerber der Indexanleihe eine Zahlung leisten müsste, ist die Marktwertanpassung als Differenz aus dem erwarteten Verlust durch einen Ausfall des Emittenten und dem erwarteten Verlust durch einen Ausfall des erwerbenden Unternehmens zu berechnen.[204]

Vereinfachend wurde daher im Beispiel eine Kapitalgarantie und damit eine Duplizierung über eine Option angenommen.

C. Grundsätze der handelsrechtlichen und internationalen Bilanzierung Strukturierter Finanzinstrumente

1. Konkretisierung des Einzelbewertungsgrundsatzes für Strukturierte Finanzinstrumente

Wie in den vorherigen Kapiteln gezeigt wurde, setzen sich Strukturierte Produkte aus mehreren Bausteinen bzw. Finanzinstrumenten zusammen, die zu einer Einheit verbunden werden. Für die Bilanzierung stellt sich daher insbesondere die Frage, ob ein solches Konstrukt lediglich einen oder mehrere Vermögensgegenstände darstellt.

Im Handelsrecht ist in § 252 Abs. 1 Nr. 3 HGB vorgeschrieben, dass generell jeder Vermögensgegenstand und jede Schuld bei der Bilanzierung einzeln, d.h. ohne Verrechnung mit anderen Vermögensgegenständen oder Schulden anzusetzen und zu bewerten ist (Einzelbewertungsgrundsatz). Der Einzelbewertungsgrundsatz ist auch dann zu berücksichtigen, wenn beispielsweise mehrere Vermögensgegenstände gemeinsam erworben werden (z.B. Erwerb eines Wertpapierpaketes), die entsprechend in ihre einzelnen Komponenten aufzuspal-

[204] Vgl. hierzu ausführlicher Glischke/Mach/Stemmer (2009), Grünberger (2011b). Hier finden sich ebenfalls Fallstudien zur Berechnung von sogenannten Credit Value Adjustments.

ten sind. Dies setzt allerdings voraus, dass die Einzelteile selbständig verkehrsfähig sind.[205]

Der Grundsatz der Einzelbewertung soll insbesondere verhindern, dass imparitätisch zu erfassende Wertminderungen mit unrealisierten Wertsteigerungen verrechnet werden können und dient damit dem Imparitäts- bzw. Realisationsprinzip.[206] Weiterer Zweck dieses Bilanzierungsprinzips ist die für die Rechnungslegung nicht aussagekräftige Gesamtbewertung eines Unternehmens. Unternehmensexterne Bilanzleser sind prinzipiell an einer objektiven Darstellung der Unternehmenslage interessiert. Diese Objektivität kann allerdings nur erreicht werden, indem alle Vermögenswerte und Schulden zur Darstellung des Schuldendeckungspotentials einzeln erfasst, bewertet und einander gegenübergestellt werden. Mit einem auf der Grundlage von (geschätzten bzw. subjektiven) Zahlungsströmen errechneten Gesamtwert wäre die Objektivität und damit die Rechenschaftsfunktion des Jahresabschlusses dagegen nicht gewährleistet.[207]

Diese Vorschrift gilt dabei prinzipiell für alle Arten von Vermögensgegenständen, somit auch für Finanzinstrumente. Explizit im Gesetz genannte Ausnahmen sind beispielsweise im Rahmen der Vorratsbewertung die vereinfachenden Vorschriften für die Fest- oder Gruppenbewertung (§ 240 Abs. 3 und 4 HGB) oder die Bewertungsvereinfachungsverfahren des § 256 HGB. Im Bereich der Finanzinstrumente ist die Abweichung vom Einzelbewertungsgrundsatz ausdrücklich für die Bilanzierung von Sicherungsbeziehungen (Hedge Accounting) erlaubt: Sofern ein Unternehmen ein Grundgeschäft vor Marktpreisrisiken (bspw. durch eine Absicherung von Währungsrisiken durch derivative Finanzinstrumente) absichert, müssten nach den gewöhnlichen Rechnungslegungsvorschriften potentielle Wertminderungen des Grundgeschäftes imparitätisch berücksichtigt werden, während die gegenläufigen unrealisierten Gewinne aufgrund des Realisationsprinzips nicht erfasst werden dürfen. Hierdurch ergeben sich unerwünschte Ergebniseffekte bzw. -verzerrungen, obwohl das Unternehmen durch die Absicherung

---

205 Vgl. Coenenberg/Haller/Schultze (2009), S. 93.

206 Vgl. Baetge/Kirsch/Thiele (2011a), S. 125.

207 Vgl. Baetge/Kirsch/Thiele (2011a), S. 125.

(Hedging) tatsächlich keinem Währungsrisiko ausgesetzt ist. In diesen Fällen ist eine Abweichung vom Einzelbewertungsgrundsatz und die Bildung einer Bewertungseinheit zulässig.[208]

Auch für die Internationale Rechnungslegung gemäß IAS/IFRS gilt der Grundsatz der Einzelbewertung für alle Vermögenswerte und Schulden. Dieser ist zwar nicht explizit kodifiziert, lässt sich aber aus dem Rahmenkonzept (Framework) und aus den einzelnen Vorschriften ableiten. Beispielsweise muss ein erworbenes Unternehmen gemäß IFRS 3 in seine einzelnen Vermögenswerte und Schulden aufgeteilt und der Unterschiedsbetrag als Goodwill bilanziert werden.[209] Da sowohl HGB als auch IAS/IFRS auf Vermögensgegenstände oder -werte abstellen, soll im Folgenden für die Beurteilung Strukturierter Finanzinstrumente zunächst herausgearbeitet werden, was überhaupt ein Vermögensgegenstand im Sinne der Rechnungsnormen ist und welche Voraussetzungen er erfüllen muss, um letztlich aktivierbar zu sein.

Ein Vermögensgegenstand im Sinne des HGB und damit aktivierungspflichtig bzw. -fähig ist grundsätzlich jeder wirtschaftliche Wert, der selbständig bewertbar und (einzeln) verwertbar ist und damit einen Beitrag zur Schuldendeckung des Unternehmens leisten kann.[210] Dies wird als abstrakte Aktivierungsfähigkeit bezeichnet. Unter Berücksichtigung von gesetzlichen Bilanzierungsvorschriften (Verbote, Gebote und Wahlrechte) ergibt sich die konkrete Bilanzierungsfähigkeit.[211] Diese Definition eines Vermögensgegenstandes ist zwar nicht im Gesetz kodifiziert, kann aber durch die Grundsätze ordnungsmäßiger Buchführung abgeleitet werden.[212] Eine Schuld im Sinne des Handelsrechts ist dagegen charakterisiert durch das Vorliegen einer rechtlichen oder wirtschaftlichen Verpflichtung. Weiterhin muss diese Verpflichtung eine wirtschaftliche Belastung

---

[208] Vgl. Baetge/Kirsch/Thiele (2011a), S. 126. Diese als Hedge Accounting bezeichneten Regelungen zur Bilanzierung von Sicherungsbeziehungen werden allerdings im Rahmen dieser Arbeit nicht betrachtet.

[209] Vgl. IFRS 3.10, Hayn/Waldersee (2006), S. 72 f.

[210] Vgl. Baetge/Kirsch/Thiele (2011a), S. 127.

[211] Vgl. Coenenberg/Haller/Schultze (2012), S. 76.

[212] Vgl. Baetge/Kirsch/Thiele (2011a), S. 127, Coenenberg/Haller/Schultze (2009), S. 78.

für das Unternehmen darstellen und zu einer künftigen Bruttovermögensminderung führen sowie zudem quantifizierbar sein.[213]

Dagegen sind Vermögensgegenstände (assets) nach der Definition der IAS/IFRS im Framework alle Ressourcen, über die das Unternehmen aufgrund vergangener Ereignisse verfügen kann und aus denen in Zukunft ein wirtschaftlicher Nutzen erwartet wird. Somit geht die Definition eines assets über die Definition eines Vermögensgegenstandes gemäß HGB hinaus, da keine Einzelverwertbarkeit, sondern lediglich allgemein die Erzielung eines zukünftigen wirtschaftlichen Nutzens vorausgesetzt wird. Eingeschränkt wird die Ansatzfähigkeit eines assets lediglich dadurch, dass der zukünftige Nutzen "wahrscheinlich" sein muss und sich seine Kosten oder sein Wert verlässlich ermitteln lässt.[214] Schulden (liabilities) im Sinne der IAS/IFRS sind dagegen entstandene Verpflichtungen, deren Erfüllung voraussichtlich den Abfluss von Ressourcen bedeutet, die einen wirtschaftlichen Nutzen für das Unternehmen darstellen. Die Kriterien der Wahrscheinlichkeit und der verlässlichen Ermittlung gelten analog zu den assets.[215]

Für diese Arbeit ist – aufbauend auf diesen Vorüberlegungen – insbesondere relevant, ob Strukturierte Finanzinstrumente hinsichtlich des Bilanzansatzes als ganzes oder aber ihre einzelnen Komponenten als ein Vermögensgegenstand[216] anzusehen sind, um daraus Ansätze für ihre zweckmäßige Bilanzierung abzuleiten. Hierbei sind insbesondere die folgenden Fragestellungen relevant: Zum einen ist zu diskutieren, ob den verknüpften Komponenten jeweils Vermögensgegenstandscharakter im Sinne der Definitionen nach HGB bzw. IAS/IFRS zukommen. Zum anderen stellt sich die Frage, welche Bilanzierungsweise dem Grundwesen der Bilanzierung am ehesten entspricht bzw. zweckmäßig ist. Dies kann bspw. aus den GoB oder dem IFRS-Framework abgeleitet werden. Bei der Beurteilung des Vorliegens eines Vermögensgegenstands sollte statt einer

---

213 Vgl. Baetge/Kirsch/Thiele (2011a), S. 128.

214 Vgl. Coenenberg/Haller/Schultze (2009), S. 86 f.

215 Vgl. Coenenberg/Haller/Schultze (2009), S. 87.

216 Im Folgenden wird zur einfacheren Darstellung einheitlich auf Vermögensgegenstände bzw. assets abgestellt. Die folgenden Ausführungen gelten allerdings analog auch für Schulden bzw. liabilities.

formalen, rechtlichen Betrachtungsweise vielmehr eine wirtschaftliche Betrachtungsweise Anwendung finden, die im Folgenden herausgearbeitet werden soll.[217]

Unstrittig ist, dass mindestens das Strukturierte Produkt als Ganzes einen Vermögensgegenstand darstellt, da die einzelnen Bestandteile vertraglich zu einer Einheit verbunden sind.[218] Zentrale Fragestellung muss daher sein, inwieweit die einzelnen Teilkomponenten die entsprechenden Voraussetzungen für einen separaten Ansatz erfüllen. Grundsätzlich erfüllen auch die einzelnen Komponenten bzw. Zahlungsströme Strukturierter Produkte die allgemeinen handelsrechtlichen Kriterien eines Vermögensgegenstandes, da sie einen wirtschaftlichen Wert darstellen und zudem werthaltig und damit selbständig bewertbar sind. Ob sie im Sinne des Handelsrechts als eigenständig anzusehen sind, ist daher – aus Mangel an gesetzlicher Detailregelungen im HGB – an allgemeinen Grundsätzen, zunächst an dem Kriterium der Einzelveräußerbarkeit auszumachen.[219] Im Gegensatz beispielsweise zu einer Optionsanleihe, bei der die Separation und Einzelveräußerbarkeit der beiden Komponenten Anleihe und Option im Ermessen des Erwerbers liegt, ist eine solche komponentenweise Veräußerung für die überwiegende Zahl Strukturierter Produkte wirtschaftlich oder rechtlich gemäß den vertraglichen Bedingungen nicht möglich.[220] Nach h.M. ist für die Definition eines Vermögensgegenstandes allerdings auch eine *Einzelverwertbarkeit* ausreichend. Dieses Kriterium beinhaltet neben der Veräußerung auch eine Verwertung durch Überlassung des Rechts auf Ausübung an einen Dritten, bspw. durch eine

---

217 Vgl. Prahl/Naumann (1992), S. 711, Oestreicher (1992), S. 249-252.

218 Vgl. Schaber/Rehm/Märkl/Spies (2009), S. 10.

219 Hier sei angemerkt, dass ein Vermögensgegenstand nach h.M auch dann gegeben ist, wenn eine potentielle Einzelveräußerbarkeit bspw. durch rechtliche Hemmnisse im Sinne von gesetzlichen oder vertraglichen Einschränkungen verhindert wird. Dies wird als abstrakte Einzelveräußerbarkeit bezeichnet. Vgl. zu dieser Diskussion Knobloch/Eisele (2003), S. 758, Adler/Düring/Schmaltz (1997), Kußmaul (2003), Schildbach (2000), S. 156 f.

220 Vgl. Eisele/Knobloch (2003), S. 758.

vertragliche Abtretung der Ansprüche.[221] Insofern wären auch die Einzelkomponenten grundsätzlich aktivierungsfähig.[222]

Für die Definition eines assets gemäß IAS/IFRS ist dagegen eine Einzelveräußerbarkeit bzw. -verwertbarkeit keine Voraussetzung; daher erfüllen sowohl Strukturierte Finanzinstrumente als auch ihre einzelnen Komponenten die Kriterien eines assets, was sich auch mit den im folgenden Kapitel darzustellenden Bilanzierungsvorschriften des IAS 39 deckt.

Eisele/Knobloch kommen zu dem Schluss, dass eine Aufspaltung dort sinnvoll ist, wo das Strukturierte Produkt eine Wahlmöglichkeit beinhaltet und die durch Ausübung dieser Wahlmöglichkeit induzierten Cashflows eindeutig von den Cashflows der restlichen Komponente abgegrenzt werden können.[223] Zentrales Kriterium ist somit bei den Autoren die getrennte Verwertbarkeit; d.h., die Ausübung einer eingebetteten Option darf nicht zu einer Änderung der Zahlungsströme der Anleihekomponente führen.[224] Ansonsten müsste sich für solche Produkte ein einheitlicher Bilanzansatz ergeben.[225]

Für das Beispiel der Indexanleihe wären die beiden Komponenten eindeutig abgrenzbar, da die Zahlungen der Anleihekomponente sowohl zeitlich als auch in ihrer Höhe von Anfang an festgelegt sind und die aktienindexabhängige Zusatzzahlung davon unabhängig ermittelt wird. Mithin verändert eine Auszahlung aus der Indexkomponente nicht die Zahlungen aus der Anleihekomponente.

Allerdings berücksichtigt eine reine Beurteilung der Trennungspflicht auf Basis der Einzelveräußerbarkeit bzw. der getrennten Verwertbarkeit nicht die spezifische Risikostruktur dieser Produkte. Wesentlich wichtigerer Problempunkt bei

---

221 Vgl. Baetge/Kirsch/Thiele (2011a), S. 159, Adler/Düring/Schmaltz (1997), Lamers (1981), S. 205-216

222 Für eine Diskussion der Granularität bei der Abspaltung der Einzelkomponenten vgl. Vgl. Eisele/Knobloch (2003), S. 759 f., Vgl. Prahl/Naumann (1992), S. 711-713. Im Rahmen dieser Arbeit wird bei der Abspaltung bzw. Duplikation auf marktgängige Basisfinanzinstrumente zurückgegriffen, deren Wert sich über standardisierte Bewertungsmodelle ermitteln lässt.

223 Vgl. Eisele/Knobloch (2003), S. 762, S. 769.

224 Vgl. Eisele/Knobloch (2003), S. 762.

225 Vgl. Eisele/Knobloch (2003), S. 762. Beispiele für Produkte, deren derivative Komponenten die Zahlungsströme beeinflusst, wären Anleihen mit Kündigungsoptionen, Aktienanleihen oder Credit-Linked Notes. Vgl. Eisele/Knobloch (2003), S. 763 f.

Strukturierten Finanzinstrumenten ist die Besonderheit, dass die meisten Produkte durch die Einbettung derivativer Komponenten unterschiedlichen Risikofaktoren ausgesetzt sind.[226] Ein zusätzliches (andersartiges) Risiko oder Chance liegt dann vor, wenn ein Strukturiertes Produkt neben dem Zinsrisiko ein oder mehrere weitere Marktpreisrisiken oder sonstige Risiken beinhaltet.[227]

Wird das Strukturierte Produkt als einheitlicher Vermögensgegenstand bilanziert und nicht in seine finanzwirtschaftlichen Bestandteile zerlegt, muss die Bewertung sämtliche wertbeeinflussenden Faktoren einbeziehen; es findet mithin eine Kompensation der gegensätzlichen positiven und negativen Wertänderungen einzelner Bestandteile statt.[228] Beispielsweise können sich bei der dargestellten Indexanleihe das Zinsrisiko und das Aktienindexrisiko bei gegenläufiger Wertentwicklung kompensieren. Im Ergebnis käme es durch die kompensatorische Wirkung unterschiedlicher Risikoarten im Jahresabschluss zu einer unzutreffenden Darstellung der wirtschaftlichen Lage des Emittenten bzw. des Erwerbers.[229] Darüber hinaus wären die Chancen und Risiken des Strukturierten Finanzinstrumentes durch die eingebettete derivative Komponente für den Bilanzleser nicht mehr ohne Weiteres sichtbar, was zu einer Unterschätzung der Risiken dieses Instrumentes in den Abschlüssen zwischen Erwerb und Fälligkeit des Strukturierten Produktes führen kann.[230]

Eine kompensatorische Wirkung bei der Bilanzierung würde zudem dem Imparitätsprinzip widersprechen, da Wertminderungen einzelner Komponenten nicht transparent werden und somit eine Antizipation verhindert wird. Stattdessen werden diese negativen Ergebniseffekte (bei einer Zeitwertbilanzierung) mit positiven Ergebniseffekten aus unrealisierten Wertsteigerungen verrechnet. In

---

226 Auch Strukturierte Produkte, die nur einem Zinsrisiko unterliegen, können ein wesentlich erhöhtes Risiko bzw. Chance aufweisen. Dies kann der Fall sein, wenn das Produkt durch ein eingebettetes Derivat eine Hebelwirkung aufweist, die den Zinssatz signifikant steigert oder vermindert.

227 Vgl. Schaber/Rehm/Märkl/Spies (2009), S. 11. Zu den Marktpreisrisiken können in diesem Zusammenhang bspw. das Aktienkurs-, Währungs- oder Rohstoffpreisrisiko gezählt werden. Als sonstigen Risiken wären Bonitätsrisiken Dritter oder Katastrophenrisiken zu nennen.

228 Vgl. Scharpf (1999), S. 24.

229 So auch Schaber/Rehm/Märkl/Spies (2009), S. 10.

230 Vgl. Schaber/Rehm/Märkl/Spies (2009), S. 10.

diesem Punkt wird damit den Ausführungen von *Eisele/Knobloch* widersprochen, dass ein getrennter Ansatz, der allein aus dem Kriterium unterschiedlicher Risikofaktoren begründet wird, nicht mit den Grundsätzen ordnungsmäßiger Buchführung vereinbar sei.[231]

Die hier vertretene Auffassung findet sich auch bei *Scharpf*, der eine Klassifizierung in einfache und komplexe Strukturierte Produkte vorschlägt.[232] Einfache Strukturierte Produkte sind dabei lediglich von *einem* Marktpreisfaktor abhängig, während bei komplexen Produkten *mehrere* Marktpreisfaktoren auf den Wert des Produktes wirken. Der Autor befürwortet ebenfalls eine Trennung, sofern das Strukturierte Finanzinstrument mehreren Risikoarten ausgesetzt ist.[233] Argumentiert wird weiterhin über die Voraussetzungen zur Bildung von Bewertungseinheiten.[234] Auch hier ist eine Identität in den Risikoarten zwingend, damit eine Kompensation von positiven und negativen Wertänderungen möglich wird, wie sie auch bei der Folgebewertung einheitlich bilanzierter Strukturierter Finanzinstrumente implizit erfolgen würde.[235] Dieses Kriterium wird im Zusammenhang mit der Bildung von Bewertungseinheiten als homogene Beeinflussung von Gewinnchance und Verlustrisiko bezeichnet.[236] D.h., auf Verlustrisiko und Gewinnchance der Sicherungsbeziehung müssen dieselben Einflussfaktoren bzw. Marktpreise wirken.[237] Ergänzend zu § 254 HGB im Gesetzesentwurf zum BilMoG wird auch vom Rechtsausschuss des Bundestags klargestellt, dass

---

231 Vgl. Eisele/Knobloch (2003), S. 769.

232 Vgl. Scharpf (1999), S. 29. Vgl. hierzu auch Bertsch/Kärcher (2005), S. 582, Walter (2008), S. 43 f., BaFin (1999a), S. 3.

233 Vgl. Scharpf (1999), S. 28 sowie Scharpf/Luz (2000), S. 684 f.

234 Bewertungseinheiten sind zur bilanziellen Abbildung von Sicherungsbeziehungen sinnvoll. Wird ein Finanzinstrument zur Absicherung eines Grundgeschäfts abgeschlossen, dürfte ein gestiegener Wert des Grundgeschäfts über den Anschaffungskosten aufgrund des Realisationsprinzips nicht erfasst werden. Dagegen müsste der gesunkene Wert des (effektiven) Sicherungsgeschäfts durch eine außerplanmäßige Abschreibung oder der Bildung einer Drohverlustrückstellung antizipiert werden. Vgl. hierzu ausführlich Baetge/Kirsch/Thiele (2011a), S. 649-657, Ruhnke/Simons (2012), S. 506-512.

235 Vgl. Scharpf (1999), S. 28.

236 Vgl. Pfitzer/Scharpf/Schaber (2007), S. 682.

237 Vgl. Pfitzer/Scharpf/Schaber (2007), S. 682, Scharpf (1999), S. 28.

Grundgeschäfte und Sicherungsinstrumente *demselben* Marktpreisrisiko ausgesetzt sein müssen.[238]

Eine "Überkreuzkompensation" von Chancen und Risiken unterschiedlicher Risikoarten kann damit grundsätzlich als nicht zulässig angesehen werden.[239]

Insofern wäre eine Einzelverwertbarkeit grundsätzlich nicht ausreichend für einen Ansatz in der Bilanz, vielmehr ist sie durch eine risikoorientierte Sichtweise zu erweitern.

Diese Auffassung wird ebenfalls in der IDW Stellungnahme IDW RS HFA 22[240] zur einheitlichen oder getrennten handelsrechtlichen Bilanzierung strukturierter Finanzinstrumente vertreten. Auch hier wird eine risikoartenorientierte Betrachtung des Strukturierten Produktes vorgeschlagen. Eine einheitliche Bilanzierung würde aus Sicht des IDW bei unterschiedlichen bzw. erhöhten Marktpreisrisiken i.d.R. zu einer unzutreffenden Darstellung der Vermögens-, Finanz- und Ertragslage führen.[241]

In Bezug auf die Trennungspflicht für eingebettete Derivate kann die vorliegende Arbeit somit durch die Zusammenführung der Rechnungslegung Strukturierter Produkte und den hieraus resultierenden finanzwirtschaftlichen Effekten einen Beitrag zur weiteren Fundierung einer gebotenen Trennungspflicht liefern.

---

238 Vgl. Deutscher Bundestag (2009), S. 86.

239 Scharpf (1999), S. 28.

240 Die Stellungnahmen des IDW stellen die Berufsauffassung der Wirtschaftsprüfer zu Fragen der Rechnungslegung dar und sind von den Mitgliedern bei der Abschlussprüfung angemessen zu berücksichtigen. Abweichungen von den Stellungnahmen sind im vom Wirtschaftsprüfer darzustellen und ausführlich zu begründen. Vgl. IDW (2009), S. 4.

241 Vgl. IDW (2008), S. 3 sowie die Ausführungen in Kapitel II.C.1. Eine Diskussion zur getrennten bzw. einheitlichen auf Basis des IDW RS HFA 22 findet sich bei Wiechens/Varain (2008).

2. Darstellung der Bilanzierung nach Internationaler Rechnungslegung

a) Einordnung in die Bewertungs- und Bilanzierungsklassen nach IAS 39

Finanzielle Vermögenswerte im Sinne der Definition in IAS 32.11[242] umfassen vertragliche Rechte, finanzielle Werte von anderen Unternehmen zu erhalten bzw. mit anderen Unternehmen unter potentiell vorteilhaften Bedingungen zu tauschen. Finanzielle Verbindlichkeiten stellen dagegen vertragliche Verpflichtungen dar, finanzielle Werte an ein anderes Unternehmen abzugeben bzw. mit anderen Unternehmen unter potentiell nachteiligen Bedingungen austauschen zu müssen.[243]

Die Bilanzierung von finanziellen Vermögenswerten und Verbindlichkeiten (financial assets and liabilities) nach den IAS/IFRS ist aktuell in den Standards IAS 32, IAS 39 und IFRS 7 geregelt. Während sich IAS 39 mit den Vorschriften für Ansatz und Bewertung beschäftigt, enthalten IAS 32 und IFRS 7 weitere Bestimmungen zu Darstellung und Anhangangaben für die bilanzierten Finanzinstrumente.[244] Allerdings wird momentan vom Standardsetter, dem International Accounting Standards Board (IASB) am schrittweisen Ersatz von IAS 39 durch den neuen Standard IFRS 9 gearbeitet, der für Geschäftsjahre ab dem 01.01.2015 verpflichtend geplant war.[245] Allerdings hat das IASB am 24.07.2013 entschieden, den Erstanwendungszeitpunkt zu verschieben, ohne einen neuen Termin zu nennen.[246]

IAS 39.9 unterteilt alle Finanzinstrumente allgemein in vier Kategorien, abhängig von ihrer Haltedauer und ihrem Handelszweck. Dabei wird das Finanzinstrument immer dann erfasst bzw. bilanziert, sobald das Unternehmen Vertragspartner wird. Die Erstbewertung erfolgt stets zum Fair Value, der im Zeitpunkt des Zu-

---

242 Vgl. auch Kapitel II.A.1.

243 Vgl. IAS 32.11, Winkeljohann (2006), S. 148 f.

244 Vgl. Grünberger (2009), S. 123.

245 Vgl. Grünberger (2011a), S. 111-112.

246 Siehe hierzu die Mitteilung unter http://www.ifrs.org/Current-Projects/IASB-Projects/Financial-Instruments-A-Replacement-of-IAS-39-Financial-Instruments-Recognitio/IFRS-9-Mandatory-effective-date-and-disclosures/Pages/IFRS-9-Mandatory-effective-date-and-disclosures.aspx (abgerufen am 10.09.2013).

gangs i.d.R. (bei einer Transaktion zu marktgerechten Konditionen) dem Transaktionspreis entspricht. Die Folgebewertung richtet sich nach der Kategorie, der das Finanzinstrument zugeordnet wird.[247]

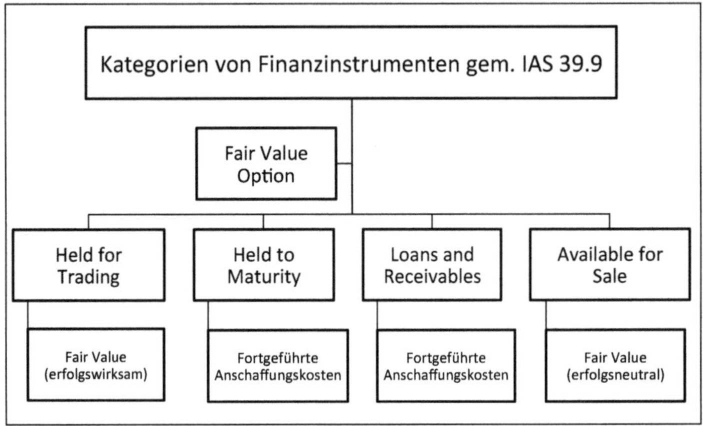

Abbildung 8: Kategorien von Finanzinstrumenten gemäß IAS 39.9[248]

Die Kategorie **Held for Trading (HFT)** ("zu Handelszwecken gehalten") enthält solche Finanzinstrumente, die hauptsächlich zu dem Zweck gehandelt wurden, diese in naher Zukunft wieder zu veräußern oder zurückzukaufen. Derivate sind grundsätzlich immer dieser Kategorie zuzuordnen (unabhängig von der Haltedauer bzw. Handelsabsicht). Alle hier eingestuften Kontrakte müssen stets mit dem Zeitwert erfolgswirksam (at fair value through profit or loss) bewertet und bilanziert werden.

Im Gegensatz dazu werden der Kategorie **Held to Maturity (HTM)** ("bis zur Endfälligkeit gehalten") alle nicht-derivativen Finanzinstrumente zugeordnet, die mit der Absicht erworben werden, sie bis zur Endfälligkeit zu halten. Weitere Voraussetzung ist allerdings, dass die zugeordneten Finanzinstrumente einen be-

247 Vgl. IAS 39.9, IAS 39.46, Grünberger (2012), S. 113.

248 Eigene Darstellung.

stimmten oder bestimmbaren Endfälligkeitstermin aufweisen und auch die Zahlungen bekannt oder bestimmbar sind (bespielhaft können hier feste Couponzahlungen oder auch zukünftige variable Zahlungsströme, bei denen der zugrunde liegende Index konkret spezifiziert ist – bspw. Zins-Fixing am 31.12.2011 anhand des EUR EURIBOR 3M – genannt werden). Somit können Eigenkapitalinstrumente keine Held to Maturity Investments sein, da sie keine bestimmte Laufzeit haben.[249] Finanzinstrumente, die dieser Kategorie zugeordnet werden, sind mit den fortgeführten Anschaffungskosten zu bewerten und zu bilanzieren. Die fortgeführten Anschaffungskosten entsprechen dabei dem Anschaffungswert abzüglich Tilgungen und der mittels Effektivzinsmethode[250] korrigierten Differenz zwischen Erwerbs- und Tilgungsbetrag (Agio oder Disagio) sowie außerplanmäßigen Abschreibungen bspw. bei absehbarer Uneinbringlichkeit.[251]

Nicht-derivative finanzielle Vermögenswerte mit ebenfalls festen oder bestimmbaren Zahlungen, welche allerdings nicht an einem aktiven Markt gehandelt werden und nicht zur Weiterveräußerung erworben werden, sind der Kategorie **Loans and Receivables (LAR)** ("Kredite und Forderungen") zuzuordnen. Auch hier dürfen Eigenkapitalinstrumente aufgrund ihrer unbegrenzten Laufzeit nicht eingeordnet werden. Loans and Reveivables-Investments müssen ebenfalls zu fortgeführten Anschaffungskosten bewertet und bilanziert werden.

Alle Finanzinstrumente, die in keiner der oben genannten Kategorien eingeordnet werden, müssen der Gruppe **Available for Sale (AFS)** ("zur Veräußerung verfügbar") zugeordnet und müssen mit dem Fair Value *erfolgsneutral* in einem Eigenkapitalposten ("other comprehensive income" - OCI) bewertet und bilanziert werden.

---

249 Vgl. Grünberger (2009), S. 123.

250 Bei der Effektivzinsmethode wird derjenige Zins berechnet, der unter Zugrundelegung des Auszahlungsbetrags und der zukünftigen Zahlungsströme einen Kapitalwert von 0 erbringt. Mit diesem Zins ist der Auszahlungsbetrag über die Laufzeit auf- bzw. abzuzinsen. Vgl. Ruhnke (2008), S. 409, Kruschwitz/Husmann (2912), S. 158. Der Effektivzinssatz entspricht somit dem Durchschnitt der Spot Rates über die Laufzeit. Vgl. Steiner/Uhlir (2001), S. 35.

251 Vgl. Grünberger (2011a), S. 126-128.

Daneben gibt es gemäß IAS 39.9 die Möglichkeit, einzelne Finanzinstrumente der Kategorien Held to Maturity, Available for Sale und Loans and Receivables freiwillig mit dem Fair Value *erfolgswirksam* zu bewerten und zu bilanzieren (so genannte Fair Value-Option). Diese Bilanzierungsoption ist allerdings an bestimmte Voraussetzungen gebunden. Zum einen muss die Zuordnung bereits bei der erstmaligen Erfassung erfolgen und muss zudem zu einem aussagekräftigeren Bild des Jahresabschlusses führen.[252] Dies wird gemäß IAS 39.9 für die Fälle unterstellt, in denen eine Fair Value-Bilanzierung zu einem Abbau von Bewertungsinkonsistenzen führt ("accounting mismatch") oder die betreffenden Finanzinstrumente nachweisbar als Teil eines Portfolios auf Fair Value-Basis gesteuert werden.[253] Eine Bewertungsinkonsistenz ist dadurch charakterisiert, dass wirtschaftlich zusammengehörige Positionen bilanziell unterschiedlich behandelt werden und dadurch unerwünschte Ergebniseffekte entstehen. Beispielsweise kann das dann der Fall sein, wenn eine variabelverzinsliche Verbindlichkeit über einen Zinsswap abgesichert wird und Änderungen des Marktzinses (Bilanzierung der Verbindlichkeit zu fortgeführten Anschaffungskosten vs. erfolgswirksame Fair Value-Bilanzierung des Zinsswaps) inkonsistent behandelt werden.[254]

Eine solche Mixed Model-Bilanzierung, bei der die Finanzinstrumente in verschiedene Kategorien eingeteilt werden und unterschiedlichen Bewertungsmaßstäben unterliegen, ist auch bei einer Rechnungslegung nach US-GAAP vorgesehen. Eine Hinwendung zu einer Full Fair Value-Bilanzierung ist in näherer Zukunft nicht zu erwarten. Hierzu hat das FASB entschieden, dass Finanzinstrumente, die auf die Erzielung vertraglich geregelter Zahlungsströme gerichtet sind, zu fortgeführten Anschaffungskosten zu bilanzieren sind.[255]

---

252 Vgl. Grünberger (2011a), S. 156.

253 Vgl. Grünberger (2011a), S. 156-157.

254 Vgl. hierzu auch Eckes/Weigel (2006), S. 418.

255 Vgl. DER BETRIEB (2011), S. 373.

b) Rechnungslegungsvorschriften gemäß IAS 39

Die Internationale Rechnungslegung gemäß IAS/IFRS geht auf die Bewertung und Bilanzierung Strukturierter Finanzinstrumente[256] konkret über die Regelungen zu Finanzinstrumenten mit eingebetteten Derivaten (embedded derivatives) ein.[257] Diese Anlageform besteht i.d.R. aus einem originären Finanzinstrument (Basisvertrag) mit integrierten derivativen Komponenten, die rechtlich nicht trennbar sind und nicht separat gehandelt werden können.[258] Da die IAS/IFRS bei derivativen Finanzinstrumenten grundsätzlich und ausnahmslos eine Fair Value-Bilanzierung fordern, darf auch die Integration derivativer Komponenten in Finanzinstrumente, welche zu fortgeführten Anschaffungskosten oder zum Fair Value mit erfolgsneutraler Erfassung von Wertänderungen bilanziert werden, nicht zu einer Umgehung dieser Bilanzierungsnorm führen.[259] Neben der Sicherstellung einer Marktbewertung für Derivate soll damit verhindert werden, dass die tatsächliche Risikostruktur der derivativen Komponenten durch die Einbettung in ein Schuldinstrument gegenüber dem Bilanzadressaten verschleiert wird.[260] Daher sieht IAS 39 für Strukturierte Finanzinstrumente daher gesonderte Bilanzierungsnormen vor.

Dabei müssen alle eingebetteten derivativen Komponenten grundsätzlich immer aus dem Gesamtkonstrukt des Strukturierten Finanzinstruments herausgetrennt und als eigenständiges Derivat im Sinne des IAS 39 separat bewertet und bilanziert werden, wenn die nachfolgenden Kriterien kumulativ erfüllt sind:[261]

Zum einen dürfen die wirtschaftlichen Merkmale und Risiken der derivativen und der originären Komponente (in IAS 39.11 als "host contract" bezeichnet) nicht eng miteinander verwandt sein. Aus dem im Standard angeführten Beispiel kann geschlossen werden, dass eine enge Verbundenheit zwischen Basisvertrag und

[256] Die IAS/IFRS sprechen in diesem Kontext von hybrid or combined instruments.

[257] Vgl. hierzu IAS 39.10 - IAS 39.13.

[258] Vgl. Bier/Lopatta (2008), S. 304.

[259] Vgl. Grünberger (2011a), S. 201, Schaber/Rehm/Märkl/Spies (2009), S. 60.

[260] Vgl. Albrecht/Reinbacher/Niehoff/Derfuß (2013), S. 277, Bier/Lopatta (2008), S. 306.

[261] Vgl. Bier/Lopatta (2008), S. 306.

eingebettetem Derivat dann nicht gegeben ist, wenn die Komponenten unterschiedlichen Risikofaktoren unterliegen und somit Veränderungen der Zahlungsströme bzw. der Fair Value-Entwicklung auf Gesamtinstrumentebene wesentlich von denen des Basisvertrags abweichen.[262] Beispielsweise wäre dies der Fall, wenn ein zinstragendes Finanzinstrument mit einem währungsrisikoabhängigen Derivat kombiniert wird. Aufspaltungspflichtig sind somit alle Strukturierten Produkte, bei denen der nicht-derivative Basisvertrag und das eingebettete Derivat unterschiedlichen makroökonomischen Faktoren bzw. Marktpreisrisiken (z.B. Zinsen, Währungen, Aktienkurse oder Bonitätsrisiken) ausgesetzt sind.[263]

Des Weiteren muss das eingebettete Derivat für sich allein genommen die Kriterien eines Derivats erfüllen, die sich aus IAS 39.9 ergeben. Hierzu zählt, dass der Wert des Derivats von Änderungen eines Basiswertes wie beispielsweise einem bestimmten Zinssatz, Wechselkurs oder Index abhängig ist. Zudem erfordert die Anschaffung eines Derivats keine oder eine im Vergleich zu anderen Finanzinstrumenten, die in ähnlicher Weise auf den Basiswert reagieren, nur geringe Anschaffungszahlungen.[264]

Der Zeitpunkt der Beurteilung, ob ein eingebettetes Derivat vorliegt, wird dabei in IFRIC 9 beantwortet. Gemäß IFRIC 9 muss die Beurteilung der Abspaltungspflicht zu dem Zeitpunkt stattfinden, zu dem das bilanzierende Unternehmen Vertragspartei wird. Eine spätere Beurteilung ist nicht zulässig, außer in solchen Fällen, in den sich Änderungen in den vertraglichen Konditionen ergeben, die zu einer wesentlichen Veränderung der resultierenden Zahlungsströme führen. In derartigen Fällen ist eine neuerliche Beurteilung der Abspaltungspflicht notwendig.[265] Diese Regelung soll insbesondere verhindern, dass die Abspaltungspflicht und der damit einhergehende Wechsel der Anleihekomponente zwischen

262 Vgl. Bier/Lopatta (2008), S. 306, IAS 39.11.a: "the economic characteristics and risks of the embedded derivative are not closely related to the economic characteristics and risks of the host contract".

263 Vgl. Bier/Lopatta (2008), S. 306.

264 Vgl. Wolz (2004), S. 398.

265 Vgl. IFRIC 9 BC11F.

Anschaffungskosten- und Fair Value-Bilanzierung durch eine willkürliche Neubeurteilung als bilanzpolitisches Instrument missbraucht werden könnte.[266]

Wird das Strukturierte Finanzinstrument in seine Einzelkomponenten zerlegt, müssen die einzelnen Bestandteile nach den Rechnungslegungsstandards bewertet und bilanziert werden, nach denen sie als fiktive eigenständige Finanzinstrumente bilanziert würden. Dies bedeutet, dass die derivativen Bestandteile stets zum Fair Value erfolgswirksam zu bilanzieren sind, während der nicht-derivative Basisvertrag in eine der oben genannten Kategorien zuzuordnen ist.[267] Wesentliches Ziel dieser Bilanzierungsvorschrift ist, den Bilanzleser auf die Risiken des Strukturierten Produktes hinzuweisen, welche aus der Integration der derivativen Komponente in den Gesamtvertrag resultiert.[268] Insofern brechen die IAS/IFRS mit der rein rechtlichen Sicht des Vertrags. Eine solche Aufspaltung entspricht mithin der in Kapitel II.C.1 skizzierten ökonomischen Sichtweise, dass das Strukturierte Produkt aus mehreren Einzelgeschäften zusammengesetzt wird.[269]

Im Rahmen dieser Arbeit werden nur solche Strukturierten Produkte betrachtet, die sich aus einem nicht-derivativen Basisfinanzinstrument und Derivaten zusammensetzen. Strukturierte Derivate – also Kombinationen mehrerer Derivate ohne nicht-derivative Komponenten – werden hier ausgeblendet, da Derivate nach IAS/IFRS immer erfolgswirksam zum Fair Value zu bewerten und bilanzieren sind. Eine Aufspaltung führt somit finanzwirtschaftlich zu keinen grundsätzlich anderen Ergebnissen als eine einheitliche Behandlung.[270]

Alternativ kann das gesamte Finanzinstrument gemäß IAS 39.11.c mit dem Fair Value erfolgswirksam bilanziert werden.[271] Hierbei würde die Wertänderung der derivativen Komponente implizit in der Wertänderung des Gesamtinstruments

---

266 Vgl. auch IFRIC 9 BC9.

267 Vgl. Winkeljohann (2006), S. 157 f.

268 Vgl. Bier/Lopatta (2008), S. 306.

269 Vgl. Bier/Lopatta (2008), S. 307.

270 Vgl. Bier/Lopatta (2008), S. 306.

271 Vgl. IAS 39.11.c.

erfasst.[272] Dieses als Fair Value-Option bezeichnete Wahlrecht kann vom Bilanzersteller für Strukturierte Produkte in Anspruch genommen werden, wenn beispielsweise der Aufwand für die Identifizierung und Trennung von eingebetteten derivativen Komponenten unverhältnismäßig hoch ist. Kritisiert werden kann dabei allerdings die nicht konsequente Durchsetzung der Aufspaltung strukturierter Produkte, die durch die Fair Value-Option wieder relativiert wird. Zwar wird so gewährleistet, dass Derivate weiterhin zum Fair Value bewertet und bilanziert werden und zudem den Unternehmen eine Möglichkeit geboten, eine potentiell zeitaufwändige und kostenintensive Aufspaltungsprüfung und -durchführung zu vermeiden. Allerdings wird so der Hauptzweck der Regelungen – nämlich die transparente Darstellung der Risikostruktur – wieder ausgehebelt. Im Rahmen der Vorschriften zu eingebetteten Derivaten in IAS 39 wird dabei nicht unterschieden, ob das Strukturierte Produkt einen finanziellen Vermögenswert oder eine finanzielle Verbindlichkeit darstellt.

Derivate, die einem originären Finanzinstrument angehängt, aber aufgrund vertraglicher Regelungen separat handelbar sind, stellen keine eingebetteten Derivate im Sinne von IAS 39 dar.[273] Hierzu können beispielsweise klassische Optionsanleihen gezählt werden, bei denen das Optionsrecht zum Erwerb zusätzlicher Aktien separat und ohne Einfluss auf die Anleihe veräußert werden kann.

Eine Ausnahme von der Abspaltungspflicht gilt für kleine und mittlere Unternehmen (KMU), sofern es zur Anwendung der "IFRS for Small and medium-sized entities" kommt. In diesem Falle muss das bilanzierende Unternehmen das gesamte Instrument i.d.R. erfolgswirksam zum Fair Value bewerten und bilanzieren.[274]

---

[272] Vgl. Grünberger (2011a), S. 201.

[273] Vgl. Bier/Lopatta (2008), S. 304.

[274] Vgl. Henkel (2010), S. 235. Für die Analyse der finanzwirtschaftlichen Effekte der beiden Bilanzierungsalternativen im nächsten Hauptkapitel ergeben sich allerdings keine Implikationen mit der Ausnahme, dass die KMU keine Auswahlmöglichkeit bezüglich der Bilanzierungsweise haben.

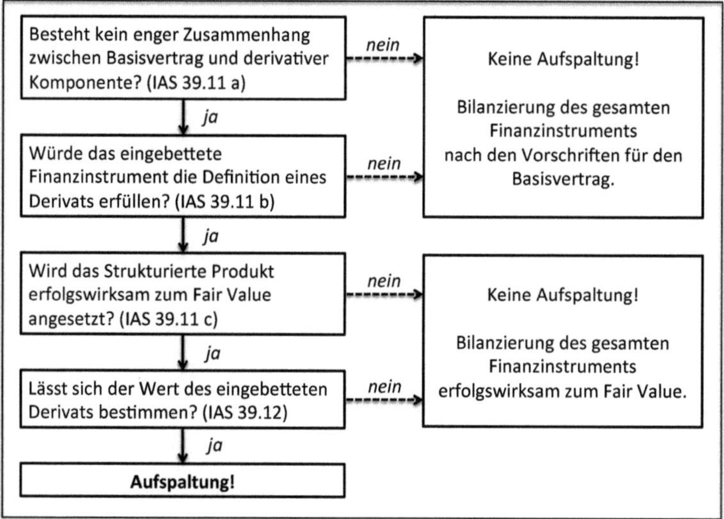

Abbildung 9: Abspaltungssystematik gemäß IAS 39.11[275]

Abbildung 9 verdeutlicht die Systematik der Trennungspflicht. Am Beispiel der dargestellten Indexanleihe bedeutet dies konkret, dass kein enger Zusammenhang zwischen zinstragendem Basisvertrag und derivativer Komponente besteht, da durch die indexabhängige Komponente wesentlich erhöhte und andersartige Risiken in die Anleihe integriert werden (Zinsrisiko vs. Aktienindexrisiko). Wie bereits dargestellt, erfüllt die indexabhängige Komponente auch die Definition eines Derivates, wodurch im Ergebnis ein grundsätzlich abzuspaltendes eingebettetes Derivat vorliegt.

Insgesamt können Indexanleihen nach IAS 39 prinzipiell wie folgt bilanziert werden:

- Bilanzierung der gesamten Indexanleihe zum Fair Value durch Ausübung der Fair Value-Option.

---

[275] Abbildung in Anlehnung an Bier/Lopatta (2008), S. 309.

- Aufspaltung der Indexanleihe in ihre Einzelkomponenten (Anleihe und Option) und separate Bilanzierung entsprechend der jeweils relevanten Bilanzierungsvorschriften, d.h. Bilanzierung der Anleihe zu fortgeführten Anschaffungskosten (Annahme) und Bilanzierung der Option zum Fair Value.

Gemäß IAS 39.11 gilt die Trennungspflicht nur für die Wertermittlung, d.h., bezüglich der Darstellung im Jahresabschluss trifft IAS 39 keine Aussage darüber, ob das Strukturierte Produkt bei einer Trennung in einer oder in mehreren Bilanzpositionen *auszuweisen* ist.[276] Nach IAS 32.55 gilt allerdings, dass alle Finanzinstrumente, die unterschiedlich bewertet wurden, auch getrennt auszuweisen sind.[277] Ein getrennter Ausweis ist insbesondere bei Strukturierten Produkten durch die Kombination verschiedener Finanzinstrument-Arten und Marktpreisrisiken sowohl aus Transparenz- als auch aus Konsistenzgründen notwendig. Entsprechend gilt dann allerdings für einheitlich bewertete Strukturierte Produkte, dass ein Ausweis in *einer* Bilanzposition möglich ist, was aus Transparenzgesichtspunkten eher kritisch zu sehen ist.

Das gleiche Bilanzierungskonzept für Strukturierte Finanzinstrumente verfolgen auch die US-GAAP. Hier ist ebenfalls eine Abspaltung vorgeschrieben, sofern sich die Komponenten des Strukturierten Produktes in ihrer Risikostruktur unterscheiden und mindestens eine der Komponenten als Derivat eingestuft wird. Auch im Rahmen der US-GAAP besteht allerdings das Wahlrecht das gesamte Strukturierte Produkt zum Zeitpunkt der Einbuchung erfolgswirksam zum Fair Value zu bewerten und zu bilanzieren.[278]

c) Rechnungslegungsvorschriften gemäß IFRS 9

Insbesondere im Zuge der Finanzmarktkrise gerieten die Regelungen des IAS 39 immer wieder in die öffentliche Kritik.[279] Bemängelt wurden hierbei insbesondere

---

276 Vgl. Bier/Lopatta (2008), S. 307.

277 Vgl. auch Bier/Lopatta (2008), S. 307.

278 Vgl. FAS 133, Coenenberg/Haller/Schultze (2012), S. 292 f.

279 Vgl. Märkl/Schaber (2009), S. 533.

die komplexen Vorschriften des IAS 39 hinsichtlich der Abspaltungsprüfung für eingebettete Derivate und der Klassifizierung von Finanzinstrumenten. Zudem wurden häufig die nicht ausreichenden Umwidmungsvorschriften von Fair Value-bilanzierten Finanzinstrumenten in Krisenzeiten kritisiert.[280]

Mitte 2009 hat das International Accounting Standards Board (IASB) das Projekt "IAS 39 Replacement" und im Zuge dessen den Exposure Draft "Financial Instruments: Classification and Measurement" veröffentlicht.[281] Ziel des Projektes ist es, die bisher in IAS 39 enthaltenen Regeln zur Bewertung und Bilanzierung von finanziellen Vermögenswerten und Schulden zu überarbeiten und die Entscheidungsnützlichkeit durch Vereinfachung der Bewertungskategorien und deren Vorgaben zu erhöhen.[282] Die überarbeiteten Regelungen sollen im neuen Standard IFRS 9 zusammengefasst werden.[283] Relevant im Rahmen dieser Arbeit sind die geplanten Änderungen für die bilanzielle Behandlung von eingebetteten Derivaten und ihre Auswirkungen für die Bilanzierung von Strukturierten Produkten im Allgemeinen und Indexanleihen im Speziellen.

Der neue Standard IFRS 9 soll für alle Finanzinstrumente Anwendung finden, die bislang durch IAS 39 abgedeckt wurden.[284] Wesentliche Neuerungen im Rahmen von IFRS 9 bestehen insbesondere in der Reduzierung der Bewertungskategorien von vier auf lediglich zwei. In Zukunft soll es die beiden Kategorien 'zu fortgeführten Anschaffungskosten' ("amortised cost") und 'zum Zeitwert bilanziert' ("at fair value") geben. Die bisher in IAS 39 enthaltenen Kategorien "Held to Maturity", "Available for Sale" und "Loans and Receivables" würden somit

---

280 Vgl. Boos (2008), S. 977, Märkl/Schaber (2009), S. 533.

281 Vgl. hierzu die Projekt-Seit des IASB. http://www.ifrs.org/Current-Projects/IASB-Projects/Financial-Instruments-A-Replacement-of-IAS-39-Financial-Instruments-Recognitio/Pages/Financial-Instruments-Replacement-of-IAS-39.aspx (abgerufen am 28.09.2013).

282 Vgl. KPMG (2009), S. 5: "The objectives of the project include improving the decision-usefulness of financial statements for users by simplifying the classification and measurement requirements for financial instruments".

283 Zu beachten ist, dass IFRS 9 (Stand: September 2013) derzeit noch nicht final verabschiedet ist. Im Rahmen dieser Arbeit ist der letzte Stand der Diskussion berücksichtigt.

284 Vgl. IFRS 9.2.1, Hartenberger (2013), S. 233. Auf eine detaillierte Diskussion und Auseinandersetzung mit Sonderfällen, die nicht in den Anwendungsbereich von IAS 39 fallen, soll an dieser Stelle verzichtet werden.

entfallen.[285] Ausgangspunkt der Überlegungen, zu welcher der beiden Kategorien ein Finanzinstrument zuzuordnen ist, sind zunächst die Voraussetzungen einer Einordnung zur Kategorie der zu fortgeführten Anschaffungskosten bewerteten Finanzinstrumente. Hierzu darf das betreffende Instrument ausschließlich grundlegende Kreditmerkmale aufweisen und zudem lediglich auf Basis der vertraglichen Rendite gesteuert werden.[286] Das Kriterium der grundlegenden Kreditmerkmale bedeutet, dass das betreffende Finanzinstrument sich lediglich aus Zins- und Tilgungszahlung zusammensetzt, die an festgelegten Terminen auf den ausstehenden Nominalwert zu leisten sind ("...cashflows that are solely payments of principal an interest on the principal amount outstanding"[287], sog. SPPI-Kriterium). Zinsen sind dabei definiert als Zahlungen, die den Zeitwert des Geldes und ein mit dem ausstehenden Nominalwert verbundenes Kreditrisiko vergüten.[288]

Zweite Voraussetzung ist eine Steuerung auf Basis der vertraglichen Rendite: Hierbei wird darauf abgestellt, dass dem Erwerb des Finanzinstruments ein Geschäftsmodell zugrunde liegt, welches lediglich darauf gerichtet ist, die vertraglich geregelten Zins- und Tilgungsleistungen zu vereinnahmen, wie es bei einer "buy and hold"-Anlagestrategie der Fall ist.[289] D.h., es darf bei einer Bilanzierung zu fortgeführten Anschaffungskosten i.d.R. keine Realisierung von Marktwertänderungen angestrebt werden, mithin keine Handelsabsicht für diese Instrumente bestehen. Hier findet sich die Negativdefinition der Kategorie 'Held for Trading' aus IAS 39 wieder.[290] Eine kurzfristige Mitnahme von Gewinnen muss dabei nicht zwingend mit einem Verkauf des Finanzinstruments erfolgen;

---

285 Vgl. Märkl/Schaber (2009), S. 534, Ruhnke/Simons (2012), S. 503.

286 Vgl. Märkl/Schaber (2009), S. 534, Hartenberger (2013), S. 233.

287 IFRS 9.4.2.1b.

288 Vgl. IFRS 9.4.1.3, Grünberger (2012), S.117. Hierbei kann kritisch eingewendet werden, dass diese Definition der Komponenten des Nominalzinses eher unzureichend ist. Der zu zahlende Zins beinhaltet insbesondere auch eine Gewinnmarge sowie häufig einen Aufschlag für das Liquiditätsrisiko, falls das Produkt nicht auf einem liquiden Sekundärmarkt weiterveräußert werden kann.

289 "The asset is held within a business model whose objective is to hold assets in order to collect contractual cash flows", IFRS 9.4.1.2a. Vgl. auch Grünberger (2012), S. 115, Hartenberger (2013), S. 233.

290 Vgl. Märkl/Schaber (2009), S. 537-538.

auch eine Glattstellung durch Eröffnung einer Gegenposition ist als kurzfristige Marktwertrealisierung zu verstehen.[291]

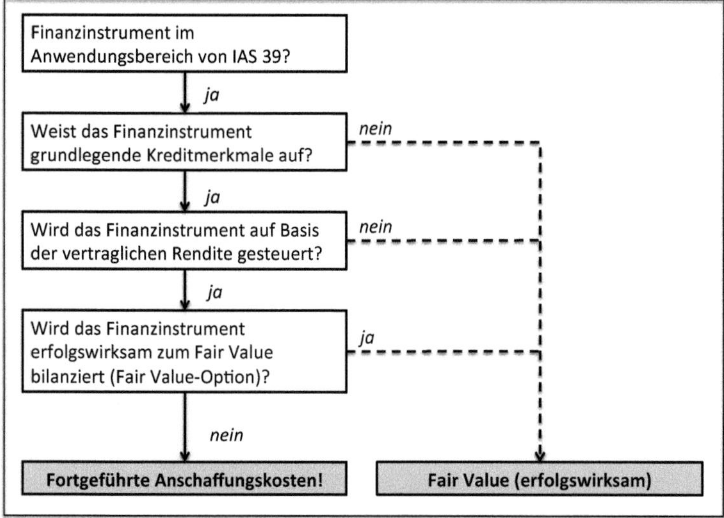

Abbildung 10: Kategorien von Finanzinstrumenten gemäß IFRS 9[292]

Sofern ein Finanzinstrument die beiden vorgenannten Voraussetzungen nicht erfüllt, ist es zwingend mit dem Fair Value zu bewerten und zu bilanzieren, wobei die Fair Value-Änderungen grundsätzlich immer erfolgswirksam in der Gewinn- und Verlustrechnung zu erfassen sind.[293] Die Systematik ist in Abbildung 10 dargestellt.

Die bisher in IAS 39 vorgesehene Abspaltungspflicht von in nicht-derivativen Basisverträgen eingebetteten Derivaten, wird in IFRS 9 aufgehoben. Vielmehr

---

291 Vgl. Grünberger (2012), S.117.

292 Abbildung in Anlehnung an Märkl/Schaber (2009), S. 535.

293 Vgl. Märkl/Schaber (2009), S. 534.

soll das Strukturierte Produkt zukünftig in seiner Gesamtheit einer der beiden Kategorien zugeordnet werden.[294]

Dies obigen Ausführungen gelten allerdings nur für Finanzielle Vermögenswerte. Für finanzielle Verbindlichkeiten wurde das Konzept aus IAS 39 übernommen, sodass hier nach wie vor eine Abspaltungspflicht gilt. Allerdings kann die Fair Value-Option in Anspruch genommen werden und das Strukturierte Produkt in seiner Gesamtheit zum Fair Value bilanziert werden. Insofern ist der vierte Prüfschritt in Abbildung 10 für erworbene Strukturierte Produkte entbehrlich, da diese Produkte in aller Regel anhand der ersten drei Kriterien ohnehin zum Fair Value zu bewerten sind. Der Prüfschritt ist somit lediglich für solche Produkte relevant, die keine grundlegenden Kreditmerkmale aufweisen bzw. nicht auf Basis der vertraglichen Rendite gesteuert werden und für Strukturierte Produkte der Passivseite (finanzielle Verbindlichkeit).

Allerdings ist hier eine Zuordnung bzw. eine Anwendung der Kriterien nicht immer eindeutig. Beispielsweise sind in zinsbasierten Produkten eingebettete Zinscaps, -floors oder -collars nach den vom IASB angeführten Beispielen mit dem Kriterium der grundlegenden Kreditmerkmale vereinbar, da sie die Variabilität der Zahlungen verringern. Umgekehrt sollte davon auszugehen sein, dass Derivate, welche die Variabilität der Zahlungen erhöhen (beispielsweise ein eingebetteter Zinsswap zum Wechsel der fixen Zinsen in variable) ebenfalls das Kriterium erfüllen. Andererseits sollen aber Zinsswaps nach dem Standardentwurf grundsätzlich nicht mit dem Kriterium der grundlegenden Kreditmerkmale vereinbar sein.[295]

Eindeutig scheint aber, dass Vereinbarungen, welche Zins- oder Tilgungszahlungen an Aktienkurse, Währungskurse, Güterpreise oder sonstige nicht-finanzielle Variablen koppeln, keine grundlegenden Merkmale darstellen. Hier wird eine Fair

---

[294] Die Abspaltungspflicht gilt gemäß IFRS 9.4.3.3 allerdings noch für solche Verträge mit eingebetteten Derivaten, bei denen der Basisvertrag nicht in den Anwendungsbereich von IFRS 9 fällt, d.h., wenn kein finanzieller Vermögenswert oder finanzielle Verbindlichkeit vorliegt. Vgl. auch Albrecht/Reinbacher/Niehoff/Derfuß (2013), S. 277 f.

[295] Vgl. Märkl/Schaber (2009), S. 536 f.

Value-Bilanzierung künftig wohl der Regelfall werden und damit im Vergleich zu IAS 39 volumenmäßig zunehmen.[296]

Obwohl eines der Hauptziele von IFRS 9 die Reduktion der Bewertungskategorien und der Komplexität der Einordnung in die Kategorien war, hat das IASB am 28.11.2012 einen neuen Exposure Draft veröffentlicht und dabei eine neue Bewertungskategorie in IFRS 9 aufgenommen. Demnach dürfen Fremdkapitalinstrumente, die auf dem Geschäftsmodell "Halten & Verkaufen" basieren, zum Fair Value mit Erfassung der Wertänderungen im sonstigen Ergebnis (OCI) bilanziert werden. Allerdings gilt diese Regelung nur für solche Instrumente, die lediglich Zahlungsströme in Form von Zinsen und Tilgung des Nominals (SPPI-Kriterium) beinhalten.[297] Insofern ergeben sich durch diese zusätzliche Kategorie keine weiteren Implikationen für die Bilanzierung von Indexanleihen im Besonderen.

Für das im Rahmen dieser Arbeit verwendete Beispiel der Indexanleihe bedeutet dies, dass zunächst zu prüfen ist, ob die Indexanleihe in den Anwendungsbereich von IAS 39 fällt. Da es sich um einen finanziellen Vermögenswert handelt, ist im nächsten Schritt zu prüfen, ob die Indexanleihe ausschließlich grundlegende Kreditmerkmale aufweist. Die Anleihekomponente an sich weist durch die vollständige Rückzahlung des Nominalbetrags zzgl. der festen Verzinsung grundlegende Kreditmerkmale auf. Allerdings beinhaltet sie auch eine aktienindexabhängige Komponente, die nicht ausschließlich den Zeitwert des Geldes und das Bonitätsrisiko vergütet. Daher ist eine zwingende Bewertung der Indexanleihe zum Fair Value mit erfolgswirksamer Erfassung der Wertänderungen vorzunehmen. Eine Prüfung weiterer Kriterien erübrigt sich. Im Gegensatz zu IAS 39 besteht somit nur die Möglichkeit der einheitlichen Bilanzierung.

Während bei IAS 39 die Frage relevant ist, welche Effekte aus den beiden möglichen Bilanzierungsalternativen resultieren, kann durch die geplante Einführung von IFRS 9 durchaus die eng damit verknüpfte Frage aufgeworfen werden, inwieweit sich eine Abschaffung der Abspaltungspflicht auf das Finanzmanagement der Unternehmen auswirkt und welche Effekte hieraus resultieren. Letztlich reduziert

[296] Vgl. Märkl/Schaber (2009), S. 534, 536.

[297] Vgl. auch IASB (2012a), S. 9, IASB (2012b),S. 48 f.

sich die Thematik somit auf die beiden Alternativen der einheitlichen oder der getrennten Bilanzierung.

Somit ergibt sich für die vorliegende Arbeit sowohl aus IAS 39 mit einer Abspaltungspflicht als auch aus IFRS 9 mit einem generellen Abspaltungsverbot für Finanzinstrumente mit eingebetteten Derivaten die grundlegende Frage, inwieweit sich diese beiden Möglichkeiten der bilanziellen Behandlung Strukturierter Finanzinstrumente finanzwirtschaftlich auswirken.

3. Darstellung der Bilanzierung nach Handelsrecht

Für die Bilanzierung von Finanzinstrumenten galt vor dem Inkrafttreten des BilMoG grundsätzlich das Anschaffungskostenprinzip. Finanzinstrumente mussten beim Erwerb stets mit den Anschaffungskosten bilanziert werden.

Für die Aktivierung schwebender Geschäfte bestand grundsätzlich ein Verbot. Negative Wertentwicklungen mussten durch eine Rückstellung für drohende Verluste aus schwebenden Geschäften gemäß § 249 Abs. 1 HGB berücksichtigt werden. Positive Erfolgsbeiträge wie bspw. der Erhalt einer variation margin waren aufgrund des Realisationsprinzips erfolgsneutral durch die Bildung einer betragsmäßig gleichen Verbindlichkeit gegen die Clearing-Stelle zu erfassen.[298] Bei Optionen ergab sich das Bild, dass bei Zugang die Optionsprämie unter den sonstigen Vermögensgegenständen zu aktivieren war, da der Inhaber die Option zumindest verkaufen kann und somit eine selbständige Verwertbarkeit vorliegt. Bei Wertminderung bzw. Verfall musste die Option abgeschrieben werden, Werterhöhungen der Option blieben durch das Anschaffungskostenprinzip unberücksichtigt.[299]

Seit dem Inkrafttreten des BilMoG im Jahre 2009 hat sich die Bilanzierung von Finanzinstrumenten gewandelt. Für alle Geschäftsjahre, die nach dem 31.12.2009

298 Vgl. Baetge/Kirsch/Thiele (2005), S. 715.

299 Vgl. Baetge/Kirsch/Thiele (2005), S. 715 f.

beginnen, ist die Anwendung der Vorschriften des BilMoG verpflichtend.[300] Dabei ist insbesondere zu unterscheiden, ob das bilanzierende Unternehmen ein Kredit- bzw. Finanzdienstleistungsinstitut oder sonstiges Unternehmen ist.[301]

Für Finanzdienstleister ist nunmehr gemäß § 340e Abs. 3 HGB bei Finanzinstrumenten des Handelsbestands eine Bilanzierung zum beizulegenden Zeitwert vorgeschrieben. Diese Neuerung geht auf Artikel 42a Abs. 1 der Fair Value-Richtlinie zurück, die eine umfassende Fair Value-Bilanzierung vorsieht.[302] Zunächst war daher geplant, im BilMoG die Fair Value-Bilanzierung auf alle Unternehmen auszuweiten, wurde aber nach vermehrter Kritik aus Wissenschaft und Praxis lediglich auf Kredit- und Finanzdienstleistungsinstitute eingeschränkt.[303]

Der neue Paragraph enthält dabei keine Definition des Begriffs "Finanzinstrumente". Für deren Abgrenzung kann auf die Definition nach § 1a Abs. 3 KWG zurückgegriffen werden, wonach alle Verträge als Finanzinstrumente zu verstehen sind, die für eine Vertragspartei eine finanzielle Verbindlichkeit und für die andere Vertragspartei einen finanziellen Vermögensgegenstand schaffen. Hierzu zählen auch Derivate.[304] Im Gegensatz zu den IAS/IFRS werden Derivate nicht grundsätzlich dem Handelsbestand zugeordnet, sondern nur bei konkreter Zielsetzung kurzfristige Spekulationsgewinne durch deren Handel zu realisieren.[305] Eine solche Handelsabsicht liegt dabei gemäß KWG dann vor, wenn Finanzinstrumente und Waren zum Zweck des kurzfristigen Wiederverkaufs erworben werden, um bestehende oder erwartete Unterschiede zwischen den Kauf- und Verkaufspreisen

[300] Vgl. Nguyen/Rohlf (2011), S. 94.

[301] Die Definition und Voraussetzung für ein Kredit- oder Finanzdienstleistungsinstitut sind in § 1 bzw. § 1a KWG geregelt.

[302] Vgl. EU (2001), Bieg/Kußmaul/Waschbusch (2012), S. 159.

[303] Vgl. Bieg/Kußmaul/Waschbusch (2012), S. 159.

[304] Vgl. Nguyen/Rohlf (2011), S. 94.

[305] Vgl. Nguyen/Rohlf (2011), S. 94.

oder Schwankungen von Marktkursen, -preisen, -werten oder -zinssätzen für einen Eigenhandelserfolg kurzfristig zu nutzen.[306]

Der beizulegende Zeitwert als Bewertungsmaßstab ist in § 255 Abs. 4 HGB geregelt und entspricht dem Marktpreis. Soweit kein aktiver Markt existiert, anhand dessen sich der Marktpreis ermitteln lässt, ist der beizulegende Zeitwert mit Hilfe "allgemein anerkannter Bewertungsmethoden" zu bestimmen. Lässt sich der beizulegende Zeitwert weder über Marktpreise noch über Bewertungsmodelle ermitteln, sind die fortgeführten Anschaffungs- oder Herstellungskosten gemäß § 253 Abs. 4 HGB anzusetzen.

Transaktionskosten können im Zeitpunkt des Zugangs sowohl in die Anschaffungskosten einbezogen und aktiviert werden oder direkt erfolgswirksam als Aufwand gebucht und das Finanzinstrument zum Kaufpreis erfasst werden. Da die bei der Folgebewertung zum beizulegenden Zeitwert zu bilanzierenden Finanzinstrumente direkt um die angefallenen Anschaffungsnebenkosten abzuschreiben wären, ist eine unmittelbare erfolgswirksame Erfassung der Transaktionskosten sinnvoll.[307] Weiteres Novum im Handelsrecht ist die nunmehr seit BilMoG erlaubte Aktivierung von Derivaten, obwohl sie als schwebende Geschäfte bislang im handelsrechtlichen Jahresabschluss einem Aktivierungsverbot unterlagen.[308]

Die Zuordnung zum Handelsbestand muss dabei grundsätzlich zum Zeitpunkt des Zugangs des Finanzinstruments erfolgen. Eine spätere Umwidmung in den Handelsbestand sowie eine Umwidmung vom Handelsbestand hin zu einer Bewertung zu fortgeführten Anschaffungskosten ist nicht zulässig.[309] Einzige Ausnahme ist die in § 340 Abs. 3 S. 3 HGB geregelte Aufgabe der Handelsabsicht im Falle einer schwerwiegenden Beeinträchtigung der Handelbarkeit. Damit soll

---

306 Vgl. § 1a Abs. 1 Nr. 1 KWG. Dabei ist laut BaFin die Zuordnung zum Anlage- oder Handelsbuch i.d.R. konsistent mit der handelsrechtlichen Zuordnung zum Anlage- oder Umlaufvermögen zu halten. Vgl. BaFin (1999b), Punkt II.1.2.

307 Vgl. Nguyen/Rohlf (2011), S. 95, Löw/Scharpf/Weigel, S. 1012.

308 Vgl. Nguyen (2009), S. 230.

309 Vgl. Bieg/Kußmaul/Waschbusch (2012), S. 163.

insbesondere eine Marktbewertung in Krisenzeiten verhindert werden, obwohl gar kein liquider Markt und damit verlässliche Marktpreise vorhanden sind.

Für Strukturierte Produkte existiert dagegen im Handelsrecht keine konkrete Bilanzierungsvorschrift. Somit ist die Bilanzierung aus den Grundsätzen ordnungsmäßiger Buchführung abzuleiten (vgl. auch Kapitel II.C.1).[310] Eine konkrete und anerkannte Stellungnahme zur Bilanzierung Strukturierter Produkte enthält IDW RS HFA 22. Die Stellungnahme gilt sowohl für Erwerber als auch für Emittenten Strukturierter Produkte.[311] Darin wird grundsätzlich eine Abspaltung der eingebetteten Komponenten empfohlen, wenn das Basisfinanzinstrument durch das eingebettete Derivat wesentlich erhöhten oder andersartigen Risiken ausgesetzt ist, bspw. indem ein weiteres Marktpreisrisiko integriert wird.[312] Eine einheitliche Bilanzierung ist lediglich dann zulässig, wenn dies zu einer zutreffenderen Darstellung der Vermögens-, Finanz- und Ertragslage kommt. Dies wird vom IDW dann angenommen, wenn das Gesamtprodukt am Abschlussstichtag maximal zu den fortgeführten Anschaffungskosten bilanziert wird oder aber eine Kapitalgarantie besteht und das Unternehmen das Produkt gleichzeitig bis zur Endfälligkeit hält und daher dem Anlagebestand zuweist.[313] Eine dritte Möglichkeit der einheitlichen Bilanzierung besteht für Unternehmen der Finanzdienstleistungsbranche, sofern das Gesamtprodukt dem Handelsbestand zugeordnet wird und damit eine Zeitwertbilanzierung gemäß § 340 Abs. 3 HGB erfolgt.[314]

Diese Praxis entspricht somit in der Identifizierung von eingebetteten Derivaten grundsätzlich den Vorschriften von IAS 39 (allerdings mit dem Unterschied, dass im Handelsrecht keine freiwillige Bilanzierung zum Fair Value möglich ist). Es

---

310 Vgl. auch Henkel (2010), S. 251.

311 Vgl. IDW (2008), Punkt 22, S. 7.

312 Vgl. Schaber/Rehm/Märkl/Spies (2010), S. 11. Auch wenn die Stellungnahmen des IDW bei der Bilanzierung prinzipiell nicht bindend sind, können sie dennoch als Konkretisierung der GoB angesehen werden und sind daher in der Bilanzierungspraxis weitgehend anerkannt, da sie auch von den Wirtschaftsprüfern grundsätzlich zu berücksichtigen sind. Vgl. hierzu IDW (2009), S. 4.

313 Vgl. IDW (2008), Punkt 14, S. 4 f.

314 Vgl. IDW (2008), Punkt 14, S. 4 f.

ergibt sich auch nach Einführung des BilMoG nach wie vor die Notwendigkeit der Prüfung, inwieweit die Einbettung der derivativen Komponente zu einer Veränderung des Chancen-/Risiko-Profils kommt. Für Nicht-Finanzdienstleister gelten auch bei Strukturierten Produkten die Vorschriften zur Anschaffungskostenbilanzierung bzw. der Nicht-Bilanzierung schwebender Geschäfte.

Für Unternehmen der Finanzdienstleistungsbranche ist stattdessen eine Zeitwertbilanzierung vorzunehmen, sofern das Strukturierte Produkt in seiner Gesamtheit dem Handelsbestand zugeordnet wird. Dies gilt dann allerdings konsequenterweise für beide Komponenten. Eine separierte Zuordnung der derivativen Komponente zum Handelsbestand und der Anleihe zum Anlagebestand ist m.E. kaum praktikabel, da das Strukturierte Produkt insgesamt nur *einen* Vertrag darstellt, bei dem das eingebettete Derivat nicht getrennt ausgeübt bzw. gehandelt werden kann und wird daher im Folgenden vernachlässigt.[315]

Nach Handelsrecht bedeutet dies insgesamt, dass zwei grundsätzliche Möglichkeiten für die Bilanzierung der Indexanleihe bestehen: Zum Einen die einheitliche Bilanzierung beider Komponenten zum beizulegenden Zeitwert, zum Anderen die konsequente Anschaffungskostenbilanzierung.

Bei einer Anschaffungskostenbilanzierung ist die Anleihekomponente im Rahmen der Erstbewertung mit dem Rückzahlungsbetrag zu bilanzieren. Für die Folgebewertung der Anleihekomponente ist die Zuordnung zum Anlage- oder Umlaufvermögen maßgeblich: Im Anlagevermögen besteht gemäß § 253 Abs. 3 Satz 4 HGB das Wahlrecht zur außerplanmäßigen Abschreibung auf den beizulegenden Zeitwert, sofern die Wertminderung vorübergehend ist. Bei dauerhaften Wertminderung ist eine Abschreibung zwingend.[316] Im Umlaufvermögen ist eine Abschreibung auf den niedrigeren beizulegenden Zeitwert gemäß § 253 Abs. 4 Satz 1 HGB auch bei vorübergehenden Wertminderungen zwingend. Dies gilt unabhängig vom bilanzierenden Unternehmen. Für die Options-

[315] Die theoretische Möglichkeit der Zuordnung des Grundgeschäfts zum Anlagebestand und der derivativen Komponente zum Handelsbestand wird in BaFin (1999b), Punkt I.2.c angesprochen.

[316] Vgl. auch Schaber/Rehm/Märkl/Spies (2010), S. 14.

komponente ist grundsätzlich das Verbot der Bilanzierung schwebender Geschäfte zu berücksichtigen.

Handelt es sich bei dem bilanzierenden Unternehmen dagegen um ein Finanzdienstleistungsinstitut und wird das Strukturierte Produkt dem Handelsbestand zugeordnet, ist eine einheitliche Bewertung zum beizulegenden Zeitwert vorzunehmen. Bei einer Zuordnung zum Anlagebestand gelten die obigen Ausführungen für Nicht-Finanzdienstleister entsprechend.

Zum beizulegenden Zeitwert bilanzierte Finanzinstrumente müssen darüber hinaus um einen Risikoabschlag korrigiert werden. Dieser Risikoabschlag muss dabei die Ausfallwahrscheinlichkeiten der realisierbaren Gewinne darstellen und berechnet sich als Value-at-Risk (VaR).[317] Neben dem VaR-Abschlag verlangt § 340 Abs. 4 HGB die Zuführung zum Eigenkapital-Sonderposten "Fonds für allgemeine Bankenrisiken". Die Zuführung beträgt mindestens 10% der Nettohandelserträge (nach Risikoabschlag und vor Zuführung zum Sonderposten) und ist maximal auf die Höhe des gesamten Nettoertrags des Handelsbestands begrenzt. Bei Nettoaufwänden erfolgt entsprechend keine Zuführung zum Sonderposten. Die Zuführungspflicht besteht dabei so lange, bis der Sonderposten mindestens 50% des Durchschnitts der letzten fünf jährlichen Nettoerträge des Handelsbestands übersteigt. Eine Auflösung des Sonderpostens darf nur bei Nettoaufwendungen des Handelsbestands erfolgen.[318]

IDW RS HFA 22 verweist zudem auf die allgemeinen Vorschriften zu Anhangangaben im Jahresabschluss gemäß §§ 284 Abs. 2 HGB, 285 S. 1 Nr. 18-20 HGB.[319] Hierbei sind neben der Behandlung Strukturierter Produkte auch die angewandten Bilanzierungs- und Bewertungsmethoden aufzuführen. Für nicht zum beizulegenden Zeitwert bilanzierte derivative Finanzinstrumente sind gemäß § 285 S. 1 Nr. 19 HGB Informationen zu Art und Umfang, Buchwert und verlässlich ermitteltem Zeitwert anzugeben. Für eine zu Anschaffungskosten bilanzierte Anleihekomponente gilt diese Anhangangabe-Pflicht dagegen nicht. Sofern

---

[317] Vgl. Nguyen/Rohlf (2011), S. 97 f.

[318] Vgl. § 340e Abs. 4 HGB, Nguyen/Rohlf (2011), S. 98.

[319] Vgl. IDW (2008), Punkt 25.

Finanzinstrumente gemäß § 340e Abs. 3 Satz 1 HGB mit dem beizulegenden Zeitwert bewertet werden, sind die grundlegenden Annahmen bei einer Modellbewertung zu erläutern sowie die Bedingungen, welche die Höhe, Zeitpunkt und die Sicherheit der zukünftigen Zahlungsströme beeinflussen können.

Da die ermittelten beizulegenden Zeitwerte in das handelsrechtliche Ergebnis einfließen und somit auch potentiell zur Ausschüttung verfügbar sind, widerspricht die neue Gesetzeslage dem bisher im Handelsrecht vorherrschenden Realisationsprinzip, wonach Erträge stets am Markt realisiert sein müssen, um in der Gewinn- und Verlustrechnung (GuV) bzw. im handelsrechtlichen Ergebnis Berücksichtigung zu finden.[320]

4. Zusammenfassung

Zur besseren Übersicht sind in Tabelle 2 die möglichen Bilanzierungsansätze für Strukturierte Produkte bzw. Indexanleihen im Speziellen dargestellt.

Anhand der vorangegangenen Ausführungen wird deutlich, dass die Vorschriften zur Bilanzierung Strukturierter Produkte äußerst vielschichtig sind und zwischen Internationaler Rechnungslegung und Handelsrecht teilweise stark divergieren. Die Frage nach einer einheitlichen oder getrennten Bilanzierung ist dabei sowohl innerhalb des gleichen Rechnungslegungssystems unterschiedlich (während IAS 39 grundsätzlich eine getrennte Bilanzierung vorsieht, ist unter IFRS 9 für finanzielle Vermögenswerte eine einheitliche Bilanzierung vorgeschrieben), als auch von der Zuordnung als Forderung oder Verbindlichkeit abhängig. Die Gewährung von Fair Value-Optionen erhöht die Komplexität zusätzlich. Im Handelsrecht besteht als weiteres Kriterium die Zuordnung, ob das bilanzierende Unternehmen Finanzdienstleister ist sowie die Zuordnung zum Handels- oder zum Anlagebestand.

[320] Vgl. Nguyen/Rohlf (2011), S. 98, 100.

Komponente der Indexanleihe	**Anschaffungskosten-bilanzierung**	**Getrennte Bilanzierung**	**Einheitliche Bilanzierung**
Anleihe	Fortgeführte Anschaffungskosten	Fortgeführte Anschaffungskosten	Fair Value
Option	Fortgeführte Anschaffungskosten	Fair Value	Fair Value
Anwendung	HGB (Nicht-Finanzdienstleister) HGB (Finanzdienstleister /Anlagebestand)	IAS 39 (getrennt) IFRS 9 (liabilities ohne Fair Value-Option)	IAS 39 (einheitlich) IFRS 9 (assets) IFRS 9 (liabilities mit Fair Value-Option) HGB (Finanzdienstleister /Handelsbestand)

Tabelle 2: Übersicht Bilanzierungsvorschriften[321]

Trotz der Vielzahl an unterschiedlichen Voraussetzungen und Ausnahmeregelungen, können grundsätzlich die drei in Tabelle 2 dargestellten Varianten der Bilanzierung festgehalten werden. Im Kern stellt sich damit insbesondere die Frage, welche finanzwirtschaftlichen Effekte durch eine einheitliche bzw. durch eine getrennte Bilanzierung auch im Vergleich zu einer konsequenten Anschaffungskostenbilanzierung resultieren.

[321] Eigene Darstellung. Die angegeben Bewertungsmaßstäbe beziehen sich auf die Folgebewertung. Im Zeitpunkt des Zugangs entspricht der Fair Value den Anschaffungskosten bei marktgerechten Konditionen.

III. Möglichkeiten einer erfolgsneutralen Fair Value-Bilanzierung zur Auflösung negativer finanzwirtschaftlicher Effekte

A. Finanzwirtschaftliche Analyse der Rechnungslegung

1. Einordnung der Rechnungslegung in das finanzwirtschaftliche Zielsystem

Bei der Beurteilung der Vorteilhaftigkeit des Einsatzes von Finanzinstrumenten im Allgemeinen und von Strukturierten Produkten im Speziellen ist eine rein finanzmathematisch orientierte Betrachtung über einen realisierten oder auch unrealisierten Vermögenszuwachs i.d.R. nicht ausreichend.[322] Neben dieser reinen finanzwirtschaftlichen Betrachtung sind zusätzlich auch Rechnungslegungsvorschriften (sowohl nach lokalen als auch nach internationalen Standards) sowie steuerrechtliche Vorschriften als weitere Rahmenbedingungen zu berücksichtigen.[323] Daher muss eine Wertung in Bezug auf finanzwirtschaftliche Effekte aus dem Einsatz Strukturierter Produkte stets die Rechnungslegungsdimension mit einbeziehen. Bei Strukturierten Produkten bestehen grundsätzlich die beiden im vorangegangen Hauptkapitel dargestellten Möglichkeiten einer einheitlichen und einer getrennten Betrachtungsweise, die sich auch in unterschiedlichen Rechnungslegungsvorschriften ausdrücken. Insofern liegt das Augenmerk der nachfolgenden Analyse in der Untersuchung der finanzwirtschaftlichen Effekte, die sich durch eine unterschiedliche bilanzielle Behandlung ergeben können.

Zur Fundierung und Einordnung der Effekte ist daher zunächst eine Ableitung des finanzwirtschaftlichen Zielsystems eines Unternehmens zweckmäßig. Ausgangspunkt der Überlegungen ist das allgemeine Zielsystem von Unternehmen. Ein Zielsystem kann dabei prinzipiell als die Gesamtheit der wesentlichen unternehmerischen Ziele und deren Interdependenzen verstanden werden, wobei

---

322 Vgl. Walter (2008), S. 491 f.

323 Vgl. Walter (2008), S. 491 f.

im Rahmen dieser Arbeit im Wesentlichen finanzwirtschaftliche Ziele von Bedeutung sind.

Aufgrund der beiden grundsätzlichen Möglichkeiten einer einheitlichen Bilanzierung zum Fair Value und einer getrennten Bilanzierung der einzelnen Komponenten, wirken Strukturierte Produkte über die jeweiligen Aufwendungen und Erträge finanzwirtschaftlich insbesondere auf die bilanziellen Gewinngrößen.

Entsprechend entstehen hierdurch wesentliche Einflüsse auf die gesamte Finanzwirtschaft des bilanzierenden Unternehmen, da der bilanzielle Gewinn als zentraler Parameter angesehen werden kann. Abbildung 11 verdeutlicht in Grundzügen die Zusammenhänge zwischen den wesentlichen Kenngrößen.

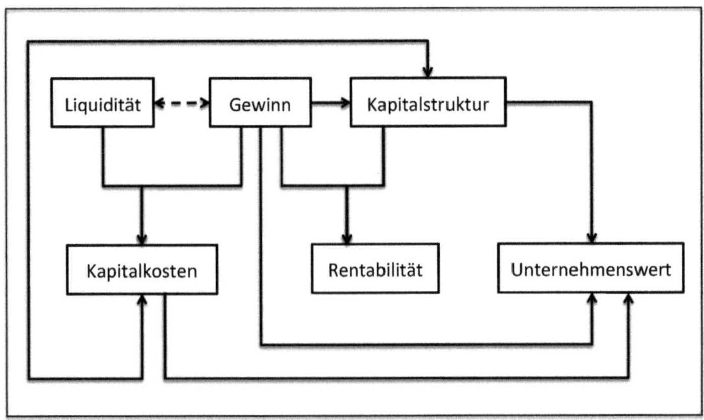

Abbildung 11: Zielsystem der Finanzwirtschaft[324]

Der bilanzielle Gewinn wirkt direkt oder indirekt auf nahezu alle wesentlichen Kennzahlen eines Unternehmen. Hier kann zum einen die Liquidität genannt werden, welche durch eine (Teil-)Ausschüttung des ausgewiesenen Gewinns reduziert bzw. durch dessen Thesaurierung im Unternehmen gehalten wird. Weiteres Steuerungsziel von Unternehmen ist die Sicherstellung einer bestimmten Kapitalstruk-

[324] Eigene Darstellung.

tur. Hier gibt es allerdings keine allgemeingültigen Regeln. Während manche Unternehmen einen gewissen Verschuldungsgrad anstreben, um den so genannten Leverage-Effekt zu nutzen, verzichten andere Unternehmen vollständig oder weitgehend auf Fremdkapital. Der Gewinn als zentrale Größe beeinflusst die Kapitalstruktur in direkter Weise, indem Gewinne (bzw. Verluste) das Eigenkapital des Unternehmen erhöhen (bzw. mindern). Darüber hinaus kann die Kapitalstruktur auch die Kapitalkosten bei der Unternehmensfinanzierung beeinflussen. Hier kann argumentiert werden, dass ein höherer Anteil des Fremdkapitals an der Unternehmensfinanzierung die Kosten für Fremd- und Eigenkapital erhöht, da mit zunehmender Verschuldung des Unternehmens ein steigendes Verlustrisiko der Kapitalgeber einhergeht.[325] Gewinn und Kapitalkosten gehen zudem als wesentliche Inputparameter in die Bewertung des Unternehmenswertes ein, dessen Maximierung ebenfalls häufig als Ziel des Finanzmanagements angesehen wird.

Durch die aufgezeigte Bedeutung des bilanziellen Gewinns und der dargestellten Interdependenzen der einzelnen Ziele und Größen, kommt der Bilanzierung von Strukturierten Finanzinstrumenten und den daraus resultierenden Effekten somit eine besondere Bedeutung im Rahmen des finanzwirtschaftlichen Zielsystems zu. Sowohl die Steuerung des Gewinnziels als auch der Kapitalstruktur sowie deren Kommunikation und Wahrnehmung bei den Interessengruppen basiert weitgehend auf Daten der externen Rechnungslegung.

Dabei kann der dargestellte Einfluss auf die Finanzwirtschaft durch das bilanzierende Unternehmen nicht nur passiv hingenommen werden, sondern im Sinne der finanzwirtschaftlichen Ziele über eine entsprechende Bilanzierung aktiv gestaltet werden. Das Instrument hierzu stellt die Bilanzpolitik[326] dar. Hierbei besteht die Absicht, die Informationsempfänger entsprechend den Zielen der Unternehmenspolitik zu beeinflussen und damit bestimmte Wirkungen zu errei-

---

[325] Vgl. Zantow/Dinauer (2011), S. 524. Vgl. hierzu auch Modigliani/Miller (1958).

[326] Unter Bilanzpolitik wird allgemein die bewusste und hinsichtlich der festgelegten Unternehmensziele zweckorientierte Beeinflussung von den im (Konzern-)Jahresabschluss und im (Konzern-)Lagebericht publizierten Unternehmensdaten verstanden. Vgl. Küting/Weber (2012), S. 33.

chen.[327] Hierzu wird die Bilanzpolitik häufig in das gesamte Informations- und Berichterstattungskonzept von Unternehmen eingebunden, um einen optimalen Beitrag zur Umsetzung der Unternehmensziele zu leisten.[328]

Im Bereich der Strukturierten Produkte sind bilanzpolitisch insbesondere materielle Sachverhaltsabbildungen relevant. Hier kann das bilanzierende Unternehmen grundsätzlich auf zwei Arten Einfluss nehmen:

Zum Einen besteht die Möglichkeit durch eine Ausübung der Fair Value-Option nach IAS 39 die grundsätzlich vorgeschriebene Trennungspflicht zu umgehen. Auf diese Weise kann eine Berücksichtigung von unrealisierten Ergebnisbestandteilen aus der nicht-derivativen Komponente erfolgen (anstatt einer Bilanzierung zu fortgeführten Anschaffungskosten). Je nach Marktsituation und Laufzeit des Produktes können hier somit einzelne Strukturierte Produkte jeweils einheitlich zum Fair Value oder aber getrennt bilanziert werden, wodurch sich unterschiedliche Ergebniseffekte ergeben. Da die Prüfung und Zuordnung Strukturierter Produkte generell auf Ebene des einzelnen Produktes (und nicht für sämtliche Strukturierten Produkte) erfolgt, besteht hier insgesamt eine besondere Möglichkeit der bilanzpolitischen Einflussnahme auf das Ergebnis. Einzige Einschränkung ist hierbei die stetige Ausübung dieses Wahlrechts für das einzelne Produkt. Dagegen existiert dieses Wahlrecht im Handelsrecht nicht und unter IFRS 9 nur noch für finanzielle Verbindlichkeiten.[329] Insgesamt muss die Ausübung bilanzpolitischer Maßnahmen immer im Einzelfall geprüft und unter Umständen bei der Überleitung auf ein anderes Rechnungslegungssystem wieder korrigiert werden.

Zum Anderen eröffnet die *Bewertung* von Finanzinstrumenten generell erhebliche Ermessensspielräume.[330] Hier besteht im Bereich der Strukturierten Finanzinstrumente durch die Fair Value-Bewertung in der Internationalen Rechnungslegung,

---

327 Vgl. Kropff (1983), S. 184, Sandig (1970), Sp. 232.

328 Vgl. Coenenberg/Haller/Schultze (2012), S. 997, Bieg/Kußmaul (2009), S. 229 f.

329 Vgl. Kapitel II.C.2.c).

330 Ermessensspielräume entstehen immer dann, wenn eine Rechnungslegungsnorm zwar den Ansatz oder die Bewertung von Vermögensgegenständen regelt, allerdings die Methode zur Bestimmung der Höhe offen bleibt. Vgl. Küting/Weber (2012), S. 41.

aber auch bei der Bewertung zum beizulegenden Zeitwert im Handelsrecht (seit Einführung des BilMoG), ein besonders hoher Spielraum für bilanzpolitische Maßnahmen. Strukturierte Finanzinstrumente werden häufig keinen börsennotierten Marktpreis haben, sodass es hier regelmäßig zu einer Bestimmung von Fair Values anhand modellbasierter Verfahren (bspw. Barwertverfahren, Optionspreismodelle) kommt. Im Gegensatz zu quotierten Marktkursen bestehen allerdings für den Bewertenden bei der Bestimmung der Bewertungsparameter hohe Freiheitsgrade und damit letztlich ein subjektiver Ermessensspielraum, der vom Unternehmen bilanzpolitisch genutzt werden kann.[331]

Durch die Einbettung mehrerer Komponenten mit unterschiedlichen preisbestimmenden Marktpreisrisiken besteht hier gewissermaßen ein mehrfacher Spielraum für eine zielgerichtete Beeinflussung. So können die Bewertungsparameter für sämtliche Komponenten zielgerichtet beeinflusst werden, bspw. bei der Auswahl von Volatilitäten zur Optionsbewertung oder die Bestimmung des Credit Spreads zur Berücksichtigung des Kreditrisikos. Ein Ermessensspielraum im Handelsrecht ist die Bildung von Drohverlustrückstellungen für nicht-aktivierungsfähige Optionen, wodurch hier ein Instrument für konservative Bilanzpolitik besteht.

Weiterhin bietet sich bei einer Bilanzierung nach IAS 39 die Möglichkeit durch die Rechnungslegung das bilanzielle *Eigenkapital* zu beeinflussen. Hierbei kann das bilanzielle Eigenkapital bspw. durch die Einordnung der zinsbasierten Komponente des Strukturierten Produktes in die Kategorie Available-for-Sale gestaltet werden, indem Änderungen des Fair Values erfolgsneutral unter dem Eigenkapital erfasst werden.[332] Dadurch kann bei negativer Wertentwicklung das Eigenkapital gesenkt werden ohne den Periodenerfolg zu beeinflussen, wodurch letztlich die Eigenkapitalrentabilität gesteigert werden würde.[333]

Insgesamt bieten somit Strukturierte Produkte durch ihre Komplexität und der Vielzahl an beeinflussbaren Bewertungsparametern erhöhte Möglichkeiten einer

[331] Vgl. zur Kritik an der Fair Value-Bewertung Kapitel III.B.3.

[332] Vgl. Coenenberg/Haller/Schultze (2012), S. 1003.

[333] Vgl. Coenenberg/Haller/Schultze (2012), S. 1003.

gezielten Bilanzpolitik zur Erreichung der finanzwirtschaftlichen Ziele des Unternehmens. Einerseits können die an den Jahresabschluss anknüpfenden Zahlungen in ihrer Höhe und dem zeitlichen Anfall gesteuert werden. Hierzu zählen insbesondere Zahlungen an den Fiskus, die Bemessung der ausschüttungsfähigen liquiden Mittel an die Eigenkapitalgeber sowie die Bemessung der Zahlung von Tantiemen und Boni an die Führungskräfte. Diese Zahlungen sind regelmäßig vom Periodenerfolg des Unternehmens abhängig. Somit lassen sie sich durch gezielte ergebnisbeeinflussende Maßnahmen im Sinne des Unternehmens steuern.[334] Andererseits ist eine bilanzpolitische Gestaltung bei Strukturierten Produkten auch dazu geeignet, die Meinung der aktuellen und potentiellen Stakeholder zu beeinflussen und bestimmte Verhaltensweisen zu erzeugen.[335]

Bei der Festlegung einer bilanzpolitischen Strategie bei der Bilanzierung Strukturierter Produkte ist allerdings zu beachten, dass die vorgenannten Ziele teilweise in einem konkurrierenden Verhältnis zueinander stehen: Ist das Ziel der bilanzpolitischen Maßnahmen der Ausweis eines möglichst hohen Periodenerfolgs zur Steigerung des Unternehmenswertes und der Ausschüttung an die Anteilseigner, kann dies auch gleichzeitig auch zu einem entsprechenden Mittelabfluss durch erhöhte Steuerzahlungen führen, die dann dem Unternehmen in späteren Perioden fehlen. Umgekehrt kann ein zu geringer Periodenerfolg zwar zu einem geringeren Mittelabfluss und geringeren Steuerzahlungen, aber auch zu einer eingeschränkten Möglichkeit zur Ausschüttung von liquiden Mitteln an die Anteilseigner sowie geringeren Zahlung von Tantiemen und Boni an das Management führen. Darüber hinaus trübt ein geringerer Periodenerfolg die positive Wahrnehmung eines Unternehmens in der Öffentlichkeit. Da das Management einerseits für die bilanzpolitischen Vorgaben verantwortlich ist, allerdings auch – zumindest teilweise – im Rahmen der variablen Gehaltsbestandteile anhand der Unternehmenskennzahlen der externen Rechnungslegung und der Börsenkursentwicklung (bzw. der Unternehmenswertentwicklung) vergütet wird, besteht hier aus Sicht der Agency-Theorie ebenfalls ein starker Anreiz für

334 Vgl. Küting/Weber (2012), S. 35.

335 Vgl. Küting/Weber (2012), S. 34.

zielgerichtete Bilanzpolitik.[336] Zur Optimierung ihrer persönlichen Einkommenssituation und zur Wahrung ihrer Reputation bei den Kontrollorganen des Unternehmens und der Öffentlichkeit sind Manager daher tendenziell neben einer Steigerung des Gewinns auch daran interessiert, starke Schwankungen im Gewinn zu vermeiden.[337]

Weiterhin ist zu beachten, dass eine bilanzpolitische Gestaltung der Rechnungslegung auch bei Strukturierten Finanzinstrumenten zu einer möglichst geringen Ergebnisvolatilität führen sollte. Stark schwankende Ergebnisse führen i.d.R. bei Eigenkapitalgebern zu pessimistischeren Zukunftserwartungen als konstante Ergebnisse und damit zu einer subjektiv höheren Einschätzung des Investitionsrisikos, was wiederum mit einer Erhöhung des Vertrauensverlustes einhergeht und die zukünftige Kapitalbeschaffung erschwert.[338] Insbesondere wird einem geringer schwankenden Gewinn eher die Fähigkeit zugesprochen, die Basis für zukünftige höhere Dividendenzahlungen zu sein.[339] Konkret wird eine höhere Ergebnisvolatilität im Rahmen der Unternehmensbewertung grundsätzlich mit einer höheren Risikoprämie kompensiert, was sich negativ auf den Unternehmenswert auswirkt.[340] Zwar wird in der Literatur teilweise auch die Meinung vertreten, dass es für die Unternehmensbewertung irrelevant ist, ob eine Bewertung zu fortgeführten Anschaffungskosten oder zum Fair Value erfolgt, da bei einer Discounted Cashflow-Betrachtung nur die (zukünftig) realisierten Ergebnisse ausschlaggebend sind.[341] Diese Aussage trifft allerdings nur dann zu, wenn die Marktteilnehmer auf Basis der vermittelten Informationen exakt differenzieren können, welcher Teil des Gewinns auf zahlungswirksamen oder auf

336 Auch dies kann als Principal-Agent-Problematik verstanden werden, wenngleich die Interessen von Management und Anteilseignern sich auf den ersten Blick decken. Problematisch könnten bilanzpolitische Maßnahmen allerdings werden, wenn der kurzfristig höhere Periodenerfolg auf Kosten der nachhaltigen Unternehmensentwicklung geht. Hier laufen die Interessen der beiden Parteien wieder auseinander. Eine praktische Lösung besteht häufig in der Gewährung von Boni in Form von Aktienoptionen mit einer bestimmten Mindesthaltefrist.

337 Vgl. Fischer/Haller (1993), S. 38.

338 Vgl. Küting/Weber (2012), S. 35.

339 Vgl. Fischer/Haller (1993), S. 48.

340 Vgl. auch Wagenhofer/Ewert (2007), S. 273.

341 Vgl. Kalk (2008), S. 241, Rappaport (1999), S. 16.

zahlungsunwirksamen Erträgen beruht.[342] Dies ist allerdings i.d.R. nicht möglich. So ist bspw. nach IFRS 7.20 nur ein Ausweis der Aufwendungen und Erträge nach der Bewertungskategorie vorgesehen. Nicht vorgesehen ist dagegen eine weitere Unterteilung, ob die Aufwendungen/Erträge bereits realisiert sind oder aber lediglich unrealisierte Bewertungsergebnisse darstellen.[343] In der Praxis wird daher aus finanzpolitischen Überlegungen häufig eine möglichst niedrige Ergebnisvolatilität bzw. ein geglätteter Gewinn angestrebt.[344] Auch in empirischen Studien konnte eine klare Tendenz zu einer Verringerung der Ergebnisvolatilität bzw. zugunsten einer Ergebnisglättung in der externen Rechnungslegung nachgewiesen werden; diese Tendenz unterscheidet sich allerdings durch zahlreiche Faktoren, bspw. Unternehmensgröße oder die Unternehmensführung durch Eigentümer oder angestellte Manager.[345]

2. Volatilitäts- und Transparenzeffekte durch Fair Value-Bilanzierung

Als Basis für die finanzwirtschaftliche Analyse werden im Folgenden die möglichen Szenarien für die Analyse der finanzwirtschaftlichen Effekte der Rechnungslegung vorgestellt und deren Wert berechnet.

Grundsätzlich lassen sich für die Modellierung der Szenarien für die beiden wichtigsten wertbestimmenden Marktpreise einer Indexanleihe – Aktienindexentwicklung und Zinsentwicklung – jeweils zwei Entwicklungsmöglichkeiten festlegen:

- Aktienindex steigt oder sinkt
- Zinsniveau steigt oder sinkt

[342] Vgl. Kalk (2008), S. 241.

[343] Vgl. auch Grünberger (2012), S. 303 f.

[344] Die bilanzpolitische Ergebnisglättung wird in der Literatur auch als "income smoothing" bezeichnet. Vgl. Fischer/Haller (1993), S. 37, Wagenhofer/Ewert (2007), S. 246 f., S. 266 f.

[345] Eine entsprechende Übersicht empirischer Studien zu den Motiven und Instrumenten der Ergebnisglättung findet sich u.a. bei Fischer/Haller (1993).

Fraglich ist daher, inwieweit die Entwicklung der beiden Parameter Zinsen und Indexstand (bzw. die dem Index zugrunde liegenden Aktienkurse) miteinander zusammenhängen.

Volkswirtschaftlich wird i.d.R. davon ausgegangen, dass Zinsen und Aktienkurse langfristig negativ korreliert sind, d.h. steigen Zinsen, sinken als Folge die Aktienkurse bzw. umgekehrt. Begründet wird dies u.a. durch die Attraktivität der alternativen Anlagemöglichkeiten. Der Zusammenhang lässt sich dabei wie folgt erklären: Steigen Zinsen in einer Volkswirtschaft, wird eine Anlage in Zinspapieren im Vergleich zu Aktien attraktiver, zumal Aktien i.d.R. mit einem höheren Risiko behaftet sind als Staatsanleihen oder Anleihen von Emittenten guter Bonität. Ein weiterer Erklärungsansatz wäre, dass mit steigenden Zinsen sowohl die Kapitalbeschaffung und Investitionen für die Unternehmen teurer wird als auch die Sparneigung der privaten Haushalte steigt, was sich negativ auf die Gewinne und damit auch den Aktienkurs der Unternehmen auswirkt.[346]

Verstärkt wurde dieser Erklärungsansatz auch durch das sogenannte Fed-Modell des US-amerikanischen Zentralbanksystems Federal Reserve, das 1997 in einem Bericht feststellte, dass sich die Gewinnrendite[347] des S&P 500 gegenläufig zur Effektivrendite zehnjährigen Staatsanleihen entwickelt.[348]

Diese Entwicklungs-Tendenz lässt sich i.d.R. auch empirisch beobachten[349], ist aber speziell für eine eher kurzfristige finanzwirtschaftliche Analyse nicht zwangsläufig anzunehmen. Insbesondere können die Entwicklungen mit einer zeitlichen Verzögerung auftreten oder aber steigende Zinsen können als Folge einer anziehenden Konjunktur auftreten. Ein solcher Verlauf von Zinsen und Aktienkursen konnte bspw. in den USA zwischen April 1997 und Ende 2002

---

[346] Als grundlegende volkswirtschaftliche Theorie kann hier der Transmissionsmechanismus der Geldpolitik herangezogen werden. Dieser Mechanismus wirkt auf Aktienmärkte insbesondere über den Vermögenskanal. Vgl. hierzu ausführlicher Clement/Terlau/Kiy (2003), S. 444 f., Dornbusch/Fischer/Startz (2011), S. 224-226, Mankiw (2013), S. 312-315. Zur Sparneigung in Abhängigkeit des Zinses vgl. Blanchard/Illing (2009), S. 115 f.

[347] Als Gewinnrendite wird der Kehrwert des Kurs-Gewinn-Verhältnisse (KGV) bezeichnet und kann als Rentabilität der Anlage in die jeweiligen Aktien verstanden werden. Vgl. Bruns/Meyer-Bullerdiek (2013), S. 317, Spremann (2006), S. 39, Bösch (2013), S. 95.

[348] Vgl. Federal Reserve (1997), S. 23 f.

[349] Vgl. Bernanke/Kuttner (2004).

beobachtet werden. Anhand der vorangegangenen Überlegungen erscheint es im Rahmen dieser Arbeit zweckmäßig, für die Darstellung der finanzwirtschaftlichen Effekte drei Basisszenarien zu modellieren:

In *Szenario A* (steigender Markt) steigen die Werte der Anleihe- und der Optionskomponente über die gesamte Laufzeit kontinuierlich (d.h., der Aktienindex steigt, während der Diskontierungszins sinkt).

Szenario B (fallender Markt) bildet die Entwicklung ab, dass die Werte der beiden Komponenten über die gesamte Laufzeit sinken (d.h., der Aktienindex sinkt, während der Diskontierungszins steigt).

In *Szenario C* (volatiler Markt) wird eine Entwicklung modelliert, in der die beiden Komponenten während der Laufzeit wertmäßig sowohl steigen als auch sinken.

Um die zwischenzeitliche Wertentwicklung der tatsächlichen Realisierung gegenüberzustellen, wird die Indexanleihe in allen Szenarien über ihren gesamten Lebenszyklus bis zur Endfälligkeit betrachtet. Dieses Vorgehen wird gewählt, um im Rahmen dieser Arbeit insbesondere die Liquiditätswirksamkeit zu verdeutlichen und der Frage nachzugehen, inwieweit sich eine letztlich nicht realisierte Ausschüttung auf Basis unrealisierter Erträge auswirkt.

Als Ausgangsbasis werden zunächst die Werte der einzelnen Komponenten bei Zugang der Indexanleihe am 31.12.2011[350] dargestellt. Zur Berechnung des Wertes der Anleihekomponente wird dabei folgende risikofreie Zinsstruktur zugrunde gelegt:

[350] Nachfolgend werden die Werte zum 31.12.2011 für alle Szenarien als einheitliche Ausgangsbasis verwendet, um eine möglichst konsistente Aussage über die finanzwirtschaftlichen Effekte treffen zu können.

Restlaufzeit (in Jahren)	1	2	3	4
Spot Rate (in %)	- 0,02	0,14	0,36	0,61

Tabelle 3: Geschätzte Zinsstruktur per 31.12.2011[351]

Darüber hinaus erfolgt eine Anpassung der risikofreien Spot Rates an das Ausfallrisiko des Emittenten. Für das Beispiel soll ein bis zur Endfälligkeit konstanter emittentenspezifischer Credit Spread (inkl. Liquidity Spread) i.H.v. 1% p.a. angenommen werden.[352]

Für den Wert der Anleihe ergibt sich somit:

$$A_0 = \frac{10.050}{1 + (0{,}0061 + 0{,}01)^4} + \frac{50}{1 + (0{,}0036 + 0{,}01)^3} + \frac{50}{1 + (0{,}0014 + 0{,}01)^2} + \frac{50}{1 + (-0{,}0002 + 0{,}01)}$$

$A_0 = 9.574{,}42$ EUR

Ausgehend von einem Nominalwert der Anleihekomponente von 10.000 EUR resultiert somit ein Disagio zum Zeitpunkt des Erwerbs i.H.v. 425,58 EUR.

Der Wert der Option lässt sich mit Hilfe des Black/Scholes-Modells berechnen. Hierfür werden folgende Parameter angenommen:

- Risikoloser Zins $r = 0{,}0061$, da die indexabhängige Zahlung in t=4 fällig wird
- Indexstand per 31.12.2011 = Ausübungspreis = 5.898,35
- DAX-Volatilität[353] = 30%
- Credit Spread = 1%

---

351 Quelle: www.bundesbank.de (abgerufen am 02.04.2012). Die dargestellten Zinsen gelten für (hypothetische) Zero-Bonds ohne Kreditausfallrisiko und wurden durch die auf Basis von Kursen für börsennotierte Bundesanleihen, Bundesobligationen und Bundesschatzanweisungen geschätzt.

352 Zum 20.12.2011 schwankten die Credit Spreads für die meisten Großbanken zwischen 0,8% und 1,8%. Vgl. Deutscher Derivate Verband (2012).

353 Für die DAX-Volatilität wurde vereinfachend der Stand des Volatilitätsindex VDAX-NEW per 29.12.2011 angenommen.

Auf Basis dieser Eingangsparameter ergibt sich über Einsetzen in Formel (11) für *eine* Option zum Zeitpunkt der Fälligkeit T ein Wert von 1.446,39.

$$5898{,}35 * e^{(0{,}0061*4)} * N(d_1) - 5898{,}35 * N(d_1 - 0{,}3 * \sqrt{4})$$

Der um das Ausfallrisiko adjustierte Barwert zum 31.12.2011 beträgt gemäß Formel (13) 1.389,68 unter Berücksichtigung des Credit Spreads i.H.v. 1%.

$$\frac{5989{,}35 \ * \ e^{(r*T)} \ * \ N(d_1) \ - \ 5898{,}35 * \ N(d_1 - 0{,}3 \ * \ \sqrt{4})}{e^{(0{,}0161 \, * \, 4)}} = 1389{,}68$$

mit $d_1 = N(0{,}3405) = 0{,}6332$

und $d_1 = N(-0{,}2595) = 0{,}3976$

Durch die spezifische Strukturierung enthält jede Indexanleihe (vgl. Formel (8)) ca. 1,7 Indexoptionen.

$$\frac{\propto * \ Nom}{I_0} = \frac{1 \ * \ 10.000}{5.898{,}35} = 1{,}6954$$

Der Gesamtwert der Optionskomponente berechnet sich damit zu:

$$1.389{,}68 * 1{,}6954 = 2.356{,}05$$

Insgesamt ergibt sich somit ein Wert der Indexanleihe zum 31.12.2012 über de Summe der beiden Komponenten von

$$9.574{,}42 + 2.356{,}05 = 11.930{,}47$$

Dieser Wert stellt annahmegemäß auch den Transaktionspreis dar.

Die Differenz zwischen Kaufpreis und den Einzelwerten entsprechen den Transaktions- bzw. Anschaffungsnebenkosten. Für den Fall, dass sich eine der beiden Komponenten nicht zuverlässig berechnen lässt, müsste der verlässlicher zu berechnende Wert der einen Komponente vom Gesamtwert des Strukturierten Produktes abgezogen werden; die Differenz wird der jeweils anderen Komponente zugerechnet.[354]

---

[354] Vgl. Henkel (2010), S. 143.

Vereinfachend ist im Beispiel angenommen, dass keine Transaktionskosten anfallen. Der Kaufpreis setzt sich daher exakt aus der Summe der Werte der beiden Komponenten zusammen.

a) Risikoignoranz bei getrennter Rechnungslegung

Für die Darstellung der finanzwirtschaftlichen Effekte bei getrennter Bilanzierung wird im Folgenden auf die drei modellierten Szenarien zurückgegriffen. Hierzu sind zunächst die Werte der Indexanleihe-Komponenten für die jeweilige Marktentwicklung zu berechnen.

Zur Bewertung der Anleihekomponente bis zur Endfälligkeit wird für Szenario A die in Tabelle 4 dargestellte Entwicklung der Zinsstruktur angenommen.

Restlaufzeit (in Jahren)	1	2	3	4
Spot Rate per 31.12.2011 (in %)	- 0,02	0,14	0,36	0,61
Spot Rate per 31.12.2012 (in %)	- 0,04	- 0,01	0,3	-
Spot Rate per 31.12.2013 (in %)	- 0,06	0,2	-	-
Spot Rate per 31.12.2014 (in %)	-0,1	-	-	-
Spot Rate per 31.12.2015 (in %)	-	-	-	-

Tabelle 4: Laufzeitabhängige Entwicklung der Spot Rates (Szenario A)[355]

Zur Bewertung der Optionskomponente sind die in Tabelle 5 dargestellten Parameter maßgeblich. Der Credit Spread ist sowohl bei der Bewertung der Anleihe- als auch der Optionskomponente zu berücksichtigen und wird vereinfachend als konstant über die Laufzeit der Indexanleihe angenommen. Hierfür wird davon ausgegangen, dass sich die Zahlungsfähigkeit des Emittenten während der Laufzeit nicht negativ verändert.

355 Quelle: www.bundesbank.de. Ab 31.12.2012 werden für die Entwicklung selbst gewählte Werte entsprechend der Szenarien verwendet. Hierbei sind nur zu den Zeitpunkten Werte angegeben, die für eine Diskontierung relevant sind.

Datum	DAX-Stand	Volatilität	Credit Spread
31.12.2011	5.898,35	0,30	0,10
31.12.2012	7.612,39	0,18	0,10
31.12.2013	8.500,00	0,15	0,10
31.12.2014	8.600,00	0,10	0,10
31.12.2015	8.700,00	-	-

Tabelle 5: Entwicklung der Options-Bewertungsparameter (Szenario A)[356]

Ausgehend von den vorgenannten Daten ergeben sich in Szenario A für die einzelnen Komponenten folgende Werte:

Datum	Anleihe-komponente	Options-komponente	Gesamtwert Indexanleihe
31.12.2011	9.574,42	2.356,05	11.930,47
31.12.2012	9.766,57	3.282,53	13.049,10
31.12.2013	9.862,61	4.403,59	14.266,20
31.12.2014	9.960,36	4.524,89	14.485,25
31.12.2015	10.050,00	4.749,89	14.799,89

Tabelle 6: Fair Values der Einzelkomponenten (Szenario A)

Aufgrund des sinkenden Diskontierungszinses und des steigenden Index entwickeln sich beide Komponenten über die Laufzeit konstant positiv.

Werden steigende Zinsen und eine sinkende Indexentwicklung als grundlegende Bewertungsparameter angenommen (vgl. Tabelle 14 und Tabelle 15 im Anhang), kommt es bei Szenario B zu einer konstant negativen Wertentwicklung von Anleihe- und Optionskomponente bis zum Zeitpunkt der Fälligkeit (Tabelle 7).

---

356 Für den 31.12.2015 ist lediglich der Indexstand relevant, da zum Zeitpunkt der Realisierung keine Modellbewertung mehr notwendig ist. Die Volatilität des DAX wird weiterhin als sinkend angenommen, da sich der Index konstant positiv entwickelt.

Lediglich zum Zeitpunkt der Fälligkeit erhöht sich der Fair Value durch die garantierte Kapitalrückzahlung.

Datum	Anleihe-komponente	Options-komponente	Gesamtwert Indexanleihe
31.12.2011	9.574,42	2.356,05	11.930,47
31.12.2012	9.540,87	1.156,77	10.697,64
31.12.2013	9.522,11	736,31	10.258,42
31.12.2014	9.481,13	286,28	9.767,41
31.12.2015	10.050,00	0,00	10.050,00

Tabelle 7: Fair Values der Einzelkomponenten (Szenario B)

Bei einer schwankenden und teilweise gegenläufigen Entwicklung von Zinsen und Indexstand (vgl. Tabelle 16 und Tabelle 17 im Anhang), ergeben sich die in Tabelle 8 dargestellten Fair Values.

Datum	Anleihe-komponente	Options-komponente	Gesamtwert Indexanleihe
31.12.2011	9.574,42	2.356,05	11.930,47
31.12.2012	9.838,54	3.302,82	13.141,35
31.12.2013	9.766,18	4.545,28	14.311,46
31.12.2014	9.852,94	3.302,93	13.155,87
31.12.2015	10.050,00	1.020,03	11.070,03

Tabelle 8: Fair Values der Einzelkomponenten (Szenario C)

Für die getrennte Folgebilanzierung ist allerdings zu beachten, dass die Anleihekomponente lediglich zu fortgeführten Anschaffungskosten in den Jahresabschluss eingeht. Aufgrund des faktischen Erwerbs der Anleihekomponente zu einem Preis unterhalb des Rückzahlungsbetrags ist zudem die Abgrenzung des Disagios von insgesamt 425,58 EUR zu berücksichtigen. Dieser Betrag ist in den Perioden bis zur Endfälligkeit erfolgswirksam aufzulösen. Die Abgrenzung ist in der Internationalen Rechnungslegung anhand der Effektivzinsmethode zu ermitteln und anzusetzen (im Beispiel ergibt sich ein Effektivzins von 1,607%[357]). Die auf Basis des Effektivzinses berechneten Werte für die Folgejahre können der folgenden Tabelle entnommen werden:

Datum	Buchwert	Effektivverzinsung	Zinsen	Zinsabgrenzung
31.12.2011	9.574,42	-	-	-
31.12.2012	9.678,28	153,86	50,00	103,86
31.12.2013	9.783,82	155,53	50,00	105,53
31.12.2014	9.891,05	157,23	50,00	107,23
31.12.2015	10.000,00	158,95	50,00	108,95

Tabelle 9: Fortgeführte Anschaffungskosten Anleihekomponente[358]

Somit wären zum Bilanzstichtag 31.12.2012 sowohl die Zinsen i.H.v. 50,00 EUR als auch das abgegrenzte Disagio i.H.v. 103,86 EUR als Zinsertrag zu verbuchen.

Weiterhin ist bei der Bilanzierung grundsätzlich – basierend auf dem am Laufzeitende zu zahlenden Coupon – die Zinsabgrenzung zu beachten. Als Zinsabgrenzung wird die anteilige Zurechnung des Gesamtcoupons für den Zeitraum bis zum Bilanzierungsstichtag bezeichnet. Bspw. wäre ein Gesamtcoupon von 100 EUR, der für den Zeitraum vom 21.12.2012 bis zum 10.01.2013 vereinnahmt würde, zum Abschlussstichtag 31.12.2012 anteilig mit 50 EUR als Zinsertrag zu bilanzieren. Der Restbetrag würde als Rechnungsabgrenzungsposten verbucht. Dieser Betrag entspricht inhaltlich dem Zins, der wirtschaftlich der Berichtsperiode

---

357 Der Effektivzins berechnet sich als interner Zins, bei dem die Summe der Barwerte aller Einzahlungen und Auszahlungen null ist. Im Beispiel wurde der Zinssatz über die in Microsoft Excel integrierte Funktion "IKV" zur Berechnung eines internen Zinssatzes einer Zahlungsreihe ermittelt.

358 Die Effektivverzinsung ergibt sich durch Multiplikation des Effektivzinssatzes 1,607% mit dem Buchwert zum Ende der vorigen Periode, bspw. zum 31.12.2012: 0,01607 ∗ 9574,42 = 153,86. Davon entfallen 50,00 auf den vereinnahmten Coupon sowie 103,86 auf die anteilige Auflösung des Disagios.

zuzurechnen ist, allerdings noch nicht als Zahlung geflossen ist.[359] Die Zinsabgrenzung dient somit der periodengerechten Erfolgsermittlung. Der um die Zinsabgrenzung korrigierte Fair Value wird als Clean Fair Value bezeichnet. Im Rahmen der Fair Value-Bilanzierung ist i.d.R. auch der Clean Fair Value anzusetzen, während die Zinsabgrenzung auf separaten Zinsabgrenzungskonten erfasst wird. Da im Beispiel der Zinszahlungszeitpunkt identisch zum Bilanzierungsstichtag ist, ergibt sich (im Gegensatz zum Disagio) keine Notwendigkeit der periodengerechten Abgrenzung der fixen Zinszahlungen, da der gesamte Coupon exakt zum Bilanzstichtag realisiert wird. Eine entsprechend anteilige Berücksichtigung wäre notwendig, wenn Bilanzstrichtag und Zahlungszeitpunkt zeitlich auseinander fallen.

Dagegen gehen die Wertänderungen der Optionskomponente sowohl bei positiver als auch bei negativer Wertentwicklung vollständig in die GuV ein.

Auf Basis der Fair Value-Entwicklung innerhalb der einzelnen Szenarien lassen sich die in Tabelle 10 dargestellten Ergebniseffekte (als Differenz von aktuellem Fair Value und dem Fair Value des Vorjahres bzw. als Disagio-Abgrenzung für die Anleihekomponente).

Aufgrund der Anschaffungskostenbilanzierung der Anleihekomponente resultiert hieraus im Wesentlichen der Ergebniseffekt, dass der Erfolgsbeitrag aus der Fair Value-Änderung bei getrennter Bilanzierung nicht in die GuV einfließt, sondern lediglich der realisierte Zinsertrag und der Anteil aus der Disagio-Abgrenzung. Daher fällt die Wertentwicklung der Optionskomponente bei getrennter Rechnungslegung stärker ins Gewicht im Vergleich zu einer Bilanzierung beider Komponenten zum Fair Value. Eine kompensatorische Wirkung durch das Zinsergebnis ist deutlich eingeschränkt. Die fehlende Kompensation wirkt sich entsprechend auch auf die Ergebnisvolatilität aus. Diese hängt bei getrennter Rechnungslegung im Wesentlichen von der Volatilität der Ergebnisentwicklung

---

359 Vgl. Henkel (2010), S. 176. Die Zinsabgrenzung ist dabei von den Stückzinsen zu unterscheiden. Mit den Stückzinsen werden die Ansprüche der Verkäufer am laufenden Coupon abgegolten, da der Coupon erst am Zahlungstermin in voller Höhe an den Inhaber des Finanzkontraktes ausgezahlt wird.

der Optionskomponente ab. Isoliert für die getrennte Bilanzierung betrachtet, wird diese in Szenario C am höchsten sein.

Datum	Vorgänge	Getrennt Szenario A	Getrennt Szenario B	Getrennt Szenario C
31.12.2012	G/V Anleihe	103,86	103,86	103,86
	G/V Option	926,48	-1199,27	946,77
	Zinseinnahme Anleihe	50,00	50,00	50,00
	G/V Gesamt	1.080,34	-1.045,41	1.100,63
31.12.2013	G/V Anleihe	105,53	105,53	105,53
	G/V Option	1.121,06	-420,46	1.242,47
	Zinseinnahme Anleihe	50,00	50,00	50,00
	G/V Gesamt	1.276,59	-264,93	1.398,00
31.12.2014	G/V Anleihe	107,23	107,23	107,23
	G/V Option	121,30	-450,03	-1.242,35
	Zinseinnahme Anleihe	50,00	50,00	50,00
	G/V Gesamt	278,53	-292,80	-1.085,12
31.12.2015	G/V Anleihe	108,95	108,95	108,95
	G/V Option	225,00	-286,28	-2.282,90
	G/V Gesamt	333,95	-177,33	-2.173,95
	Einnahme Anleihe	10.050,00	10.050,00	10.050,00
	Einnahme Option	4.749,89	0,00	1.020,03

Tabelle 10: Ergebniswirkungen bei getrennter Bewertung[360]

Im Vergleich zu einer konsequenten Anschaffungskostenbilanzierung nach Handelsrecht resultieren Ergebnisunterschiede im Wesentlichen aus positiven Wertänderungen aus der Optionskomponente, die handelsrechtlich nicht angesetzt werden dürfen. Die Berücksichtigung *negativer* Wertänderungen aus der Optionskomponente ist von der Zuordnung zum Umlauf- bzw. zum Anlagevermögen abhängig. Da es sich bei Fair Value-Änderungen lediglich um vorübergehende Wertminderungen handelt, wären diese auch nur im Umlaufvermögen zu berücksichtigen. Hierzu sind Rückstellungen für drohende Verluste aus schwebenden Geschäften gemäß § 249 Abs. 1 HGB anzusetzen. Ein betragsmäßig eher unwesentlicher Unterschied besteht in der unterschiedlichen Behandlung der Disagio-Auflösung. Während in der Internationalen Rechnungslegung die

360 G/V steht dabei für den Gewinn bzw. Verlust in der jeweiligen Periode.

Effektivzinsmethode anzuwenden ist, ist die Auflösung nach Handelsrecht gemäß § 250 Abs. 3 HGB linear über die Gesamtlaufzeit vorzunehmen.[361]

Insgesamt bestehen bei fallenden Märkten somit keine wesentlichen Unterschiede zwischen Handelsrecht und Internationaler Rechnungslegung. Lediglich bei steigenden Märkten entstehen wesentliche Differenzen aus der Nicht-Berücksichtigung von Wertänderungen oberhalb der Anschaffungskosten der Optionskomponente.

Aus einer transparenzorientierten Perspektive ist die getrennte Bilanzierung insgesamt kritisch zu sehen. Als transparenzorientierte Perspektive soll im Rahmen dieser Arbeit eine für den externen Bilanzleser sichtbare Darstellung des Ertrags- und Risikopotentials aus den einzelnen Komponenten des Strukturierten Produktes verstanden werden. Hierbei ist zu bemängeln, dass durch die Anschaffungskostenbilanzierung der Anleihe relevante Informationen über Chancen sowie Risiken aus dieser Komponente für den externen Bilanzleser nicht ersichtlich sind.

Durch die Nicht-Berücksichtigung dieser Wertänderungen wird somit der Ausweis der gesamten Risiko*position* verfälscht, da das Exposure aus der Zinskomponente ignoriert wird. D.h., die Wertentwicklung der Anleihe wird aus den Daten des Jahresabschlusses nicht transparent. Hierfür sind derzeit weder in der Internationalen Rechnungslegung noch im Handelsrecht entsprechende Anhangangaben vorgeschrieben.

b) Risikokompensation bei einheitlicher Rechnungslegung

Während bei getrennter Rechnungslegung nach IAS 39 Fair Value-Änderungen lediglich aus der Optionskomponente berücksichtigt werden, finden bei einheitlicher Rechnungslegung nach IAS 39 und IFRS 9 die Fair Value-Änderungen aus der Anleihekomponente ebenfalls Eingang in die Ergebnisrechnung. Da die Optionskomponente als Derivat sowohl bei einheitlicher als auch bei getrennter Bilanzierung grundsätzlich dem Handelsbestand zugeordnet und zum Fair Value

[361] Handelsrechtlich ergäbe sich somit ein konstanter Betrag von 425,58 ÷ 4 = 106,40.

bilanziert werden muss, ergeben sich aus dieser Komponente keine unterschiedlichen Ergebniswirkungen im Vergleich zum getrennten Konzept. Differenzen resultieren somit aus der unterschiedlichen Behandlung der Anleihekomponente.

Aufbauend auf der im letzten Kapitel dargestellten Entwicklung der Bewertungsparameter und Fair Values, ergeben sich für die einheitliche Bilanzierung die Ergebniswirkungen aus Tabelle 11:

Datum	Vorgänge	Einheitlich Szenario A	Einheitlich Szenario B	Einheitlich Szenario C
31.12.2012	G/V Anleihe	192,15	-33,55	264,11
	G/V Option	926,48	-1199,27	946,77
	Zinseinnahme Anleihe	50,00	50,00	50,00
	G/V Gesamt	1.168,63	-1.182,82	1.260,88
31.12.2013	G/V Anleihe	96,03	-18,76	-72,36
	G/V Option	1.121,06	-420,46	1.242,47
	Zinseinnahme Anleihe	50,00	50,00	50,00
	G/V Gesamt	1.267,09	-389,22	1.220,11
31.12.2014	G/V Anleihe	97,75	-40,98	86,76
	G/V Option	121,30	-450,03	-1.242,35
	Zinseinnahme Anleihe	50,00	50,00	50,00
	G/V Gesamt	269,05	-441,01	-1.105,59
31.12.2015	G/V Anleihe	39,64	518,87	147,06
	G/V Option	225,00	-286,28	-2.282,90
	G/V Gesamt	264,64	232,59	-2.135,84
	Einnahme Anleihe	10.050,00	10.050,00	10.050,00
	Einnahme Option	4.749,89	0,00	1.020,03

Tabelle 11: Ergebniswirkungen bei einheitlicher Bewertung

Zunächst einmal kann im Vergleich zum einheitlichen Konzept festgestellt werden, dass bei getrennter Rechnungslegung der Anleihekomponente – isoliert betrachtet – ein geglätteter bzw. konstanter Ergebnisausweis erfolgt.

Durch die Fair Value-Berücksichtigung beider Komponenten im Rahmen der einheitlichen Rechnungslegung können bei der einheitlichen Rechnungslegung, abhängig von der Entwicklung der einzelnen Fair Values, dagegen grundsätzlich zwei Effekte entstehen:

Zu einem *verstärkenden* Effekt der Ergebniswirkung kommt es, wenn beide Komponenten sich wertmäßig in die selbe Richtung entwickeln. Dies ist insbesondere in den Szenarien A und B der Fall (bspw. wird in Szenario A zum 31.12.2012 die positive Wertänderung der Option durch eine positive Wertänderung aus der Anleihekomponente verstärkt).

Dagegen kommt es zu einem *kompensierenden* Effekt, wenn beide Komponenten sich wertmäßig in entgegengesetzte Richtungen entwickeln (Szenario C). Hierdurch wird die Ergebniswirkung im Vergleich zu getrennter Rechnungslegung abgeschwächt oder kompensiert bzw. überkompensiert, abhängig davon wie stark sich die einzelnen Komponenten jeweils bewegen.

Bei einer einheitlichen Bilanzierung und Ausweis des Strukturierten Produktes als *ein* Vermögensgegenstand wird somit zwar die Risiko*position*, nicht aber die Risiko*verteilung* transparent, d.h. es ist nicht ersichtlich, wie sich die Gesamtentwicklung auf die einzelnen Komponenten und damit auf die einzelnen Marktpreisrisiken aufteilt. Diese Aussage gilt speziell dann, wenn das Strukturierte Produkt in einer Bilanzposition ausgewiesen wird, was grundsätzlich möglich ist. Gemäß IAS 32.55 wird ein getrennter *Ausweis* lediglich dann vorgeschrieben, wenn Finanzinstrumente auch unterschiedlich bewertet wurden und wäre daher für die getrennte Rechnungslegung relevant.

Insgesamt wären aus vorgenannten Transparenzüberlegungen beide Alternativen nicht zweckmäßig. Sowohl bei einheitlicher als auch getrennter Bilanzierung besteht die Problematik, dass das Exposure durch das Strukturierte Produkt nicht deutlich wird. Während bei getrennter Bilanzierung die Risiko*position* nicht ersichtlich ist, kann bei einheitlicher Bilanzierung die Risiko*verteilung* nicht transparent werden. Lediglich eine einheitliche Bewertung bei gleichzeitig getrenntem Ausweis des Wertes der Einzelkomponenten vermag eine richtige Darstellung sowohl der Risikoposition als auch der Risikoverteilung zu erreichen.

Negativ zu beurteilen ist aus transparenzorientierter Perspektive auch die Darstellung der Ergebnisgrößen der Anleihekomponente. Grundsätzlich ist es nach IAS/IFRS nicht zwingend notwendig, im Zinsergebnis den realisierten Zinsertrag und unrealisierte Fair Value-Änderungen getrennt auszuweisen.[362] Somit wäre für den Bilanzleser hier auch nicht erkennbar, welcher Anteil des Anleiheergebnisses auf realisierte Zinseinnahmen oder auf unrealisierte Wertänderungen zurückzuführen ist. Dies ist allerdings unkritisch, da Angaben zu den beizulegenden Zeitwerten gemäß IFRS 7.25 im Anhang anzugeben sind. Insofern ließe sich der Anteil der Fair Value-Änderungen hieraus ermitteln.

Weitere Anhangangaben speziell für Strukturierte Produkte könnten der Reduzierung der eingeschränkten Transparenz dienen. Hier wäre bei getrennter Rechnungslegung die Angabe von über den Anschaffungskosten liegenden Zeitwerten der Anleihekomponente zweckmäßig. Allerdings ist eine solche Angabe derzeit weder im Rahmen der IAS/IFRS noch im Handelsrecht verpflichtend. Bei einheitlicher Rechnungslegung wären zur Offenlegung einer kompensatorischen Wirkung entsprechende Anhangangaben zur Höhe der aus Strukturierten Produkten resultierenden Fair Value-Änderungen, gegliedert nach den einzelnen Risikoarten, sinnvoll. Im Beispiel wären somit die unrealisierten Erfolgsbeiträge aus Zinsänderungen sowie aus Aktienindexänderungen getrennt darzustellen. Auch dies ist derzeit allerdings nicht vorgeschrieben.

Durch die dargestellte kompensatorische Wirkung bei einheitlicher Rechnungslegung ergeben sich auch wesentliche Implikationen auf die Ergebnisvolatilität. Im Vergleich zur getrennten Rechnungslegung wird bei einer gegenläufigen Wertentwicklung der Anleihe- und Optionskomponente auch die Ergebnisvolatilität reduziert (*kompensierender Effekt*). Im Extremfall der betragsgleichen gegensätzlichen Wertentwicklung wäre das Gesamtergebnis der Fair Value-Änderungen ausgeglichen. Dagegen erhöht sich die Ergebnisvolatilität, sofern es sich um einen volatilen Markt (Szenario C) handelt und sich beide Komponenten in die gleiche Richtung entwickeln (*verstärkender Effekt*).

Insgesamt kann daher keine eindeutige und allgemeingültige Aussage getroffen werden, ob die Ergebnisvolatilität bei einheitlicher oder getrennter Rechnungslegung höher ist.

---

[362] Vgl. Kalk (2008), S. 231.

Dies hängt im Wesentlichen von der Korrelation der Marktpreisentwicklung von Zinsen und Aktienindex sowie vom Entwicklungstrend (d.h., ob sich die Werte der Komponenten konstant positiv bzw. negativ entwickeln oder aber im Zeitablauf schwanken).

Da eine höhere Ergebnisvolatilität als Maß für ein höheres Risiko interpretiert werden kann, welches sich negativ auf den Unternehmenswert sowie Fremdkapitalkonditionen auswirkt, kann es somit durch die temporären Ergebnisschwankungen aufgrund von Änderungen der wertbestimmenden Marktpreise zu weiteren negativen Effekten kommen.[363]

Die dargestellten Ergebnisse gelten prinzipiell auch für eine Bilanzierung nach BilMoG, da es auch dort zu einer einheitlichen Bilanzierung zum Fair Value kommt. Wesentlicher Unterschied liegt hier lediglich in der Berücksichtigung der Fair Values nach Abzug des Risikoabschlags. Die dargestellten Effekte lassen sich insofern auch hierfür übertragen.

Bezüglich der Realisierung der Wertentwicklung des gesamten Strukturierten Produktes bzw. der Einzelkomponenten ist der insgesamt über die Laufzeit der Indexanleihe realisierte Betrag im Vergleich zwischen einheitlicher und getrennter Rechnungslegung grundsätzlich identisch. Der realisierte Betrag bei der Optionskomponente entspricht der Differenz zwischen dem Wert der Option bei Ersterfassung und der indexabhängigen Zahlung am Ende der Laufzeit. Bei der Anleihekomponente setzt sich die Realisierung aus der Summe der vereinnahmen Coupons und der Differenz zwischen dem Wert bei Ersterfassung und der Tilgung des Nominalbetrags (entspricht somit dem Disagio). Die hinsichtlich des ausgewiesenen Periodengewinns dargestellten unterschiedlichen Ergebnis- und Volatilitätseffekte sind somit zunächst einmal nur als temporäre bilanztechnische Verwerfungen in den Rechnungslegungsperioden während der Laufzeit (nicht nur im Jahresabschluss, sondern auch in Quartals- und Monatsabschlüssen) anzusehen und regulieren sich über die Realisierung zum Fälligkeitszeitpunkt zu einem finanzwirtschaftlich korrekten Gewinn bzw. Verlust.

---

363 Vgl. Zülch/Siggelkow (2012), S. 385 f., Wagenhofer/Ewert (2007), S. 246 f., S. 266 f., Fischer/Haller (1993).

Unabhängig von Änderungen der wertbestimmenden Marktpreise können Ergebniseffekte allerdings auch durch Änderungen an der Einschätzung des Ausfallrisikos des Emittenten zustande kommen. Steigt der Credit Spread und damit das Ausfallrisiko, hat dies auch Auswirkungen auf den Wert des Strukturierten Produktes. Mit zunehmendem Ausfallrisiko, sinkt c.p. der Wert des Strukturierten Produktes[364]. Umgekehrt steigt bei sinkendem Credit Spread der Wert der Strukturierten Produkts.

Zumindest in der Internationalen Rechnungslegung entstehen die dargestellten Effekte regelmäßig, da Derivate grundsätzlich immer dem Handelsbestand zugeordnet und damit zum Fair Value bewertet werden müssen. Selbiges kann für die Anleihekomponente bei einer freiwilligen Bewertung zum Zeitwert im Rahmen der Fair Value-Option nach IAS 39 festgestellt werden. Durch IFRS 9 fällt das Wahlrecht für die Anleihekomponente faktisch weg, sodass diese ebenfalls einer Fair Value-Bilanzierung unterliegt.

Eine wesentliche Fragestellung ist allerdings, ob und inwieweit durch den veränderten Gewinnausweis auch langfristige bzw. liquiditätswirksame Effekte einhergehen.

3. Liquiditäts- und Refinanzierungsbedarf als Folge der Ausschüttung unrealisierter Erträge

Die im Jahresabschluss ermittelten Gewinngrößen können durch die Maßgeblichkeit für die Bemessung der Steuerlast, zur Bemessung der Ausschüttungen an die Anteilseigner sowie durch sonstige erfolgsabhängige Auszahlungen zu zahlungswirksamen Effekten führen. Kritisch für den langfristigen Bestand des Unternehmens wird ein solcher Liquiditätsabfluss insbesondere dann, wenn er nicht nur auf einen tatsächlich am Markt realisierten Vermögenszuwachs basiert,

364 Allerdings ist auch vorstellbar, dass insbesondere in Krisenzeiten die Spreads steigen, während die risikofreie Spot Rate sinkt, da die Marktteilnehmer aus Sicherheitsüberlegungen in relativ ausfallrisikofreie Staatspapiere investieren. Damit würde der steigende Spread (zumindest teilweise) durch sinkende Spot Rates kompensiert oder sogar überkompensiert werden.

sondern auf dem Ausweis unrealisierter Gewinne, die in späteren Perioden entgegen der zwischenzeitlichen Bewertung doch nicht realisierbar sind.

Hier stellt sich zunächst die wesentliche Frage, inwieweit die Bilanzierungsvorschriften in Deutschland und in der Europäischen Union einen Abfluss von Liquidität auf Basis unrealisierter Erträge ermöglichen bzw. verstärken können.

Aufgrund der einseitigen Ausrichtung der Internationalen Rechnungslegung auf die Vermittlung entscheidungsnützlicher Informationen, ist hier auch – im Gegensatz zum Handelsrecht – bei der Ausschüttungsbemessung keine spezifischen Anpassungen notwendig, um unrealisierte Ergebniskomponenten von der Ausschüttung auszunehmen.[365] Eine solche Anpassung liegt im Ermessen der einzelnen Mitgliedsstaaten.

Eine von der Wirtschaftsprüfungsgesellschaft KPMG 2008 im Auftrag der EU-Kommission durchgeführte Studie zur Zukunft der Kapitalerhaltung[366] untersuchte unter anderem die Rechnungslegungsgesetzgebung in den EU-Staaten.[367]

In neun der betrachteten 27 EU-Staaten dürfen dabei die IFRS-Kennzahlen nicht als Grundlage für die Ausschüttung herangezogen werden (u.a. Deutschland, Österreich, Frankreich sowie weitere kontinentaleuropäische Staaten, s. Tabelle 12). Für die Ausschüttungsbemessung ist nach wie vor ein Abschluss nach lokaler Rechnungslegung maßgeblich. In den übrigen 18 Staaten ist eine Ausschüttungsbemessung auf Basis eines IFRS-Abschlusses gesetzlich festgelegt oder zumindest erlaubt. Dabei sind in 11 Staaten keine Anpassungen bzw. keine signifikanten Anpassungen der IFRS-Größen vorgesehen. Somit können hier die

---

365 Vgl. Hennrichs (2008), S. 420.

366 "Feasibility study on an alternative to the capital maintenance regime established by the Second Company Law Directive 77/91/EEC of 13 December 1976 and an examination of the impact on profit distribution of the new EU-accounting regime", im Folgenden KPMG (2008).

367 Ziel der Studie war insbesondere zu untersuchen, inwieweit sich Alternativen zu aktuellen Kapitalschutzsystemen in Europa, basierend auf einem bilanziellen Mindestkapital entsprechend der 2. EU-Kapitalrichtlinie etablieren lassen. Vgl. Zweite Richtlinie 77/91/EWG des Rates vom 13. Dezember 1976 "zur Koordinierung der Schutzbestimmungen, die in den Mitgliedstaaten den Gesellschaften im Sinne des Artikels 58 Absatz 2 des Vertrages im Interesse der Gesellschafter sowie Dritter für die Gründung der Aktiengesellschaft sowie für die Erhaltung und Änderung ihres Kapitals vorgeschrieben sind, um diese Bestimmungen gleichwertig zu gestalten". Die Richtlinie legt insbesondere die Grundsätze für die Gründung von Kapitalgesellschaften sowie die Erhöhung und Herabsetzung des Gesellschaftskapitals fest und zielt letztlich auf eine Kapitalerhaltung ab.

IFRS-Größen ohne Einschränkungen für die Ausschüttung herangezogen werden, sodass es hier prinzipiell zu einer Ausschüttung von unrealisierten Fair Value-Erträgen kommen kann.

Land	Ausschüttungsbemessung auf IFRS-Basis möglich?	Anpassungen notwendig?
Belgien	Nein	-
Bulgarien	Ja	Keine
Dänemark	Ja	Ja
Deutschland	Nein	-
Estland	Ja	Keine
Finnland	Ja	Keine
Frankreich	Nein	-
Griechenland	Ja	Ja
Großbritannien	Ja	Ja
Irland	Ja	Ja
Italien	Ja	Ja
Lettland	Ja	Keine
Litauen	Ja	Keine
Luxemburg	Nein	-
Malta	Ja	Ja
Niederlande	Ja	Ja
Österreich	Nein	-
Polen	Ja	Keine
Portugal	Ja	Keine
Rumänien	Nein	-
Schweden	Nein	-
Slowakei	Ja	Keine
Slowenien	Ja	Keine
Spanien	Nein	-
Tschechien	Ja	Keine
Ungarn	Nein	-
Zypern	Ja	Keine

Tabelle 12: Ausschüttungsbemessung über IFRS-Abschlüsse[368]

Lediglich in 7 Staaten sind begrenzende Anpassungen bzw. Überleitungsrechnungen der IFRS-Größen für die Ausschüttungsbemessung notwendig. Hierbei zielen die meisten der vorgenannten Korrekturen darauf ab, den ausschüttungsfähigen Gewinn um unrealisierte Erträge, insbesondere aus Fair Value-Folgebewertungen,

[368] Entnommen aus KMPG (2008), S. 319 f.

zu bereinigen (bspw. in Dänemark, Malta, Niederlande, Großbritannien). In Griechenland existiert der Sonderfall, dass keine Anpassungen der IFRS für Ausschüttungszwecke gesetzlich fixiert sind, aber die Meinung vertreten wird, dass eine Bereinigung des Gewinns um unrealisierte Erträge vorgenommen werden sollte. Gesetzlich bindend ist diese Auffassung allerdings nicht.[369]

Insgesamt besteht somit in Bezug auf das für Ausschüttungszwecke maßgebliche Rechnungslegungswerk momentan noch eine relativ große Divergenz innerhalb der EU, die insbesondere durch die unterschiedliche Akzeptanz unrealisierter Ergebnisse für die Ausschüttungsbemessung in den einzelnen EU-Staaten begründet ist.[370] Dennoch kann festgehalten werden, dass im Rahmen der Internationalen Rechnungslegung eine Ausschüttung unrealisierter Gewinne grundsätzlich möglich ist.

Die Generaldirektion "Binnenmarkt und Dienstleistungen" (MARKT) der Europäischen Kommission schließt auf Grundlage der in der KPMG-Studie festgestellten verbreiteten Anwendung der IFRS für Ausschüttungszwecke, dass IFRS-Jahresabschlüsse grundsätzlich ohne offenkundige Schwierigkeiten („without any apparent difficulty") auch für Ausschüttungszwecke geeignet seien.[371] Dies ist insofern fragwürdig, als dass hier keine inhaltliche Bewertung der einzelnen Komponenten der Ausschüttungsbasis vorgenommen wird. Darüber hinaus fällt bei der Auswertung der oben stehenden Ergebnisse auf, dass die uneingeschränkte Verwendung der IFRS auch für Ausschüttungszwecke zu einem Großteil in den kleineren und zumeist osteuropäischen EU-Staaten Anwendung findet, die vor dem Übergang zur Internationalen Rechnungslegung über keine bewährtes und historisch gewachsenes Rechnungslegungssystem verfügten. Diese hätten im Rahmen des EU-Beitritts ohnehin ihr Bilanzrecht neu ordnen müssen.[372] Dagegen ist in den meisten westeuropäischen EU-Staaten (mit Ausnahme von Großbritan-

---

369 Vgl. KPMG (2008), S. 320.

370 Vgl. KPMG (2008), S. 320.

371 Vgl. European Commission (2008), Hennrichs (2008), S. 416. Letztlich wird aber zumindest von der Generaldirektion MARKT eine Anpassung der 2. EU-Kapitalrichtlinie nicht für zwingend nötig erachtet.

372 Vgl. Hennrichs (2008), S. 415 f.

nien) die Ausschüttung nach wie vor nach den eigenen traditionellen Rechnungslegungssystemen vorzunehmen.

Für in Deutschland ansässige Unternehmen ist eine Ausschüttungsbemessung auf Basis eines nach IFRS aufgestellten Jahresabschlusses dagegen nicht zulässig.

Kapitalmarktorientierte Unternehmen müssen seit der Verordnung Nr. 1606/2002 (sog. "IAS-Verordnung"), die durch das Bilanzrechtsreformgesetz (BilReG) über den § 315a HGB in nationales Recht umgesetzt wurde, einen Konzernabschluss nach Internationaler Rechnungslegung aufstellen. Dieser Abschluss ist befreiend, sodass kein zusätzlicher Konzernabschluss nach HGB aufgestellt werden muss.

Die IAS-Verordnung beinhaltet allerdings nicht nur die Pflicht zur Aufstellung von Konzernabschlüssen nach IFRS für kapitalmarktorientierte Unternehmen, sondern auch ein Wahlrecht der EU-Mitgliedstaaten, die IFRS auch für Einzelabschlüsse zwingend vorzuschreiben oder das Wahlrecht in die Disposition der bilanzierenden Unternehmen zu stellen (Art. 5 der IAS-Verordnung).[373]

Für den Einzelabschluss, welcher maßgeblich ist für die Ausschüttungsbemessung, ist allerdings nach wie vor ein Abschluss nach den Vorschriften des Handelsrechts zwingend, in dem das Anschaffungskosten- und Realisationsprinzip dominiert. Ein IFRS-Einzelabschluss darf lediglich zu Informationszwecken aufgestellt werden. In Deutschland ansässige Unternehmen müssen bis zu drei Abschlüsse aufstellen: Einen Einzelabschluss nach HGB für Ausschüttungszwecke, eine Steuerbilanz als Steuerbemessungsgrundlage und bei Konzernen einen Konzernabschluss nach Internationaler Rechnungslegung. Somit war zumindest im alten Bilanzrecht bislang das Risiko einer Ausschüttung unrealisierter Erträge auf Basis eines IFRS-Abschlusses in Deutschland nicht gegeben.

Allerdings hat die Fair Value-Bilanzierung seit der Einführung des BilMoG Eingang in die handelsrechtliche Rechnungslegung und damit auch in den für die Ausschüttungsbemessung maßgeblichen Einzelabschluss gefunden. Zumindest für Unternehmen der Finanzdienstleistungsbranche (Banken und Versicherungen) ist seitdem für Finanzinstrumente des Handelsbestands eine Bilanzierung zum

---

[373] Vgl. Brinkmann/Rilling (2008), S. 12.

beizulegenden Zeitwert vorgesehen. Der beizulegende Zeitwert soll, ähnlich wie bei der Internationalen Rechnungslegung gemäß IAS 39 bzw. IFRS 9, zunächst aus Marktpreisen auf einem aktiven Markt abgeleitet werden. Sofern kein aktiver Markt für das zu bewertende Finanzinstrument vorliegt, kann auf allgemein anerkannte Bewertungsmodelle zurückgegriffen werden.[374]

Da die ermittelten beizulegenden Zeitwerte in das handelsrechtliche Ergebnis einfließen, erfüllen sowohl der Risikoabschlag als auch die Zuführung zum Sonderposten die Funktion einer partiellen Ausschüttungssperre. Darüber hinausgehende Erträge können allerdings an die Anteilseigner ausgeschüttet werden.

Somit ist seit dem Inkrafttreten des BilMoG auch im Handelsrecht eine Ausschüttung unrealisierter Erträge denkbar, obgleich diese Möglichkeit im Vergleich zur Internationalen Rechnungslegung auf Unternehmen der Finanzdienstleistungsbranche und unter Berücksichtigung der dargestellten Schutzmechanismen eingeschränkt worden ist.

Neben den im letzten Kapitel diskutierten ergebnis- und transparenzorientierten Überlegungen besteht finanzwirtschaftlich somit eine wesentliche Problematik in der dargestellten Möglichkeit einer Ausschüttung der ausgewiesenen unrealisierten Erträge an die Eigenkapitalgeber des Unternehmens.

Hierbei ist insbesondere eine Marktentwicklung analog zu Szenario C relevant, bei der es während der Laufzeit sowohl zu negativen als auch zu positiven Fair Value-Änderungen kommt. Hierdurch entsteht das Risiko, dass zwischenzeitlich ausgeschüttete positive Wertänderungen durch negative Wertänderungen überkompensiert werden.

Konstant steigende Fair Values beider Komponenten bis zur Fälligkeit des Strukturierten Produktes (entsprechend Szenario A) wären insofern unkritisch, da die Summe der während der Laufzeit ausgewiesenen – und unter Umständen ausgeschütteten – unrealisierten Erträge durch eine mindestens betragsgleiche Einnahme am Laufzeitende ausgeglichen wird. Insofern wird der Liquiditätsbe-

---

[374] Vgl. Nguyen/Rohlf (2011), S. 95 f.

stand des Unternehmens bei Betrachtung des gesamten Lebenszyklus des Strukturierten Produktes nicht reduziert. Ebenfalls unkritisch wären konstant sinkende Fair Values beider Komponenten (Szenario B), da es hier grundsätzlich zu keiner Ausschüttung unrealisierter Gewinne kommen kann.

Kritisch wird somit eine Ausschüttung immer dann, wenn während der Laufzeit des Strukturierten Produktes Fair Value-Schwankungen auftreten und sowohl positive als auch negative Ergebnisse auftreten sowie die Realisierung die Summe der zwischenzeitlichen unrealisierten Erträge unterschreitet. Im Folgenden wird daher lediglich Szenario C betrachtet.

Bei getrennter Rechnungslegung bestünde die Möglichkeit bei getrennter Bilanzierung zum einen die Couponzahlungen an die Eigenkapitalgeber auszuschütten, was grundsätzlich als unkritisch zu sehen ist, da diese Beträge vereinnahmt wurden. Auch die Zinsabgrenzung aus der Fortführung der Differenz zwischen Erwerbspreis der Anleihe und ihrem Rückzahlungsbetrag im Rahmen der Effektivzinsmethode ist prinzipiell ausschüttungsfähig, da sie als Zinskorrektiv und damit grundsätzlich als bereits realisiert zu betrachten ist. Kritisch ist allerdings die Ausschüttungsmöglichkeit der Fair Value-Änderungen aus der Optionskomponente.[375] Für die vorangegangene Wertberechnung für INDEX1000 ergäben sich dabei folgende mögliche Maximalausschüttungen (vgl. Tabelle 13):

Im Beispiel wären aus der Optionskomponente per 31.12.2012 946,77 EUR und per 31.12.2013 weitere 1.242,77 EUR zur Ausschüttung qualifiziert, obwohl diese Erträge durch keine Realisierung am Markt gekennzeichnet sind und damit ein entsprechender Mittelzufluss ins Unternehmen fehlt und auch für die Zukunft nicht gesichert ist. Zum 31.12.2014 und 31.12.2015 sind dagegen keine Ausschüttungen möglich, da hier insgesamt ein negatives Periodenergebnis ausgewiesen wird.

---

375 Im Folgenden wird angenommen, dass eine Maximalausschüttung des Periodengewinns vorgenommen wird.

Datum	Vorgänge	Getrennte Bewertung	Einheitliche Bewertung
31.12.2012	Ausschüttung Anleihe	103,86	264,11
	Ausschüttung Option	946,77	946,77
	Ausschüttung Coupon	50,00	50,00
	Ausschüttung Gesamt	1.100,63	1.260,88
	Davon unrealisiert	***946,77***	***1.210,88***
31.12.2013	Ausschüttung Anleihe	105,53	-72,36
	Ausschüttung Option	1.242,47	1.242,47
	Ausschüttung Coupon	50,00	50,00
	Ausschüttung Gesamt	1.398,00	1.220,11
	Davon unrealisiert	***1.242,47***	***1.170,11***
31.12.2014	Ausschüttung Anleihe	107,23	86,76
	Ausschüttung Option	-1.242,35	-1.242,35
	Ausschüttung Coupon	50,00	50,00
	Ausschüttung Gesamt	0	0
	Davon unrealisiert	***0***	***0***
31.12.2015	G/V Anleihe	108,95	147,06
	G/V Option	-2.282,90	-2.282,90
	G/V Gesamt	-2.173,95	-2.135,84
	Realisierung Anleihe	625,57	625,57
	Realisierung Option	1.020,03	1.020,03
	Realisierung Gesamt	1.645,60	1.645,60

Tabelle 13: Maximalausschüttungen aus der Indexanleihe (Szenario C)

Bei isolierter Betrachtung der Optionskomponente, da nur bei dieser Komponente (bei getrennter Rechnungslegung) eine Ausschüttung *unrealisierter* Erträge möglich ist, steht ex-post einer potentiellen Maximalausschüttung unrealisierter Erträge in den beiden Jahren (bis zum 31.12.2013) von 2.189,24 EUR lediglich eine Realisierung zum Fälligkeitszeitpunkt 31.12.2015 von 1.020,03 EUR gegenüber. Bei der Anleihekomponente hingegen fällt durch die Bilanzierung zu fortgeführten Anschaffungskosten kein potentieller Liquiditätsabfluss unrealisierter Ergebnisse an. Durch die Verteilung des Disagios über die Laufzeit des Produktes werden sogar als sicher realisierbar anzusehende Erträge als Stille Reserven im Unternehmen gehalten. Insgesamt entsteht somit im betrachteten Szenario aus der Optionskomponente ein nicht durch entsprechende Realisierung gedeckter Mittelabfluss von 1.169,21[376] EUR. Bei Gesamtbetrachtung beider Komponenten

[376] 2.189,24 – 1.020,03 = 1.169,21

resultiert über die gesamte Laufzeit der Indexanleihe ein Netto-Liquiditätsabgang[377] von 543,64[378] EUR aus der Optionskomponente (im Vergleich zu einer Gesamtrealisierung von 1645,60 EUR).

Etwas höher fällt der Netto-Liquiditätsabgang aus, wenn eine einheitliche Bilanzierung des gesamten Produktes zum Fair Value nach IAS 39 bzw. nach IFRS 9 vorgenommen wird. Neben den unrealisierten Erträgen aus der Optionskomponente, kommen hier weitere unrealisierte und ausschüttungsfähige Zeitwerte von 191,75 EUR hinzu (per 31.12.2012 kommen ausschüttungsfähige Erträge aus der Anleihekomponente von 264,11 EUR hinzu, während per 31.12.2013 die ausschüttungsfähigen Erträge aus der Optionskomponente um -72,36 EUR reduziert werden). Dadurch erhöht sich die Maximalausschüttung aus der Indexanleihe auf 2.380,99 EUR. Diesen Ausschüttungen stehen lediglich realisierte Erträge von 1645,60 EUR (1.020,03 EUR aus der indexabhängigen Zahlung, 200 EUR Zinseinnahmen und 425,57 EUR Disagio) gegenüber. Somit erhöht sich der Netto-Liquiditätsabgang auf 735,39[379] EUR. Je nach Marktbewegung und insbesondere bei einer höheren Schwankungsintensität auf dem Zinsmarkt, entsteht hier durchaus auch das Risiko einer höheren Ausschüttung aus der Zinskomponente, sofern das unrealisierte Ergebnis höher als im Beispiel ausfällt.[380]

Eine Gesamtausschüttung während der Laufzeit, die höher als die Gesamtrealisierung ausfällt, ist grundsätzlich auch bei einer HGB-Bilanzierung nach dem BilMoG möglich, sofern das Finanzinstrument dem Handelsbestand eines Finanzdienstleistungsunternehmens zuzuordnen wäre. Hierbei ist lediglich die Einschränkung zu sehen, dass das Handelsergebnis um einen Risikoabschlag und

---

377 Unter Netto-Liquiditätsabgang wird hier der Liquiditätsabfluss verstanden, der bei einer Rechnungslegung zu Anschaffungskosten als Referenzpunkt nicht ausgeschüttet worden wäre und entspricht somit in der Höhe den unrealisierten Zeitwertänderungen.

378 $2.189{,}24 - 1.645{,}60 = 543{,}64$

379 $2.380{,}99 - 1.645{,}60 = 735{,}39$

380 Obgleich auch eingewendet werden könnte, dass zwischenzeitliche negative Marktwertänderungen als Aufwand in den jeweiligen Perioden eine weitere Ausschüttung einschränken. Dies täuscht aber lediglich darüber hinweg, dass eine Ausschüttung der Erträge nach wie vor möglich ist. Referenz sollte eine entsprechende Realisierung sein.

die Dotierung eines Sonderpostens reduziert werden muss.[381] Darüber hinausgehende Beträge wären allerdings zur Ausschüttung qualifiziert. Bei einer Zuordnung zum Anlagebestand[382] eines Finanzdienstleistungsunternehmens bzw. von Nicht-Finanzdienstleistungsunternehmen würde sich dagegen kein Netto-Liquiditätsabgang ergeben, da das Finanzinstrument zu fortgeführten Anschaffungskosten zu bilanzieren wäre, während das Derivat als schwebendes Geschäft nicht aktiviert würde. Es könnten lediglich realisierte Erträge ausgeschüttet werden. Bei einer konsequenten Anschaffungskostenbilanzierung hätten in den Perioden vor der Realisierung zum 31.12.2012 lediglich 153,86 EUR und zum 31.12.2013 155,53 ausgeschüttet werden können. In 2014 wäre eine Ausschüttung des Zinsergebnis nicht möglich gewesen, da in Höhe der Wertminderung der Optionskomponente eine Rückstellung für drohende Verluste aus schwebenden Geschäften gemäß § 249 Abs. 1 HGB anzusetzen ist.

Aus Sicht eines möglichen Liquiditätsabgangs ist bei Strukturierten Finanzinstrumenten somit eine einheitliche Bilanzierung zum Fair Value die Bilanzierungsweise, die insgesamt zur potentiell höchsten Maximalausschüttung führen kann, da hier sowohl aus der Optionskomponente also auch aus der Anleihekomponente die entsprechenden Zeitwertänderungen ausgeschüttet werden. Bei einer getrennten Bilanzierung reduziert sich das "Ausschüttungsrisiko" auf die Zeitwertänderungen der Optionskomponente.

Insgesamt betrachtet kommt es somit, im Vergleich zu den im letzten Kapitel dargestellten Effekten (insbesondere potentiell erhöhte Ergebnisvolatilität und niedrigere Risikotransparenz), zu einer Verlagerung der finanzwirtschaftlichen Effekte auf die Ebene des Zahlungsmittelbestandes des Unternehmens, was als wesentlich kritischer anzusehen ist. Die Ergebniseffekte aus Kapitel III.A.2 können dabei als lediglich temporäre bilanzielle Verwerfungen klassifiziert werden. Zwischenzeitliche Gewinne oder Verluste des Strukturierten Produktes regulieren sich letztlich über die tatsächliche Realisierung (periodenübergreifend) zum finanzwirtschaftlich korrekten Gesamtgewinn.

---

381 Vgl. Kapitel II.C.3.

382 Dem Anlagebestand werden entsprechend alle Finanzinstrumente zugeordnet, die nicht einer kurzfristigen Gewinnrealisierung dienen.

Dagegen sind die dargestellten Liquiditätseffekte als dauerhaft anzusehen. Kritisch ist der Mittelabgang insbesondere dann, wenn die potentielle zwischenzeitliche Ausschüttung wesentlich höher ausfällt als jener Betrag, der tatsächlich bis zur Fälligkeit realisiert wird. D.h., die tatsächliche Ausschüttung übersteigt die wirtschaftlich zulässige Maximalausschüttung; es kommt mithin zu einer Vermögensminderung beim Unternehmen.

Sofern dieser Liquiditätsabfluss nicht durch eine tatsächliche Realisierung gedeckt werden kann, entsteht für das Unternehmen eine entsprechende Liquiditätslücke bzw. Substanzverlust.[383] Insgesamt wären hier drei Zustände nach einer Ausschüttung denkbar:

Zustand 1: Liquidität sinkt (*Innenfinanzierung der Ausschüttung*): Dieser Zustand tritt dann ein, falls der Mittelbestand *nach* Ausschüttung sowie Berücksichtigung weiter Zahlungsverpflichtungen des Unternehmens positiv ist. Hierdurch können in späteren Perioden finanzwirtschaftliche Folgeeffekte durch einen geringeren Investitionsspielraum und damit Opportunitätskosten entstehen, sofern das Unternehmen vorteilhafte Investitionsmöglichkeiten hätte.

Zustand 2: Refinanzierung (*Aussenfinanzierung der Ausschüttung*): Hierzu kommt es, falls der Mittelbestand *nach* Ausschüttung sowie Berücksichtigung weiterer Zahlungsverpflichtungen des Unternehmens negativ ist und Refinanzierungsmöglichkeiten bestehen. Hierbei kann bei einem entsprechenden Liquiditätsbedarf in späteren Perioden die Problematik resultieren, dass die ausgeschütteten Mittel refinanziert werden müssten. Das Unternehmen wird durch entsprechende Kapitalkosten (für Fremd- oder Eigenkapital) belastet.

Zustand 3: Insolvenz, falls der Mittelbestand *nach* Ausschüttung sowie Berücksichtigung weiter Zahlungsverpflichtungen des Unternehmens negativ ist und keine Refinanzierungsmöglichkeiten existieren. So regelt §17 der

383 So auch Küting/Lauer (2013), S. 1191.

Insolvenzordnung (InsO) die Zahlungsunfähigkeit – neben der Überschuldung – als Grund für die Eröffnung eines Insolvenzverfahrens.[384]

Neben dem bereits dargestellten Liquiditätsabfluss durch Ausschüttung an die Eigenkapitalgeber, können allerdings weitere liquiditätswirksame Effekte durch den Ausweis unrealisierter Gewinne resultieren. Dies gilt prinzipiell für alle Zahlungen, die auf Basis des bilanziellen Gewinns abgeleitet werden. Hierbei sind im Wesentlichen variable Zahlungen des Unternehmens an das Management, an die Mitarbeiter sowie an den Fiskus zu nennen:

So kann es zu einem weiteren Liquiditätsabfluss kommen, sofern die Berechnung des variablen Anteils der Führungskräfte an den bilanziellen Gewinn anknüpft. Da eine Beteiligung des Managements an einer schlechteren Unternehmensperformance in späteren Perioden i.d.R. nicht vorgesehen ist, kommt es zu einem nachhaltigen Mittelabfluss.[385] Hierbei besteht sogar das wesentliche Risiko, dass das Management bei der Bilanzierung einen Anreiz hat, sich opportunistisch zu verhalten und möglichst kurzfristige Bewertungsgewinne auszuweisen.[386]

Auch Tarifforderungen seitens der Mitarbeiter bzw. Gewerkschaften werden häufig mit Gewinnsteigerungen der Unternehmen begründet. Eine Anpassung der vereinbarten Erhöhungen in späteren Perioden mit einer schlechteren Unternehmensperformance sind ebenfalls kaum durchführbar, sodass es hier grundsätzlich ebenfalls zu einem nachhaltigen Liquiditätsabfluss kommen kann.[387]

Darüber hinaus können auch Steuerzahlungen an den Fiskus auf Basis unrealisierter Gewinne zu liquiditätswirksamen Effekten führen.[388] Für die Steuerbemessung ist stets der Einzelabschluss bzw. die Steuerbilanz maßgeblich. Für Deutschland bedeutet dies, dass Kredit- und Finanzdienstleistungsinstitute Finanzinstrumente

---

384 §17 Abs. 1 InsO: "Allgemeiner Eröffnungsgrund ist die Zahlungsunfähigkeit." sowie §17 Abs. 2 InsO: "Der Schuldner ist zahlungsunfähig, wenn er nicht in der Lage ist, die fälligen Zahlungsverpflichtungen zu erfüllen.".

385 Vgl. Pellens/Crasselt/Sellhorn (2009), S. 109, Küting/Lauer (2013), S. 1191.

386 Vgl. Wulfert/Wieske (2011), S. 116, Wagenhofer/Ewert (2007), S. 171., Küting/Lauer (2009), S. 550 f., S. 556, Küting/Lauer (2013), S. 1191.

387 Vgl. Pellens/Crasselt/Sellhorn (2009), S. 110.

388 Vgl. Küting/Lauer (2013), S. 1191.

des Handelsbestands mit dem beizulegenden Zeitwert abzüglich eines Risikoabschlags im Konzern- und Einzelabschluss zu bewerten haben. Ein weiterer Risikopuffer stellt die Dotierung des Sonderpostens "Fonds für allgemeine Bankrisiken" nach § 340g HGB aus den Nettoerträgen des Handelsbestands (§ 340e Abs. 3, 4 HGB, Art. 66 Abs. 3 S. 1 und S. 6 EGHGB) dar. Der um Risikoabschlag und Sonderposten reduzierte beizulegende Zeitwert kann damit auch in die Steuerbilanz übernommen werden.[389] Bei der erstmaligen Berücksichtigung des beizulegenden Zeitwertes in der Steuerbilanz kann gemäß § 52 Abs. 16 S. 10 EStG für die Hälfte des Handelsgewinns eine Gewinn mindernde Rücklage gebildet werden, die im folgenden Geschäftsjahr Gewinn erhöhend aufzulösen ist.[390] Aufwendungen und Erträge aus der Dotierung des Sonderpostens gem. § 340g HGB stellen allerdings keine Betriebsausgaben oder steuerpflichtigen Erträge dar.[391]

Zumindest für in Deutschland ansässige Unternehmen, selbst wenn sie nach Internationaler Rechnungslegung bilanzieren sollten, vollzieht sich die steuerliche Gewinnermittlung derzeit auf Basis eines HGB-Abschlusses, wobei beizulegende Zeitwerte aus Finanzinstrumenten keine Berücksichtigung finden. Langfristig wird allerdings von der Europäischen Kommission eine europaweit einheitliche Besteuerung im Konzern angestrebt. Dieser unter der Bezeichnung Common Consolidated Corporate Tax Base (CCCTB) bzw. Gemeinsame Konsolidierte Körperschaftsteuer-Bemessungsgrundlage (GKKB) diskutierte Richtlinien-Vorschlag der EU-Kommission[392] sieht vor, dass EU-weit einheitliche Vorgaben für die Bemessung des zu versteuernden Einkommens und einer Konsolidierung der Einzelergebnisse (unter Durchführung von Zwischenergebniseliminierungen) zu einem Gesamtkonzern-Ergebnis herrschen; dieses Gesamtergebnis würde dann für

---

389 Vgl. Förster/Schmidtmann (2009), S. 1342. Eine Ausnahme stellen lediglich Finanzinstrumente dar, die eine Bewertungseinheit bilden.

390 Vgl. Förster/Schmidtmann (2009), S. 1342.

391 Vgl. Förster/Schmidtmann (2009), S. 1342.

392 Vgl. European Commission (2011). Vorschlag für eine Richtlinie des Rates über eine Gemeinsame konsolidierte Körperschaftsteuer-Bemessungsgrundlage (GKKB), KOM (2011) 121/4.

die Steuerbemessung auf die einzelnen Einheiten aufgeschlüsselt werden.[393] Besonders kritisch wäre im Kontext dieser Arbeit die Vereinheitlichung der Bemessungsgrundlage zu sehen, sofern sie auch unrealisierte Fair Values enthält, wie sie zuletzt auch im Rahmen des BilMoG Einzug in die handelsrechtliche Rechnungslegung erhalten hat. Hier besteht grundsätzlich die Problematik, dass bei einer Besteuerung unrealisierter Gewinne vorhandene Liquidität "(vor)finanziert" werden müsste, wodurch in der Zukunft bspw. ein geringeres Investitionspotential bzw. ein geringerer Verschuldungsspielraum resultiert.[394] Im Ergebnis besteht daher das Risiko einer Schädigung der finanzwirtschaftlichen Position des Unternehmens, insbesondere wenn eine Refinanzierung des Liquiditätsabflusses in späteren Perioden nicht oder nur zu unverhältnismäßig hohen Kosten möglich sein sollte.

Letztlich können die in Kapitel III.A.2 festgestellten temporären Verwerfungen durch den Ausweis von Fair Value-Ergebnissen in dauerhafte und liquiditätswirksame Effekte umschlagen. Dies gilt dabei sowohl für die Internationale Rechnungslegung als auch für die Rechnungslegung nach deutschem Handelsrecht.

B. Informationstheoretische Einordnung der Bilanzierungspraxis

1. Informationsinteressen der Bilanzierungsadressaten

Als eine der zentralen Zwecke der Rechnungslegung wird die Informationsfunktion angesehen. Insbesondere in der Internationalen Rechnungslegung wird regelmäßig die Stärkung dieser Funktion und die Vermittlung entscheidungsnützlicher Informationen als wesentlicher Vorteil gegenüber der vorsichtsgeprägten kontinentaleuropäischen Rechnungslegungssysteme hervorgehoben. Allerdings wird auch im Handelsrecht unter § 264 Abs. 2 HGB die Informationsfunktion als eine wesentliche Aufgabe des Jahresabschlusses ge-

393 Vgl. hierzu Herzig/Stock (2011), S. 476 f. sowie Kahle/Schulz (2011).

394 Vgl. Kahle/Schulz (2011), S. 457.

nannt. Dabei sind die Begriffe Informationsfunktion und Entscheidungsnützlichkeit weder selbsterklärend noch allgemeingültig. Zu klären ist auch, wer überhaupt die wesentlichen Adressaten eines Jahresabschlusses sind, welche Informationsbedürfnisse die Adressaten jeweils haben und inwieweit sich diese Informationsbedürfnisse decken bzw. in welchem Verhältnis sie zueinander stehen.

Als Basis einer Ableitung zweckmäßiger Bilanzierungsgrundsätze für Strukturierte Finanzinstrumente zur Auflösung der festgestellten negativen Effekte sollen daher die Informationsbedürfnisse der wesentlichen Interessengruppen des Unternehmens sein.

Die wesentlichen Interessengruppen eines Unternehmens lassen sich grob in drei Gruppen untergliedern (vgl. Abbildung 12).

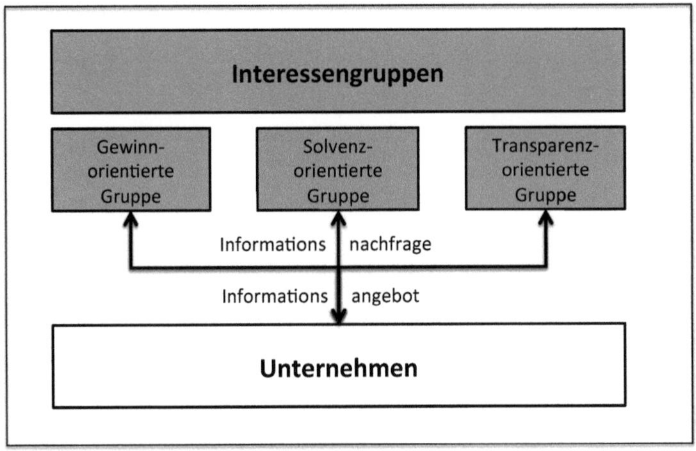

Abbildung 12: Informationsinteressen bei der Bilanzierung[395]

Die einzelnen Gruppen haben entsprechend ihrer spezifischen Interessen unterschiedliche Erwartungshaltungen an das Rechnungslegungswerk des

[395] Eigene Darstellung.

Unternehmens, wobei sich die einzelnen Interessen überschneiden können, teilweise allerdings auch in Konkurrenz zueinander stehen.[396] Zudem unterscheiden sich sowohl die einzelnen Gruppen als auch die Parteien innerhalb der Gruppen teilweise wesentlich in Bezug auf Rechte und Sanktionsmöglichkeiten.[397] Für die Zwecke dieser Arbeit ist die Aufteilung der Stakeholder in die drei nachfolgend dargestellten Interessengruppen allerdings im Ergebnis ausreichend homogen und zweckmäßig.

Die erste Gruppe umfasst alle Stakeholder, die insbesondere ein Interesse an finanzwirtschaftlichen Zahlungen des Unternehmens auf Basis bestimmter Erfolgskennzahlen haben. Hierzu zählen insbesondere die Eigenkapitalgeber, das Management sowie der Fiskus. Diese Gruppe von Stakeholdern partizipiert am Unternehmenserfolg. Im Folgenden wird diese Gruppe daher vereinfachend als "gewinnorientierte Gruppe" zusammengefasst. Für diese Gruppe besteht der Hauptzweck der Rechnungslegung aus informationstheoretischer Sicht in der Vermittlung von Informationen über das Ausschüttungspotential und in der Erfüllung der Zahlungsbemessungsfunktion sowie der Rechenschaftsfunktion des Managements gegenüber den Eigenkapitalgebern. Insofern kann für die gewinnorientierte Gruppe festgestellt werden, dass sie grundsätzlich am Ausweis eines möglichst hohen Ergebnisses und einer entsprechend hohen Ausschüttung durch das Unternehmen interessiert ist.[398] Dies bedeutet allerdings nicht, dass andere Ziele vernachlässigt werden können. Vielmehr wird als Nebenbedingung die Sicherung der Solvenz und der Existenz des Unternehmens angenommen, um auch in Zukunft ausschüttungsfähige Erfolge generieren zu können.

Die zweite Gruppe umfasst alle Parteien, die an der operativen Leistungsfähigkeit und an der nachhaltigen Solvenz des Unternehmens interessiert sind. Zu dieser Gruppe zählen insbesondere Fremdkapitalgeber, Lieferanten, Kunden und der Mitarbeiterstamm, der nicht dem Management zuzuordnen ist. Diese Gruppe ist in

---

396 Vgl. Küting/Weber (2012), S. 35.

397 Vgl. Küting/Weber (2012), S. 35.

398 Allerdings lässt sich auch die gewinnorientierte Gruppe (insbesondere bei den Eigenkapitalgebern) noch mal untergliedern in kurzfristig und langfristig orientierte Untergruppen, abhängig davon inwieweit der nachhaltige Unternehmenserfolg eine Rolle spielt. Vgl. Coenenberg/Haller/Schultze (2012), S. 17.

erster Linie an der Erfüllung der vertraglich vereinbarten Konditionen interessiert (bspw. Begleichung offener Lieferantenrechnungen, Zahlung der Löhne und Gehälter oder Zahlung der vereinbarten Zins- und Tilgungsleistungen). Eine signifikante Beteiligung am Unternehmenserfolg steht hier nicht im Vordergrund.[399] Diese Gruppe wird entsprechend als "solvenzorientierte Gruppe" zusammengefasst. Für diese Interessengruppe besteht der Hauptzweck der Rechnungslegung aus informationstheoretischer Sicht in der Vermittlung von Informationen über das Haftungspotential des Unternehmens sowie der Fähigkeit zur Erzielung eines nachhaltigen Erfolgs. Insofern wäre diese Gruppe eher an einer vorsichtigen Bewertung und Bilanzierung und dem Ausweis eines möglichst geringen ausschüttungsfähigen Gewinns zur Sicherung von Haftungsmasse und Liquidität interessiert.

Zu der dritten Gruppe zählen alle unternehmensexternen Parteien, die an Informationen des Unternehmens interessiert sind oder durch ihr Wirken die Meinungsbildung über das Unternehmen beeinflussen können, ohne aber direkt von Zahlungen durch das Unternehmen betroffen zu sein. Hier sind insbesondere Finanzanalysten, Presse und die allgemeine Öffentlichkeit zu nennen.[400] Diese Gruppe wird weniger finanzwirtschaftlich durch das Unternehmen beeinflusst. Vielmehr ist diese Gruppe im Rahmen der Rechnungslegung – nicht zuletzt aufgrund begrenzter Kapazitäten, Know-how und Zugang zu sonstigen Informationen – an einer möglichst einfachen und transparenten Darstellung der Vermögens-, Finanz-, und Ertragslage des Unternehmens interessiert. Daher wird diese Interessenträger im Rahmen dieser Arbeit als transparenzorientierte Gruppe zusammengefasst.

Eine Bilanzierung von Strukturierten Produkten mit unterschiedlichen Marktpreisrisiken würde einer transparenten Darstellung nicht gerecht werden, da die Risikostruktur nicht unmittelbar ersichtlich ist und eine gegenseitige Kompensation zu einer intransparenten Darstellung führt. Das Interesse an einer

---

399 Ausnahmen wären bspw. die Zahlung von Boni an die Belegschaft, die aber im Ermessen des Unternehmens stehen und daher an dieser Stelle ausgeklammert werden.

400 Vgl. Küting/Weber (2012), S. 35. Dies gilt zumindest für alle Unternehmen, denen die unternehmensexternen Parteien aufgrund ihrer Größe oder Geschäftstätigkeit eine besondere volkswirtschaftliche Bedeutung beimessen. Vgl. Coenenberg/Haller/Schultze (2012), S. 16.

größtmöglichen Transparenz würde auch für die beiden erstgenannten Gruppen gelten, wobei sie dort allerdings eher zur Validierung dienen würde, inwieweit das Unternehmen im Sinne der eigenen Gruppe bilanziert und offenlegt.

Teilweise wird in der Literatur der Ausschluss bestimmter Stakeholder des Unternehmens als Adressaten der Rechnungslegung gefordert, da dadurch die Interessendivergenz weiter verschärft wird. So wird bspw. der Einbezug von Finanzanalysten und Kunden als Stakeholder ohne besondere gesetzlich fixierte Informationsansprüche in die Gruppe der Rechnungslegungsadressaten abgelehnt.[401] Prinzipiell sollen somit nur Besitzer finanzieller Ansprüche bzw. Interessen als Adressaten der Rechnungslegung gelten.[402] Hierbei ist allerdings einzuwenden, dass eine genaue Abgrenzung oftmals schwierig ist. Auch Kunden oder andere Stakeholder können insoweit finanzielle Interessen am Unternehmen haben, bspw. wenn sie als potentielle Kapitalgeber angesehen werden oder Schadenersatzansprüche geltend machen. Weiterhin sind auch solche Gruppen (speziell Finanzanalysten) dahingehend relevant, dass sie dazu geeignet sind, die Meinungsbildung der anderen Gruppen zu beeinflussen. Im Ergebnis ist eine solche Einschränkung in praktischer Hinsicht zumindest fragwürdig. Daher soll im Rahmen dieser Arbeit der Adressatenkreis weiter gefasst werden.

Trotz der festgestellten grundsätzlichen Interessendivergenz kann insgesamt festgehalten werden, dass alle genannten Stakeholder an einem aussagekräftigen und nachhaltigen Unternehmenserfolg interessiert sind.[403] Somit sollte aus dieser informationstheoretischen Sicht auch im Rahmen der Rechnungslegung der Ausweis eines nachhaltig erzielbaren Erfolgs im Vordergrund stehen.

---

401 Vgl. Kalk (2008), S. 20, Ballwieser (2002), S. 115 f.

402 Vgl. Kalk (2008), S. 20, Ballwieser (2002), S. 115 f.

403 Als aussagefähig kann ein Unternehmenserfolg insbesondere dann angesehen werden, wenn er zur Extrapolation und Erwartungsbildung über zukünftige Sachverhalte (z.B. Höhe zukünftiger Erfolge, Kredittilgungsfähigkeit) geeignet ist. Vgl. Ballwieser (2001), S. 160 f.

2. Asymmetrische Ergebnisantizipation und mangelnde "Marktinformationen" im Handelsrecht

Eine transparente Darstellung der Unternehmenslage lässt sich im Handelsrecht insbesondere über die Informationsfunktion des Jahresabschlusses begründen. Diese Informationsfunktion wird in der Generalnorm des § 238 Abs. 1 HGB dahin gehend zum Ausdruck gebracht, dass die Buchführung "einem sachverständigen Dritten innerhalb angemessener Zeit einen Überblick über die Geschäftsvorfälle und über die Lage des Unternehmens vermitteln kann". Eine Informationsfunktion des handelsrechtlichen Jahresabschlusses lässt sich indes auch aus dem nur für Kapitalgesellschaften und haftungsbeschränkte Personengesellschaften geltenden § 264 Abs. 2 HGB ableiten, nach dem der Jahresabschluss "... ein den tatsächlichen Verhältnissen entsprechendes Bild der Vermögens-, Finanz- und Ertragslage" vermitteln muss, wobei allerdings keine präzise Zielvorstellung über die Vermögensdarstellung gegeben wird.[404] Aufgrund der unterschiedlichen und z.T. gegensätzlichen Informationsinteressen versucht das Handelsrecht zunächst einen Ausgleich zu finden, indem nur objektiv nachprüfbare und weitgehend vergangenheitsorientierte Informationen in den Abschluss einbezogen werden (Objektivierungsgrundsatz).[405]

Somit orientiert sich die Informationsfunktion im Handelsrecht, im Gegensatz zur Internationalen Rechnungslegung weniger einseitig an den Interessen des Kapitalmarkts und wird zudem durch wesentliche übergeordnete Prinzipien eingeschränkt.

Eine der wichtigsten Prinzipien ist dabei das in den Grundsätzen ordnungsmäßiger Buchführung (GoB) festgeschriebene Vorsichtsprinzip, wonach der Bilanzierende gem. § 252 Abs. 1 Nr. 4 HGB den Wert seiner Vermögensgegenstände und Schulden vorsichtig zu bewerten hat. Zudem sollten alle vorhersehbaren Risiken und Verluste im Jahresabschluss Berücksichtigung finden. Weiterhin dürfen Vermögensgegenstände, die noch nicht am Markt abgesetzt sind, höchstens mit

---

404 Vgl. Baetge/Kirsch/Thiele (2011a), S. 95, Coenenberg/Haller/Schultze (2012), S. 17.

405 Vgl. Coenenberg/Haller/Schultze (2012), S. 17 f.

ihren Herstellungs- bzw. Anschaffungskosten angesetzt werden. Dieses Herstellungs- bzw. Anschaffungskostenprinzip ist explizit auch in § 253 Abs. 1 S. 1 geregelt.

Für die Bilanzierung Strukturierter Produkte sind diese Bilanzierungsgrundsätze von zentraler Bedeutung. Diese sind ebenfalls sowohl im Anlage- als auch im Umlaufvermögen grundsätzlich mit ihren Anschaffungskosten (inklusive Anschaffungsnebenkosten bzw. Transaktionskosten) zu bilanzieren.[406] Die Anschaffungskosten stellen gleichzeitig die absolute Wertobergrenze dar. Eingebettete Derivate sind nach einer Trennung vom Basisvertrag als schwebende Geschäfte nicht bilanzierungsfähig. Lediglich bereits gezahlte Optionsprämien oder Margins dürfen bilanziert werden. Allerdings sind für erwartete Verluste gemäß entsprechende Drohverlustrückstellungen für schwebende Geschäfte zu bilden.

Hierdurch wird zum Einen der Ausweis unrealisierter Gewinne verhindert.[407] Zum Anderen werden Verluste nicht erst in der GuV berücksichtigt, wenn sie durch Leistungserbringung realisiert wurden, sondern bereits dann, wenn sie hinreichend wahrscheinlich sind.[408]

Diese Grundprinzipien führen somit grundsätzlich zu einer Unterbewertung der Komponenten Strukturierter Produkte und damit auch zu einer Unterbewertung des Gesamtproduktes. Mögliche Ausschüttungen, welche aus Wertsteigerungen des Strukturierten Produktes resultieren, werden mithin auf Zeitpunkte verschoben, in denen diese Wertbeiträge tatsächlich realisiert werden, während negative Wertbeiträge frühzeitig antizipiert und erfasst werden.[409] Auf diese Weise wird durch das Realisations- und Imparitätsprinzip eine Mindest-Haftungsmasse des Unternehmens erhalten und die Ansprüche der Gläubiger sicherer gemacht.[410]

Im Ergebnis dominiert im Handelsrecht somit die Ausrichtung an die Informationsinteressen der solvenzorientierten Interessengruppe (speziell der

---

406 Vgl. § 253 Abs. 1 HGB.

407 Vgl. Baetge/Kirsch/Thiele (2011a), S. 129.

408 § 252 Abs. 1 Nr. 4 HGB. Vgl. hierzu auch Coenenberg/Haller/Schultze (2009), S. 43.

409 Vgl. Wielenberg (2009), S. 3.

410 Vgl. Wielenberg (2009), S. 3.

Gläubiger). Dieser institutionelle Gläubigerschutz durch bilanzielle Kapitalerhaltung beruht auf der traditionell in Deutschland dominierenden Fremdkapital- bzw. Kreditfinanzierung von Unternehmen, wohingegen in angelsächsischen Ländern die Eigenkapitalfinanzierung bevorzugt wird.[411]

Allerdings ist der Vorteil der handelsrechtlichen Bilanzierung (aus Sicht der Gläubiger) gleichzeitig auch einer ihrer Hauptnachteile: Durch die unterschiedliche Behandlung erwarteter Aufwendungen und Erträge sind die im handelsrechtlichen Jahresabschluss vermittelten Informationen in Bezug auf die Vermögens-, Finanz-, und Ertragslage sowie der Chancen und Risiken des Unternehmens asymmetrisch.[412] Bei einer gegenläufigen Wertentwicklung der Komponenten Strukturierter Produkte würden somit lediglich die negativen Wertänderungen bilanziell erfasst, während positive Wertänderungen ignoriert werden.[413]

Im Ergebnis kommt es somit nicht nur zu einem gläubigerschützenden Effekt durch eine Unterbewertung der Vermögensgegenstände, sondern auch zu einer aus informationstheoretischer Sicht unvollständigen bzw. sogar unzutreffenden Darstellung der Unternehmenslage.

Dies resultiert insbesondere durch das Festhalten an einer Bewertung zu historischen (bzw. fortgeführten) Anschaffungskosten, die gleichzeitig auch die Wertobergrenze darstellen. Dadurch gehen im Jahresabschluss insbesondere wichtige Informationen bezüglich der Marktentwicklung und der Chancen- und Risikostruktur des Unternehmens verloren.

Diese Grundprinzipien werden allerdings durch das BilMoG teilweise aufgehoben, indem für Kredit- und Finanzdienstleistungsinstitute eine Zeitwertbilanzierung für Finanzinstrumente des Handelsbestands vorgeschrieben wird. Zusätzlich sind seit dem BilMoG auch Derivate zu bilanzieren, die bislang als schwebende Geschäfte einem Aktivierungsverbot unterlagen. Erworbene Optionen sind hierbei

[411] Vgl. Coenenberg/Haller/Schultze (2012), S. 18 f.

[412] Vgl. Kußmaul/Weiler (2009a), S. 166.

[413] Zwar sind für die nicht zum beizulegenden Zeitwert bilanzierten derivativen Finanzinstrumente die Zeitwerte gemäß § 285 S. 1 Nr. 19 HGB im Anhang darzustellen, allerdings gilt dies nicht für die Anleihekomponente. Darüber hinaus können diese Angaben gemäß § 288 Abs. 1 HGB bei kleinen Kapitalgesellschaften entfallen. Insofern kann es hier gleichwohl zu einer asymmetrischen Darstellung der Risikostruktur kommen.

als nicht abnutzbare, immaterielle Vermögensgegenstände in Höhe der gezahlten Optionsprämie unter den sonstigen Vermögensgegenständen zu erfassen.

Dies bedeutet allerdings nicht nur eine Aufwertung der Informationsfunktion des handelsrechtlichen Jahresabschlusses durch die Vermittlung zusätzlicher (Zeitwert-)Informationen, sondern gleichzeitig auch eine Abkehr von den Grundsätzen ordnungsmäßiger Buchführung des deutschen Handelsrechts, da das Anschaffungskostenprinzip als Ausprägung des Realisationsprinzips keine Gültigkeit mehr hat.[414] Durch die Zeitwertbilanzierung rücken gleich fünf zentrale Grundsätze des Handelsrechts in den Hintergrund:[415]

- Das *Anschaffungskostenprinzip* ist durch die Möglichkeit einer Fair Value-Bewertung nicht mehr einziger Bewertungsmaßstab
- Die Bewertung von Finanzinstrumenten erfüllt nicht mehr vollständig die Anforderungen an eine vorsichtige Bilanzierung entsprechend dem *Vorsichtsprinzip*
- Das *Realisationsprinzip* wird für die zum Fair Value bilanzierten Finanzinstrumente außer Kraft gesetzt
- Die symmetrische Erfassung von erwarteten Aufwendungen und Erträgen entspricht nicht dem *Imparitätsprinzip*
- Das Gebot der *Nicht-Bilanzierung schwebender Geschäfte* wird teilweise aufgehoben

Durch das BilMoG wird offenkundig ein erster Versuch unternommen, einen Ausgleich zwischen der Erfüllung der Informationsfunktion der Rechnungslegung durch Vermittlung marktbasierter Informationen und einer gläubigerschützenden Ausschüttungsbegrenzung (durch Beschränkung der Ausschüttung des Handelsergebnisses und der Dotierung des Sonderpostens) in einem Abschluss zu vollziehen. Aus Sicht des Gesetzgebers besteht der besondere Vorteil der Zeitbewertung – neben der Annäherung an die Internationale Rechnungslegung –

---

414 Vgl. Kußmaul/Weiler (2009a), S. 163.

415 Vgl. zu den folgenden Punkten Kußmaul/Weiler (2009a), S. 163, S. 167, Nguyen (2009), S. 231 f., Nguyen/Rohlf (2011), S. 100, Jessen/Haaker (2013), S. 1620 f.

in der Aufdeckung stiller Reserven der Unternehmen, wodurch eine bessere Erfüllung der Informationsfunktion resultieren soll.[416]

Dennoch bleibt zu kritisieren, dass eine Ausschüttung unrealisierter Gewinne – trotz Risikoabschlag – grundsätzlich möglich ist.

Zwar wurde die Fair Value-Bilanzierung für Finanzinstrumente auf den Handelsbestand von Finanzdienstleistungsunternehmen beschränkt; mittelfristig könnte es aber dennoch – allein schon aus Konsistenzgründen und zur Erhöhung der Vergleichbarkeit der Jahresabschlüsse – zu einer Ausweitung der Fair Value-Bewertung kommen..[417]

3. Kritische Annahmen der Fair Value-Bilanzierung

Rechnungslegungszweck der IAS/IFRS ist gemäß F.12 und F.26 die Vermittlung von relevanten "Informationen über die Vermögens-, Finanz- und Ertragslage und die Cashflows sowie Veränderungen in der Vermögens- und Finanzlage eines Unternehmens" an die Adressaten der Rechnungslegung.

Als relevante Adressaten der IFRS-Rechnungslegung werden dabei im Framework unter F.9 insbesondere die Interessengruppen derzeitige und potentielle Investoren, Kreditgeber, Arbeitnehmer, Lieferanten und sonstige Kreditoren, Regierungen, öffentliche Verwaltungen und die interessierte Öffentlichkeit genannt. Allerdings wird dort auch die Annahme aufgestellt, dass die Informationsbedürfnisse der Risikokapitalgeber eines Unternehmens als repräsentativ für die Informationsbedürfnisse der meisten anderen Abschlussadressaten anzusehen sind.[418]

---

416 Vgl. Velte (2008), S. 72.

417 Die umfassende Fair Value-Bilanzierung für Finanzinstrumente des Handelsbestands war zunächst im Regierungsentwurf vorgesehen, wurde allerdings vor dem Inkrafttreten auf Finanzdienstleistungsunternehmen beschränkt. Vgl. Nguyen/Rohlf (2011), S. 94.

418 Vgl. IFRS-Framework, F.10. Allerdings sei an dieser Stelle darauf hingewiesen, dass es auch unter den Risikokapitalgebern durchaus heterogenen Informationsbedarf geben kann, da sich Risikokapitalgeber durchaus hinsichtlich Risikoneigung, Professionalität, Informationszugang sowie Kapazitäten und Know-how zur Informationsverarbeitung teilweise erheblich unterscheiden können. So auch Küting/Kaiser (2010), S. 379.

Für die Erreichung des oben genannten Rechnungslegungszwecks wird in der internationalen Rechnungslegung der Fair Value als überlegener Wertmaßstab angesehen. Dies zeigt sich insbesondere deutlich in der Bezeichnung "*Fair* Value", die suggeriert, dass alle anderen Bewertungsmaßstäbe nicht in gleichem Maße fair seien.[419] Konkret heißt es dazu in einem 2008 vom IASB veröffentlichten Artikel: "... fair value seems to be the only measure appropriate for all types of financial instruments."[420]

Der Fair Value ist dabei zunächst einmal ganz allgemein ein ökonomischer Wert, der den Vergleich wirtschaftlicher Alternativen widerspiegelt.[421] In einem System von vollkommenen und vollständigen Märkten ist ein solcher Wert definiert als aktueller Marktpreis bzw. als Barwert der zukünftigen Cashflows.[422] Durch diese Ausrichtung an marktnahe Zeitwerte wird der Internationalen Rechnungslegung meist eine bessere Eignung zugesprochen, aktuellen und potentiellen Investoren Informationen über zukünftig zufließende Cashflows zu vermitteln, mithin "entscheidungsnützlicher" zu sein als eine an historischen Anschaffungskosten orientierte Bilanzierung.[423] Entscheidungsnützlich bedeutet in diesem Zusammenhang insbesondere, dass den Investoren Informationen zur Verfügung gestellt werden, die sie bei Preisbildung und Kapitalallokation benötigen.[424]

Der besondere Vorteil von Fair Values soll in einer höheren Objektivität durch die Integration der Erwartungen und der Preisvorstellungen der Marktteilnehmer liegen und damit dem Management weniger Spielraum in der Bewertung der Finanzinstrumente lassen.[425] Dadurch werden insbesondere Risiken und Über-

---

419 Vgl. Ballwieser/Küting/Schildbach (2004), S. 530.

420 IASB (2008a), S. 20.

421 Vgl. Hitz (2006), S. 109.

422 Vgl. Hitz (2006), S. 109.

423 Vgl. Kußmaul/Weiler (2009a), S. 163.

424 Vgl. Schildbach (2009), S. 582.

425 Vgl. Jakobus/Papa (2009), S. 541.

bzw. Unterbewertungen transparent, die bei einer Bewertung zu historischen Anschaffungskosten nicht ersichtlich werden.[426]

Insgesamt soll der Fair Value somit ein besserer Maßstab zur Annäherung an den wirtschaftlichen Wert von Finanzinstrumenten und anderen Vermögensgegenständen sein.[427]

Tatsächlich ist eine solche Zeitbewertung in der Theorie dazu geeignet, die Bilanzleser mit aktuellen und realitätsnäheren Informationen zu versorgen.[428] Allerdings ist die Aussagekraft von Fair Values an weitreichende Voraussetzungen und Annahmen geknüpft. Im Mittelpunkt steht dabei der Grundgedanke, dass der Fair Value einen unternehmensunabhängigen Marktpreis auf vollkommenen und vollständigen Kapital- und Gütermärkten widerspiegelt.[429] In einem solchen System vollständiger Information verliert allerdings auch die Rechnungslegung als Informationsinstrument ihre Relevanz.[430]

Um diese theoretische und realitätsferne Idealvorstellung des Fair Values auf die praktischen Gegebenheiten bei den einzelnen Bewertungsgegenständen anzupassen, wird der Fair Value in den IAS/IFRS-Standards als derjenige Betrag definiert, "zu dem zwischen sachverständigen, vertragswilligen und voneinander unabhängigen Geschäftspartnern ein Vermögenswert getauscht oder eine Schuld beglichen werden könnte".[431] Die Ermittlung von Fair Values erfolgt in der Internationalen Rechnungslegung aufgrund eines dreistufigen Konzeptes: In erster Instanz sind Marktpreise für den zu bewertenden Vermögensgegenstand heranzuziehen (mark to market). Sind keine Marktpreis feststellbar, sollen in zweiter Instanz die Marktpreise von Vermögensgegenständen herangezogen werden, die dem Bewertungsgegenstand bezüglich der wertbildenden Faktoren äh-

---

426 Als Beispiel wird oftmals die Subprime-Krise angeführt, in der erst die Fair Value-Bilanzierung durch die Neubewertung zu einer Marktkorrektur geführt hat. Vgl. Jakobus/Papa (2009), S. 541. Eine Mitschuld der Fair Value-Bilanzierung an der Finanzmarktkrise führen allerdings bspw. Gilgenberg/Weiss (2009) aus.

427 Vgl. Jakobus/Papa (2009), S. 541.

428 Vgl. Kußmaul/Weiler (2009a), S. 165.

429 Vgl. Kußmaul/Weiler (2009a), S. 166, Ballwieser/Küting/Schildbach (2004), S. 530.

430 Vgl. Hitz (2006), S. 109, Kirchner (2006), S. 68.

431 IAS 39.9.

neln, d.h. ein vergleichbares Zahlungsprofil aufweisen.[432] Dabei wird nicht mehr auf einen vollkommenen Markt, sondern lediglich auf einen "aktiven" Markt als zur Ableitung eines idealen Marktpreises abgestellt. Damit ein Markt als hinreichend aktiv gilt, müssen folgende Voraussetzungen kumulativ erfüllt sein: Die auf dem Markt gehandelten Güter müssen homogen sein. Darüber hinaus muss die Struktur der Marktteilnehmer so beschaffen sein, dass sich zu jedem Zeitpunkt ein vertragswilliger Käufer bzw. Verkäufer finden lässt. Zudem müssen die Marktpreise und alle relevanten Informationen der Öffentlichkeit zugänglich sein.[433]

Schließlich dürfen in letzter Instanz auch Werte verwendet werden, die über allgemein anerkannte Bewertungsmodelle mit möglichst vielen Marktparametern ermittelt werden (mark to model).[434]

Dieses Stufenkonzept wird auch als "Fair Value-Hierarchie des IFRS-Systems" bezeichnet.[435] Je tiefer man in dieser Bewertungshierarchie ansetzt, um zu einem Fair Value zu gelangen, desto stärker weicht man vom Idealfall eines unternehmensunabhängigen Marktpreises auf einem vollkommenen Markt ab bzw. desto niedriger ist der Objektivierungsgrad (Abbildung 13).[436]

Somit ist der Fair Value in dem Konzept der Internationalen Rechnungslegung für einen externen Bilanzleser kein transparenter und einheitlicher Wertbegriff; mithin gibt es nicht *den* Fair Value, sondern lediglich verschiedene Ausprägungen dieses theoretischen Wertkonzeptes.

Dieser Kritikpunkt lässt sich auch nach dem Inkrafttreten von IFRS 13 am 01.01.2013 aufrechterhalten. Während früher die Vorschriften zur Fair Value-Bewertung für die betreffenden Vermögensgegenstände im jeweils dafür maßgeblichen Standard (bspw. für Finanzinstrumente in IAS 39 bzw. IFRS 9) geregelt wurden, wurden sämtliche Fair Value-Vorschriften der IAS/IFRS zusätzlich auch in IFRS 13 als zentralen "Fair Value-Standard" gebündelt.

---

432 Vgl. Hitz (2006), S. 111.

433 Vgl. Eckes/Gehrer (2003), S. 588.

434 Vgl. Boos (2008), S. 978.

435 Vgl. Ballwieser/Küting/Schildbach (2004), S. 532.

436 Vgl. Bieg et.al. (2008), S. 2549.

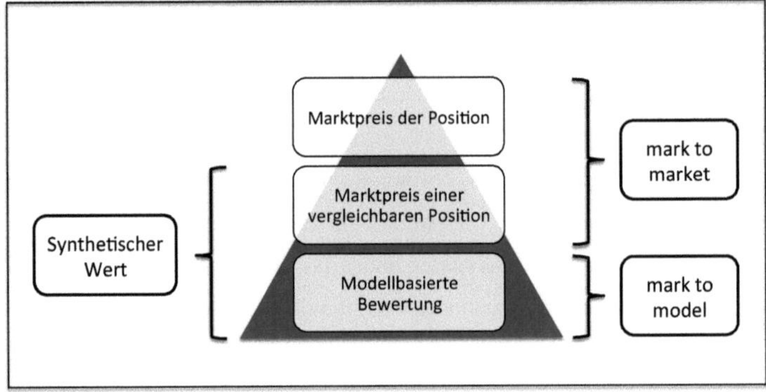

Abbildung 13: Fair Value-Hierarchie der IFRS[437]

Dennoch ist dies nur als Aggregation verschiedener Fair Value-Ausprägungen zu sehen und nicht als einheitliche Fair Value-Definition im Sinne einer Komplexitätsreduktion (im Grenzfall nur noch eine Fair Value-Definition). Je nach Marktgegebenheiten werden unterschiedliche Wertansätze herangezogen, die sich unter anderem hinsichtlich des relevantes Marktes, des Anteils subjektiver Schätzungen und der Einbeziehung von Cashflows unterscheiden und im Jahresabschluss aggregiert werden.[438]

Zudem hat sich in den letzten Jahren gezeigt, dass für einige Finanzinstrumente, meist in Krisenzeiten, nicht mehr ausreichende Umsätze am Markt generiert werden und somit aus vormals aktiven Märkten schnell illiquide Märkte werden können.[439] Der spätere Wegfall eines aktiven Marktes führt allerdings nicht zu einer Umwidmung in eine andere Bewertungskategorie.[440] Gemäß der Bewertungshierarchie muss der Fair Value somit über Bewertungsmodelle ermittelt werden. Diese arbeiten allerdings naturgemäß mit subjektiven Annahmen und

---

437 Eigene Darstellung. Die Aussagekraft und Objektivierung steigt mit der Marktorientierung und kommt damit dem Idealbild eines Fair Values zunehmend näher.

438 Vgl. Ballwieser/Küting/Schildbach (2004), S. 534, Kußmaul/Weiler (2009a), S. 169 f.

439 Vgl. Gilgenberg/Weiss (2009), S. 182, Boos (2008), S. 977.

440 Vgl. Boos (2008), S. 978.

Schätzungen.[441] Daher wird der Fair Value insbesondere dahingehend kritisiert, dass er als hypothetischer Marktwert auf investitionstheoretischen Kalkülen basiert und daher einer intersubjektiven Nachprüfbarkeit schlecht zugänglich ist.[442] Auch die breite Akzeptanz der Bewertungsmodelle ändert nichts an den Bandbreiten jedes einzelnen Bewertungsparameters, deren Auswahl im Ermessen des Bilanzierenden liegen. Bspw. gilt dies für die vom Markt erwarteten Zahlungen (deren Risikoeinschätzung mit der im Diskontierungszins harmonieren sollte), den risikolosen Zins sowie Schätzungen für die Volatilität.[443]

Zwar sind gemäß IFRS 7.27 für zum Fair Value bewertete Finanzinstrumente erläuternde Angaben über die grundlegenden Annahmen, den Parametern bei Modellbewertung sowie Modelländerungen im Anhang aufzunehmen. Allerdings ändern solche Angaben nichts am grundsätzlichen Ermessensspielraum in einer angemessenen Bandbreite.

Weiterhin ist es auch bei Vorliegen eines aktiven Marktes möglich, dass nicht jederzeit repräsentative Transaktionen in ausreichendem Umfang stattfinden. Selbst das IASB sieht in IFRS 3.27 einen auf einem aktiven Markt festgestellten Preis als "unzuverlässiger Indikator für den beizulegenden Zeitwert", sofern er durch eine temporäre Marktenge geprägt ist.[444] Es muss also stets im Einzelfall geprüft werden, ob es sich weiterhin um einen "aktiven" Markt handelt.[445] Ein Marktpreis muss im Grundsatz so lange herangezogen werden, bis das bilanzierende Unternehmen nachweisen kann, dass der Markt nicht mehr als aktiv anzusehen ist; die Beweislast liegt beim Unternehmen.[446] Die Beurteilung, ob ein repräsentativer Preis (und wenn ja, welcher) auf einem aktiven Markt feststellbar ist,

---

441 Vgl. Boos (2008), S. 978.

442 Vgl. Pelger (2008), S. 570.

443 Vgl. Ballwieser/Küting/Schildbach (2004), S. 537. Die Kritik an der in Extremfällen nicht mehr nachvollziehbaren und höchst subjektiven Modellbewertung zeigt sich an einem – wenn auch etwas überspitzten – Zitat von Warren Buffet im Jahre 2002: "In extreme cases, mark-to-model degenerates into what I would call mark-to-myth".

444 Vgl. IFRS 3.27, vgl. auch Ballwieser/Küting/Schildbach (2004), S. 535.

445 Vgl. Boos (2008), S. 978.

446 Vgl. Boos (2008), S. 977.

liegt somit wesentlich im Ermessen des Unternehmens.[447] Damit einher geht insbesondere auch ein erheblicher Gestaltungsspielraum der Unternehmen, um unter Umständen zu der einfacher zu beeinflussenden Modellbewertung wechseln zu können. Durch die Wahlrechte zur Bewertung über Fair Values oder Anschaffungskosten (Fair Value-Option) erfolgt zudem eine unsystematische, inkonsistente und selektive Bewertungspraxis, die nicht nur die Informationsfunktion und Aussagekraft des Jahresabschlusses einschränkt, sondern auch die Vergleichbarkeit der Jahresabschlüsse verschiedener Unternehmen sowie die intertemporale Vergleichbarkeit der Jahresabschlüsse des selben Unternehmens.[448]

Im Vergleich zum Anschaffungskostenprinzip ist die Fair Value-Bilanzierung somit wesentlich entobjektivierter und bietet dem bilanzierenden Unternehmen einen erheblichen Spielraum für subjektive Einschätzungen hinsichtlich der Wahl und dem Ansatz der Bewertungsparameter.[449] Das bilanzpolitische Gestaltungspotential und die Gefahr der Vermittlung falscher Zukunftserwartungen ist somit in der Internationalen Rechnungslegung wesentlich höher als in der handelsrechtlichen Bilanzierung.[450] Eine gemäß F.36 des Frameworks geforderte Neutralität des Erstellers von Jahresabschlussinformationen ist hierbei äußerst fragwürdig.

Ein weiterer Kritikpunkt an der Fair Value-Bilanzierung ist die damit zusammenhängende Erschwerung von externen Bilanzanalysen. Mit zunehmenden bilanzpolitischen Gestaltungen werden einerseits die Möglichkeiten und die Aussagekraft eingeschränkt, andererseits steigt der bilanzanalytische Aufwand an.[451] Dabei kommt erschwerend hinzu, dass die Erkennbarkeit der bilanzpolitischen Maßnahmen stark eingeschränkt ist, da es sich nicht um explizite Wahl-

---

447 Vgl. Ballwieser/Küting/Schildbach (2004), S. 534, Kußmaul/Weiler (2009a), S. 170.

448 Vgl. Ballwieser/Küting/Schildbach (2004), S. 543.

449 Vgl. Wagenhofer/Ewert (2007), S. 172, Kußmaul/Weiler (2009a), S. 170, Küting/Kaiser (2010), S. 383.

450 Vgl. Bieg et.al. (2008), S. 2550, Kirchner (2006), S. 70.

451 Vgl. Gilgenberg/Weiss (2009), S. 186, Bieg et.al. (2008), S. 2550.

rechte handelt.[452] Besonders kritisch ist in diesem Zusammenhang die nicht mehr eindeutige Interpretation von Erfolgskennzahlen im IFRS-Abschluss, da es zu einer Vermengung von echten Gewinnen aus der betrieblichen Tätigkeit und unrealisierten Buchgewinnen aus einer Bewertung über die Anschaffungskosten hinaus kommt. Der nachhaltig erzielbare Unternehmenserfolg ist daher immer schwieriger festzustellen.[453]

Darüber hinaus kann die Fair Value-Bilanzierung zu einer Erhöhung der Ergebnis- und damit auch der Eigenkapitalvolatilität beitragen. Kritisch werden diese Effekte insbesondere in Phasen steigender Marktpreise, da sie eine mögliche Bewertungsblase verstärken.[454] Dieser Trend verstärkt sich insbesondere im Bankensektor, da hier die Eigenkapitalbasis künstlich ausgedehnt wird und damit Spielraum für weitere riskante Geschäfte geschaffen wird.[455] Anhand der jüngsten Finanzmarktkrise zeigt sich letztlich deutlich, dass eine Fair Value-Bilanzierung bei Umkehrung des Markttrends die Krise verschärfen und beschleunigen kann: Im Vergleich zu einer HGB-Rechnungslegung ist das "Verlustpotential" bei einer Abschreibung auf den gesunkenen Zeitwert aufgrund der Durchbrechung des Anschaffungskostenprinzips wesentlich höher. Eine auf diese Weise sinkende Eigenkapitalbasis führt daher häufig zu einer Abwärtsspirale aus steigendem Verkaufsdruck, sinkenden Preisen und weiteren Abschreibungen.[456] Zurecht wird daher insbesondere in der deutschsprachigen Literatur die Sinnhaftigkeit einer umfassenden Fair Value-Bilanzierung hinterfragt, die insbesondere in Krisenzeiten einen verstärkten negativen Effekt mit sich bringt.[457]

Bezeichnenderweise spiegelt sich vorgenannte Kritik insbesondere in den Maßnahmen des IASB wider, welches in Krisenzeiten die Abkehr vom Fair Value-Prinzip und Bilanzierung zu Anschaffungskosten erlaubt. Dies widerspricht

---

452 Vgl. Bieg et.al. (2008), S. 2550.

453 Vgl. Ballwieser/Küting/Schildbach (2004), S. 544, Bieg et.al. (2008), S. 2551.

454 Vgl. Kußmaul/Weiler (2009b), S. 210 f., Bieg et.al. (2008), S. 2551.

455 Vgl. Bieg et.al. (2008), S. 2551, Obermaier (2009), S. 545 f.

456 Vgl. Bieg et.al. (2008), S. 2551, Obermaier (2009), S. 545 f., Niehaus (2008), S. 1172, Küting/Lauer (2013), S. 1188 f. Dies wird auch als prozyklische Wirkung der Fair Value-Bilanzierung bezeichnet. Vgl. hierzu ausführlicher Küting/Lauer (2009), S. 556 f.

457 Vgl. Obermaier (2009), S. 545 f., Küting/Reuter (2009), S. 181, Niehaus (2008), S. 1171.

nicht nur der in der Bilanzierungstheorie geforderten Bewertungsstetigkeit, sondern zeigt auch deutlich, dass der Fair Value nicht als nachhaltiger Bewertungsmaßstab geeignet ist und insbesondere in Stresssituationen nicht tragfähig ist.[458]

Vor diesem Hintergrund kann ein Fair Value in vielen Fällen nicht die an ihn gesetzten Annahmen eines unternehmensunabhängigen, fairen und allgemeingültigen Wertmaßstabs erfüllen. Im Gegenteil: Durch die subjektive und für den externen Bilanzleser nicht erkennbaren Bewertungsannahmen des Bilanzerstellers kann im Extremfall sogar von einer Entobjektivierung des Jahresabschlusses gesprochen werden.[459] Insbesondere ist ein auf dieser Basis erstellter Jahresabschluss nur sehr eingeschränkt dazu geeignet, dem Bilanzleser Informationen über die zukünftige Ertragsfähigkeit des Unternehmens zu vermitteln, obwohl dies eines der Hauptanliegen der Internationalen Rechnungslegung ist. Auch gemäß der Einschätzung des Instituts der Wirtschaftsprüfer (IDW) deutet im aktuell laufenden Einführungsprojekt von IFRS 9 derzeit wenig darauf hin, dass das angestrebte Ziel der Vereinfachung der Bilanzierung von Finanzinstrumenten erreicht wird. Ein signifikanter Fortschritt von IFRS 9 gegenüber dem bestehenden IAS 39 ist insgesamt nur in Ansätzen erkennbar.[460]

Insgesamt steht dem Vorsichtsprinzip im Handelsrecht in den IFRS im Grunde ein "Unvorsichtsprinzip" gegenüber, welches zu einer Aufdeckung, Ausweis und sogar Ausschüttung unrealisierter Buchgewinne führen kann.[461] Für den einzelnen Eigenkapitalgeber sind solche Ausschüttungen im Regelfall positiv.[462] Für die Kreditgeber allerdings ist lediglich die Frage interessant, inwieweit das Unternehmen dazu in der Lage ist, die mit der Ausleihung verbundenen fixen Zins- und

---

458 Vgl. zu dieser Kritik auch Bieg et.al. (2008), S. 2551.

459 So auch Hitz (2006), S. 112, Bieg et.al. (2008), S. 2550.

460 Vgl. IDW (2012).

461 Vgl. Kußmaul/Weiler (2009a), S. 166, Wagenhofer (2008), S. 187.

462 Allerdings können Ausschüttungen auch nachteilig für Eigenkapitalgeber sein, wenn hierdurch der Aktienkurs sinkt. Vgl. Bösch (2013), S. 113, Zantow/Dinauer (2011), S. 92. Weiterhin kann der Mittelabfluss zu einer Reduzierung des Wachstumspotentials führen. Dies ist insbesondere dann nachteilig, wenn die Rentabilität in Unternehmen höher ist als die Verzinsung der alternativen Anlagemöglichkeit. Vgl. auch Bösch (2013), S. 115.

Tilgungszahlungen in voller Höhe und fristgerecht zu leisten; ob das Unternehmen einen darüber hinausgehenden ausschüttbaren Gewinn erwirtschaftet, ist für die Gläubiger eher nachrangig.[463] Eine Ausschüttungsbegrenzung in dem Sinne, dass lediglich realisierte Gewinne ihren Niederschlag im Periodenergebnis finden und zur Ausschüttung an die Aktionäre herangezogen werden können, liegt allerdings im Interesse der Gläubiger von Unternehmen, insbesondere der aktuellen Fremdkapitalgeber.[464]

Neben der vorgenannten Kritikpunkte bietet die Fair Value-Bilanzierung auch aus verhaltenstheoretischer Sicht Anlass zu Kritik. Durch die Möglichkeit der Erfassung unrealisierter Gewinne könnte das Management einen Anreiz haben, tendenziell in Werte zu investieren, die einen kurzfristigen Gewinn versprechen bzw. deren Wertsteigerung unmittelbar bilanziell dargestellt werden kann.[465] Ziel wäre somit – nicht zuletzt aufgrund einer erfolgsabhängigen Vergütung des Managements – eine möglichst frühe Gewinnrealisierung und weniger eine Investition in nachhaltig wirtschaftliche Projekte.[466]

Aufgrund der dargestellten Einwände gegen die Fair Value-Bilanzierung sowie der grundsätzlichen Ausrichtung auf die Informationsbedürfnisse der Eigenkapitalgeber bzw. der gewinnorientierten Gruppe und den damit verbundenen negativen Effekten im Jahresabschluss erscheint dieses Bilanzierungskonzept somit in seiner aktuellen Form insbesondere für die Interessen der Fremdkapitalgeber bzw. solvenzorientierten Gruppe hinsichtlich einer Kapitalerhaltung im Unternehmen als eine der wichtigsten Interessengruppen eines Unternehmens zweifelhaft.[467] Dennoch sind, trotz vorgenannter Kritikpunkte, Fair Value-Informationen durchaus eine sinnvolle Ergänzung zu auf Anschaffungskosten basierenden Werten. Fair Values liefern, bei einer hinrei-

---

463 Vgl. Kußmaul/Weiler (2009a), S. 166. Dies gilt zumindest für eine kurzfristige Einschätzung. Allerdings ist auch Kreditgeber als die Sicherung von Kundenbeziehungen und eine solide Kapitalstruktur von Interesse.

464 Vgl. Kußmaul/Weiler (2009a), S. 166.

465 Vgl. Wulfert/Wieske (2011), S. 116, Wagenhofer/Ewert (2007), S. 171., Küting/Lauer (2009), S. 550 f., S. 556.

466 Vgl. Wulfert/Wieske (2011), S. 116, Wagenhofer (2008), S. 190.

467 Vgl. auch Kußmaul/Weiler (2009a), S. 166.

chend verlässlichen Ermittlung, insbesondere zukunfts- und marktorientierte Informationen und können daher geeignet sein, das Ertrags- und Risikopotential von Unternehmen transparenter als Anschaffungskosten darzustellen.

C. Erfolgsneutrale Fair Value-Bilanzierung als Kombination von Vorsichtsprinzip und Informationsfunktion

1. Notwendigkeit eines bilanzrechtlichen Gläubigerschutzes

Eine der wesentlichen Erkenntnisse im Rahmen der Analyse der finanzwirtschaftlichen Effekte bei der Rechnungslegung Strukturierter Produkte ist die Möglichkeit eines nachhaltigen Liquiditätsabflusses aus dem Unternehmen infolge einer zwischenzeitlichen Ausschüttung *unrealisierter* Gewinne, denen zum Zeitpunkt der Fälligkeit doch keine Realisierung gegenübersteht. Daher stellt sich insbesondere die Frage, inwieweit ein bilanzrechtlicher Gläubigerschutz generell notwendig ist und welche alternativen institutionellen Schutzmechanismen diesen stärken können, sofern an einer Fair Value-Bilanzierung Strukturierter Produkte festgehalten wird.

Grundsätzlich ist die Erzielung von Einnahmeüberschüssen, die aus dem Unternehmen nachhaltig entnommen werden können, eines der Hauptziele unternehmerischer Tätigkeit. Dagegen ist für die Kreditgeber in erster Linie die Frage interessant, inwieweit das Unternehmen dazu in der Lage ist, die mit einer Ausleihung verbundenen Zins- und Tilgungszahlungen in voller Höhe und fristgerecht zu leisten.[468] Somit muss vor dem Hintergrund einer Ausschüttung unrealisierter Ergebnisse aus Strukturierten Finanzinstrumenten zu Gunsten der Eigenkapitalgeber sichergestellt werden, dass die Kreditgeber nicht unangemessen benachteiligt werden.

Relevant wird ein solcher Gläubigerschutz regelmäßig dann, wenn es sich bei dem Kreditnehmer um eine haftungsbeschränkte Kapitalgesellschaft handelt. Da für

---

468 Vgl. Kußmaul/Weiler (2009a), S. 166.

Verbindlichkeiten gegenüber den Gläubigern zunächst das Gesellschaftsvermögen zur Verfügung steht und das Privatvermögen der Anteilseigner prinzipiell vor dem Zugriff der Gläubiger geschützt ist, wird eine solche Haftungsbeschränkung nur dann als akzeptabel angesehen, wenn eine Ausschüttung der den Gläubigern zustehenden Mittel an die Anteilseigner beschränkt wird.[469] Damit soll eine Übertragung vom haftenden in den nicht-haftenden Bereich (sprich vom Unternehmensvermögen zum Privatvermögen) reglementiert werden.[470]

Da rechtmäßig ausgeschüttete Gewinne an die Anteilseigner bei späteren Verlusten nicht in die Haftungsmasse des Unternehmens zurückgezahlt werden müssen und jede Ausschüttung somit c.p. das Insolvenzrisiko des Unternehmens erhöht, ist über die Vorschriften zur Kapitalerhaltung sicherzustellen, dass das verbleibende Kapital im Unternehmen für die Deckung von Ansprüchen der Gläubiger möglichst ausreichend ist und das Insolvenzrisiko in einem angemessenen Rahmen gehalten wird.[471] Mithin müssen bei haftungsbeschränkten Gesellschaften somit Gesellschafter- und Gläubigerinteressen in ein angemessenes Verhältnis gebracht werden.[472]

Zwar stellt der Anteil an der Verzinsung, der den risikolosen Zins überschreitet, bereits eine Risikoprämie für das Insolvenzrisiko dar; allerdings erhöhen Ausschüttungen zu späteren Zeitpunkten dieses Insolvenzrisiko weiter.[473] Problematisch wird die Ausschüttung somit immer dann, wenn die verbleibenden Mittel

469 Vgl. Hennrichs (2008), S. 418. Unabhängig von diesem Regelfall besteht natürlich für die Kreditgeber die Möglichkeit, sich Zugriffsmöglichkeiten auf das Privatvermögen von Gesellschaftern zu sichern. Dies ist allerdings bei den im Rahmen dieser Arbeit relevanten Unternehmen eher unwahrscheinlich.

470 Vgl. Moxter (1993), S. 93. Eine uneingeschränkte Möglichkeit der Verlagerung von Liquidität und Vermögen von der Unternehmens- ins die Privatsphäre würde im Grenzfall dazu führen, dass die Gläubiger aufgrund des Ausfallrisikos ihrer Ansprüche gar keine Kredite mehr vergeben mit entsprechenden negativen Auswirkungen für die Volkswirtschaft. Vgl. Wagenhofer/Ewert (2007), S. 184.

471 Vgl. Hennrichs (2008), S. 419, Pellens/Crasselt/Sellhorn (2007), S. 266. Es kommt somit zu einer teilweisen Übertragung des unternehmerischen Risikos auf die Gläubiger durch eine Erhöhung des Insolvenzrisikos, vgl. Pellens/Crasselt/Sellhorn (2007), S. 267.

472 Vgl. Hennrichs (2008), S. 418.

473 Vgl. Pellens/Crasselt/Sellhorn (2007), S. 267.

nicht mehr für die Befriedigung der Ansprüche von Gläubigern des Unternehmens ausreichen.[474]

Da eine mögliche Ausschüttung gesetzlich auf Basis von Erfolgsgrößen aus dem Jahresabschluss abgeleitet werden muss, führt diese Interessendivergenz zwischen Eigen- und Fremdkapitalgebern zu der Frage nach der Notwendigkeit eines bilanzrechtlichen Gläubigerschutzes. Die Summe der Regelungen zur Sicherstellung eines Mindesthaftungsvermögens wird als Kapitalschutz bzw. nominelle Kapitalerhaltung bezeichnet.[475] Somit besteht ein enger Zusammenhang zwischen Bilanzrecht und Kapitalerhaltung. Besonders treffend findet sich dieser Zusammenhang bei *Hennrichs*: "Bilanzrecht gibt dem Kapitalschutzsystem das rechnungsmäßige Fundament".[476]

Neben dem *Gläubigerschutz durch Information*[477] stellt der Jahresabschluss nach deutschem Recht und in einigen europäischen Staaten weiterhin einen *Gläubigerschutz durch (nominelle) Kapitalerhaltung* sicher.[478] Nominelle Kapitalerhaltung bedeutet dabei, dass stets jener Periodenerfolg ermittelt wird, der das nominelle Eigenkapital nicht reduzieren würde, selbst wenn er vollständig an die Anteilseigner ausgeschüttet wird.[479] Dagegen ist der Jahresabschlusses als Instrument zur

---

474 Zur Verdeutlichung dieser Problematik kann angeführt werden, dass der Anteil des Fremdkapitals am Gesamtvermögen von Unternehmen häufig weit mehr als 50% beträgt (bspw. weist der Geschäftsbericht der E.ON AG zum 31.12.2012 eine Fremdkapitalquote von ca. 72,4 % aus), vgl. E.ON (2013), S. 99. Weiterhin weisen die Konzernabschlüsse folgender exemplarischer DAX-Unternehmen zum Geschäftsjahr 2012 folgende Fremdkapitalquoten aus: BMW AG: 76,9 %, Deutsche Telekom AG: 71,7 %, Henkel AG & Co. KGaA: 51,3 %. Vgl. BMW (2013), S. 80, Deutsche Telekom (2013), S. 195, Henkel (2013), S. 105.

475 Vgl. Moxter (1993) S. 93.

476 Hennrichs (2008), S. 419.

477 Damit wird der gläubigerschützende Effekt der Selbstinformation durch die Erstellung eines Jahresabschlusses bezeichnet. Das Unternehmen verschafft sich somit selbst einen besseren Überblick über die Vermögens-, Finanz- und Ertragslage. Vgl. Hennrichs (2008), S. 417.

478 Vgl. Hennrichs (2008), S. 417. Hierbei ist konkret der Einzelabschluss gemeint, da sich die Ausschüttung an die Eigenkapitalgeber auch im Konzern über den Einzelabschluss der einzelnen Gesellschaften bemisst. Dagegen ist der Konzernabschluss nicht für die Bemessung von Kapitalausschüttungen qualifiziert und erfüllt lediglich eine Informationsfunktion bzw. allenfalls eine sogenannte "Kapitalverminderungskontrolle", d.h. ermöglicht eine Kontrolle der Angemessenheit der Ausschüttungen durch die Vermittlung relevanter Informationen. Vgl. hierzu Rammert (2004), S. 578, Baetge/Kirsch/Thiele (2011b), S. 32-34, Leffson (1987), S. 98-107.

479 Vgl. Baetge/Kirsch/Thiele (2011a), S. 96. Somit dient das Kapitalerhaltungskonzept nicht nur der Sicherung der Gläubigeransprüche, sondern auch der Sicherung der Leistungsfähigkeit des

Verteilung der ausschüttungsfähigen Mittel auf die einzelnen Anteilseigner für die Zwecke des Gläubigerschutzes weniger relevant. Aus Sicht der Gläubiger kommt es prinzipiell nur auf die Gesamtausschüttung an und nicht auf deren Aufteilung auf die einzelnen Eigenkapitalgeber.

Im Schrifttum (bezogen auf die dynamische Bilanzierungstheorie) vernachlässigt insbesondere *Schmalenbach* Gläubigerschutzelemente wie bspw. eine Schuldendeckungskontrolle oder an die an der Erhaltung eines Mindestvermögens orientierte Ausschüttungssperre, indem er argumentiert, dass den Gläubigern am besten damit gedient ist, wenn die Bilanzierung einen verlässlichen Erfolg ermittelt; ein über diese Informationsfunktion hinausgehender Gläubigerschutz wäre somit nicht notwendig.[480] Dies ist im Grundsatz auch die Argumentation der Internationalen Rechnungslegung. Allerdings werden weitere gläubigerschützende Maßnahmen und Vorschriften immer dann notwendig, wenn die vorgegebenen Bilanzierungsnormen gerade nicht zu einem Gewinnausweis führen, der die wirtschaftliche Lage des Unternehmens verlässlich darstellt.[481]

Daher finden sich im deutschen Handelsrecht sowohl Vorschriften zur Kapitalaufbringung (bspw. Mindestkapitaleinlagen) als auch zur Kapitalerhaltung.[482]

Wesentliche Maßnahme für den Gläubigerschutz im Handelsrecht stellt der Grundsatz der vorsichtigen Bewertung durch das Imparitäts- und das Realisationsprinzip dar. Durch die asymmetrische Berücksichtigung von Chancen und Risiken im Jahresabschluss kommt es zu einer tendenziellen Unterbewertung

Unternehmens als strenge Nebenbedingung zur nachhaltigen Gewinnerzielung. Vgl. Küting (2006a), S. 1444.

480 "In Wirklichkeit wird auch dem Gläubiger am besten dadurch gedient, daß man den Kaufmann dazu anhält, die Entwicklung seines Geschäftes durch eine gute Darstellung des Erfolges zu kontrollieren." Schmalenbach (1962), S. 52. Vgl. hierzu auch Moxter (1993), S. 31.

481 Vgl. Moxter (1993), S. 31.

482 Vgl. Hennrichs (2008), S. 418. Als allgemeine Vorschriften zur Kapitalerhaltung sind hier insbesondere § 57 Abs. 3 AktG (Ausschüttung lediglich auf Basis des Bilanzgewinns), § 57 Abs. 1 S. 1 AktG (Verbot der Rückgewähr des Grundkapitals), § 150 Abs. 2 AktG (Dotierung der Gesetzlichen Rücklage), § 150 Abs. 3-4 AktG (Auflösung von Gesetzlicher Rücklage und Kapitalrücklage), § 58 Abs. 2 AktG (Einstellung eines Teils des Jahresüberschusses in andere Gewinnrücklagen).

des Eigenkapitals.[483] Dadurch werden mögliche Ausschüttungen in spätere Perioden verschoben, in denen hinreichend sicher ist, dass alle positiven Erfolgsbeiträge realisiert und alle negativen Erfolgsbeiträge berücksichtigt werden.[484] Im Ergebnis wird der frühzeitige Abfluss von Liquidität aus dem Unternehmen verhindert und damit die Befriedigung der Ansprüche der Gläubiger sicherer gemacht.[485]

In dem untersuchten Bereich der Finanzinstrumente existiert eine faktische Ausschüttungssperre für das Ergebnis aus den zum beizulegenden Zeitwert bilanzierten Derivaten des Handelsbestands bei Finanzdienstleistungsinstituten durch Berücksichtigung eines Risikoabschlags und der Dotierung eines Sonderpostens.[486]

Insgesamt existiert im Handelsrecht sowohl eine relativ starke Reglementierung hin zu einer vorsichtigen Gewinnermittlung als auch zu einer Beschränkung der Ausschüttung des erzielten Periodenerfolgs mit dem Ziel eines möglichst hohen Sicherungsgrads der Gläubigeransprüche.

Es gibt allerdings auch Kritik am handelsrechtlichen System der Kapitalerhaltung und Tendenzen, dass eine vorsichtige Bilanzierung sogar zu Lasten der Gläubiger gehen kann. So können durch sachverhaltsgestaltende Maßnahmen Zahlungsströme zeitlich so verlagert werden, dass Einnahmenüberschüsse in Perioden anfallen, in denen die Zahlungsansprüche der Gläubiger ohnehin schon befriedigt worden sind, während die Ausgabenüberschüsse in Perioden verlagert werden, in denen die Ansprüche der Gläubiger nicht mehr in vollem Umfang bedient werden können.[487] Zudem blendet der Jahresabschluss aufgrund seiner Vergangenheitsorientierung zukünftige Liquiditätssituationen und Investitionen weitgehend aus

---

483 Vgl. Wielenberg (2009), S. 3.

484 Vgl. Wielenberg (2009), S. 3.

485 Vgl. Wielenberg (2009), S. 3.

486 Vgl. § 340g HGB, Kapitel II.C.3. Daneben existieren für einzelne Bilanzposten weitere Ausschüttungssperrvorschriften bspw. für den Betrag selbst geschaffener, aktivierter Vermögensgegenstände des Anlagevermögens (§ 268 Abs. 8 S. 1 HGB) oder für den Unterschiedsbetrag, um den die aktiven latenten Steuern die passiven latenten Steuern übersteigen (§ 268 Abs. 8 S. 2 HGB). Vgl. auch Coenenberg/Haller/Schultze (2012), S. 19.

487 Vgl. hierzu Grottke (2009a), S. 263, Wagenhofer/Ewert (2007), S. 208-219.

und kann somit kausale Zusammenhänge zwischen heutigen Ausschüttungen und zukünftigen Solvenz- bzw. Insolvenzzuständen nur unzureichend darstellen.[488]

Darüber hinaus könnte durch die faktische Ausschüttungssperre eine effiziente Allokation von Kapital verhindert werden, bspw. wenn für die überschüssige Liquidität keine rentable Investitionsmöglichkeit besteht bzw. optional in wenig rentable Projekte investiert wird. Diese als „Überinvestitionsproblem" bezeichnete Problematik wäre dann relevant, wenn freie Liquidität in wenig profitable Projekte investiert wird; im Ergebnis würde damit in zukünftigen Perioden auch die Position der Gläubiger verschlechtert werden.[489]

Insgesamt ist eine bilanzielle Kapitalerhaltung notwendig, um signifikante Liquiditätsabflüsse aus unrealisierten Gewinnen Strukturierter Finanzinstrumente zu Lasten der Gläubiger zu vermeiden. Allerdings wurde dieser strikte Kapitalschutz durch das BilMoG zumindest für Finanzdienstleistungsinstitute ausgehöhlt. Bei einer Bilanzierung Strukturierter Produkte sowohl nach BilMoG als auch nach IAS/IFRS stellt sich somit die Frage nach institutionellen Alternativen einer Ausschüttungsbegrenzung.

Eine alternative Möglichkeit wäre die Verwendung einer separaten Überleitungsrechnung auf einen ausschüttungsfähigen Gewinn.[490] Ziel der Überleitungsrechnung ist dabei die spezifische Bereinigung der IFRS- bzw. BilMoG-Zahlen um unrealisierte Gewinne.[491] Dieses Modell wird als Maßnahme vorgeschlagen, um die Kapitalerhaltung und den Gläubigerschutz in der Befugnis einzelner Staaten zu belassen bei gleichzeitiger und umfassender Anwendung der IFRS in allen Staaten.[492] Dies wird bspw. in Großbritannien angewendet, wo der "accounting profit" auf den "realised profit" anhand einer ca. 170-seitigen Richtlinie übergeleitet wird, wobei insbesondere die unrealisierten Erträge bereinigt wer-

[488] Vgl. Grottke (2009a), S. 263.

[489] Vgl. Wielenberg (2009), S. 4.

[490] Vgl. hierzu die Ausführungen in Kapitel III.A.3.

[491] Vgl. Lanfermann/Richard (2008), S. 1929.

[492] Vgl. Lanfermann/Richard (2008), S. 1929.

den.[493] Der Vorteil besteht somit darin, dass das gesetzgebende Land trotz Anwendung der IFRS im Einzelabschluss die Kontrolle über alle bilanziellen Posten behält, welche die Ausschüttung determinieren. Allerdings bietet dieses System den Nachteil, dass eine solche Detailregelung sehr umfassend gestaltet sein muss und daher aufwendig in der Ausarbeitung und in der ständigen Anpassung an wechselnde Vorschriften ist, um alle ausschüttungsrelevanten Sachverhalte zu berücksichtigen und darüber hinaus hohe Kosten bei der Umsetzung durch die Unternehmen verursacht.[494] Letztlich dürfte dieses System im Grenzfall daher keinen großen Unterschied zu einer Beibehaltung der lokalen Rechnungslegung und damit zu einem *'parallel accounting'* darstellen.

2. Solvenztests und private Kreditvereinbarungen als institutionelle Alternative?

Eine weitere Alternative zu den bisherigen gläubigerschützenden Systemen liegt in der Einführung sogenannter Solvenztests als Instrument der Kapitalerhaltung.[495] Insbesondere durch die vorgenannten Kritikpunkte an der bilanziellen Kapitalerhaltung und der Verschlechterung der Gläubigerposition durch die Möglichkeit einer Ausschüttung unrealisierter Gewinne wird ein solcher auf zukünftige Zahlungsmittelüberschüsse ausgerichteter Solvenztest von den Befürwortern als unerlässliches Instrument für Information und Schutz der Gläubiger angesehen.[496] Zuletzt wurde im Jahre 2012 im Rahmen einer EU-Konsultation zur Zukunft des europäischen Gesellschaftsrechts wieder die Diskus-

---

493 Vgl. Lanfermann/Richard (2008), S. 1929 f. Die Richtlinie wurde vom Institute of Chartered Accountants in England and Wales (ICAEW) und dem Institute of Chartered Accountants in Scotland (ICAS) entwickelt und ist als "Guidance on the determination of realised profits and losses in the context of distributions under the Companies Act 2006" unter *http://www.icaew.com/en/about-icaew/what-we-do/technical-releases/legal* abrufbar. Abgerufen am 18.05.2013.

494 Vgl. Lanfermann/Richard (2008), S. 1930.

495 Eine Übersicht der Reformvorschläge einzelner Arbeitsgruppen finden sich bei Eiselt/Haneberg/Lopatta (2012), Grottke (2009).

496 Vgl. Grottke (2009b), S. 353.

sion aufgegriffen, inwieweit ein IFRS-Abschluss mit ergänzendem Solvenztest als Alternative zum traditionellen System der Kapitalerhaltung fungieren kann.[497]

Die Grundidee eines Solvenztests ist prinzipiell, dass Ausschüttungsmaßnahmen an die Eigenkapitalgeber nur dann zulässig sein sollen, wenn damit die zukünftige Zahlungsfähigkeit des Unternehmens nicht gefährdet bzw. das Insolvenzrisiko nicht unangemessen erhöht wird.[498] Insofern wären Gläubiger, grundsätzlich dann besser geschützt, wenn als Determinanten im Rahmen der Ausschüttungsbemessung zukünftige Cashflows für die möglichen Ausschüttungen herangezogen würden.[499]

Ziel eines Solvenztests ist es, eine Aussage über das Insolvenzrisiko zu treffen bzw. ob eine Ausschüttung zu den zukünftigen Unternehmenszuständen "solvent" oder "insolvent" führt.[500]

Das Insolvenzrisiko lässt sich hierzu in einem einfachen Modell als jene Wahrscheinlichkeit definieren, dass der Zahlungsmittelbestand zu einem bestimmten Zeitpunkt unter Berücksichtigung von Refinanzierungsmöglichkeiten negativ wird.[501] Eine Ausschüttung erhöht das Risiko, dass der zukünftige (unsichere) Zahlungsmittelbestand (L) negativ wird (in Abbildung 14 ist die Ausschüttung als Verschiebung der Funktion E(L) zu E'(L) dargestellt). Das Insolvenzrisiko stellt sich in der Abbildung als Fläche links vom Nullpunkt auf der Abszisse (L=0) dar.

Der Ansatz und das Anliegen eines solchen Solvenztests scheint unbestritten sinnvoll und theoretisch überzeugend, allerdings dürfte eine konkrete Ausgestaltung mit wesentlichen Schwierigkeiten verbunden sein. Zentraler Kritikpunkt ist, dass ein solcher Test wesentlich subjektiver als gesetzliche Ausschüttungs-

---

497 Vgl. Jessen/Haaker (2012), S. M1.

498 Vgl. Pellens/Crasselt/Sellhorn (2007), S. 265 f.

499 Vgl. Brinkmann/Rilling (2008), S. 13. Hier sei allerdings anzumerken, dass diese Zukunftswerte regelmäßig aus Vergangenheitswerten des Rechnungswesens abgeleitet bzw. extrapoliert werden.

500 Vgl. Pellens/Crasselt/Sellhorn (2007), S. 264 f.

501 Vgl. Pellens/Crasselt/Sellhorn (2007), S. 267.

beschränkungen und in starken Maße von der Einschätzung zukünftiger Zahlungsströme durch das Management abhängig ist.[502]

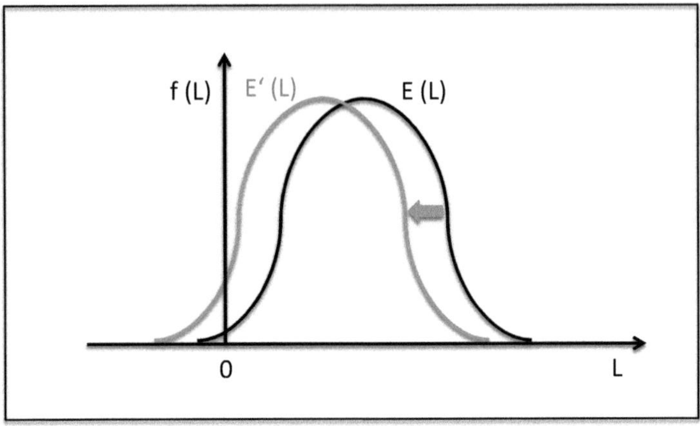

Abbildung 14: Ausschüttungsabhängigkeit des Insolvenzrisikos[503]

Die Problematik entsteht bereits bei der Frage nach den einzubeziehenden Zahlungen, bspw. Zahlungen aus dem gewöhnlichen Geschäftsbetrieb, zukünftige Kapitalmarktfinanzierung oder Ein- und Auszahlungen durch Investitionstätigkeit.[504] Alle getroffenen Annahmen sind zudem in starkem Maße von erwarteten (subjektiven) und tatsächlich eintretenden Szenarien über die zukünftige Kapitalmarktlage, Konjunktur und Marktentwicklung abhängig.[505] Hier besteht somit ein wesentliches Risiko, dass die Aussagekraft eines solchen Solvenztests durch Weglassen wesentlicher Posten oder aber durch Subjektivität bzw. Prognoseschwierigkeiten bei der Schätzung zukünftiger Zahlungsströme stark

[502] Vgl. Grottke (2009a), S. 264.

[503] Abbildung entnommen aus Pellens/Crasselt/Sellhorn (2007), S. 271. In der Abbildung sei beispielhaft unterstellt, dass die Ausschüttung unabhängig vom zukünftigen Zahlungsmittelbestand betragsmäßig gleich ist.

[504] Vgl. Grottke (2009b), S. 354.

[505] Vgl. Grottke (2009b), S. 354 f.

eingeschränkt wird.[506] Eine Prüfung durch Dritte (bspw. durch Wirtschaftsprüfer oder staatliche Institutionen) hinsichtlich der inhaltlichen "Richtigkeit" dürfte in der Praxis nur äußerst schwierig bzw. kaum möglich sein.[507]

Weiterhin problematisch ist die Wahl des Prognosezeitraums. Bei einem zu langen Zeitraum nimmt die Zuverlässigkeit der Prognosen ab, bei einem zu kurzen Zeitraum dagegen werden Anreize geschaffen, bestimmte Zahlungen auf einen späteren Zeitpunkt zu verschieben, um damit die Aussage des Solvenztests zu manipulieren.[508] Als Lösungsvorschlag wird hier, ähnlich wie bei der Unternehmensbewertung, die Anwendung von Mehrphasen-Planungen vorgeschlagen.[509] Weiterer Kritikpunkt ist die Wahl der kritischen Ausfall- bzw. Insolvenzwahrscheinlichkeit, da es hierfür naturgemäß keine allgemeingültige Regel geben kann. Letztlich müssen die einzelnen Gläubiger selbst entscheiden, wie sie den vorgelegten Solvenztest beurteilen und ob aus ihrer Sicht eine unangemessene Erhöhung des Insolvenzrisikos durch eine Ausschüttung vorliegt.[510] Zudem birgt ein Solvenztest, je nach Ausgestaltung und Ausmaß der Vorschriften zur Offenlegung der zugrunde gelegten Daten und Prämissen die Gefahr, dass das Unternehmen wesentliche interne Informationen in Bezug auf Strategie, Investitionsprogramm und Finanzplanung preisgeben muss und damit unter Umständen Wettbewerbsnachteile erleiden kann.[511]

Solvenztests ermöglichen insgesamt eine quantitative Analyse der Zahlungsfähigkeit eines Unternehmens. Im Ergebnis kann man daher festhalten, dass ein solcher Test als sinnvolle Ergänzung zu gesetzlichen Ausschüttungsrestriktionen geeignet ist, diese aber keinesfalls ersetzen kann. Insbesondere durch die starke subjektive Komponente von Solvenztests kann nicht mit hinreichender Sicherheit verhindert werden, dass es zu einer Verlagerung liquider Mittel aus dem Zugriffsbereich der

---

506 Vgl. Grottke (2009b), S. 355.

507 Auf diese Problematik weist auch das IDW hin. Vgl. IDW (2006), S. 6 f.

508 Vgl. Grottke (2009b), S. 355.

509 Vgl. Pellens/Jödicke/Richard (2005), S. 1400. Zu den Mehrphasenmodellen der Unternehmensbewertung vgl. Henselmann (1999), S. 118-124, Ballwieser (2011), S. 63-67.

510 Vgl. Pellens/Crasselt/Sellhorn (2007), S. 264.

511 Vgl. Brinkmann/Rilling (2008), S. 15.

Gläubiger des Unternehmens kommt und damit der Gläubigerschutz unter das aktuelle Mindestschutzniveau sinkt.[512]

Eine weitere Möglichkeit der Einflussnahme der Gläubiger auf Bilanzrelationen und der Verhinderung einer nachteiligen Vermögenslage besteht in privaten Kreditvereinbarungen zwischen Gläubiger und Unternehmen (bzw. Kreditgeber und Kreditnehmer).[513] Private Kreditvereinbarungen umfassen alle vertraglich fixierten Klauseln im Rahmen des Abschlusses eines Finanzkontraktes (meist in Kreditverträgen). Hierzu zählen insbesondere die Vereinbarung bestimmter Finanzkennzahlen bzw. Bilanzrelationen (bspw. Eigenkapitalquote, Verschuldungsgrad oder Rentabilitätskennzahlen). Hierbei kann auch zur Sicherstellung einer möglichst hohen Haftungsmasse ein Mindest-Cashflow oder auch eine Beschränkung der Dividendenpolitik des Unternehmens vereinbart werden. Private Kreditvereinbarungen werden im Vergleich zu allgemeinen gesetzlichen Ausschüttungsrestriktionen häufig als effektives Mittel für den Gläubigerschutz angesehen, da sie individuell zwischen den Vertragsparteien abgeschlossen werden und unternehmensspezifische Gegebenheiten berücksichtigen. In der Regel werden private Kreditvereinbarungen häufig von großen Banken und Versicherungen vereinbart, die eine vergleichsweise hohe Marktmacht und Zugang zu Unternehmensinformationen besitzen.[514]

Der Nachteil von privaten Kreditvereinbarungen liegt allerdings darin, dass für deren Fixierung hohe Transaktionskosten im Grenzfall für jeden einzelnen Kontrakt entstehen, wodurch insbesondere kleinere Gläubiger mit weniger Verhandlungsspielraum benachteiligt werden bzw. die Kosten prohibitiv hoch sein können; im Ergebnis würden somit die Gläubiger mit dem höchsten Schutzbedürfnis geschädigt.[515] Die vorgenannten Kritikpunkte könnten somit durchaus zu einer

---

512 Vgl. Jessen/Haaker (2012), S. M1.

513 Private Kreditvereinbarungen spielen insbesondere im US-amerikanischen Raum eine zentrale Rolle, da dort gesetzliche Ausschüttungsrestriktionen im Vergleich zum kontinentaleuropäischen Raum relativ schwach ausgeprägt sind. Vgl. Rammert (2004), S. 588. Allerdings kommen Private Kreditvereinbarungen auch in Deutschland speziell bei Großbanken vermehrt zum Einsatz. Vgl. hierzu die empirische Studie von Zimmermann/Werner/Kilian (2011).

514 Vgl. Rammert (2004), S. 589.

515 Vgl. Haaker (2009), S. 206, Rammert (2004), S. 589.

Einschränkung der Funktionsfähigkeit bzw. der Effizienz der Finanzmärkte führen, sofern private Kreditvereinbarungen die einzige Möglichkeit des Gläubigerschutzes darstellen würden.

Zudem spielen hierbei Daten der externen Rechnungslegung eine wesentliche Rolle. Es gelten daher die bereits angeführten Kritikpunkte bzgl. einer bilanzpolitischen Beeinflussung des Zahlenwerks sowie der Aussagekraft von Fair Values. Im Rahmen einer empirischen Studie zu privaten Kreditvereinbarungen in der Praxis wurde festgestellt, dass seitens der Banken tendenziell Bilanzkennzahlen aus HGB-Abschlüssen aufgrund der vorsichtigen Bilanzierung präferiert werden.[516] Bei einer zunehmenden Internationalisierung der Rechnungslegung und einer damit einhergehenden Verschlechterung der Gläubigerposition könnte im Ergebnis wohl auch die Bedeutung privater Kreditvereinbarungen steigen.

Insgesamt betrachtet können daher weder Solvenztests noch Private Kreditvereinbarung alleine einen effektiven Gläubigerschutz sicherstellen, insbesondere wenn an einer Fair Value-Bilanzierung mit einer Ausschüttungsmöglichkeit unrealisierter Gewinne festgehalten wird. Vielmehr könnten diese Instrumente als Ergänzung verwendet werden.[517] Daher sollte auch weiterhin an bilanziellen Kapitalerhaltungsmaßnahmen festgehalten werden.

Zu diesem Ergebnis kommt letztlich auch die Generaldirektion "Binnenmarkt und Dienstleistungen" (MARKT) der Europäischen Kommission auf Basis der bereits in Kapitel III.A.3 vorgestellten KPMG-Studie. Ziel der Studie war es insbesondere zu untersuchen, inwieweit sich Alternativen zu aktuellen Kapitalschutzsystemen in Europa, basierend auf einem bilanziellen Mindestkapital entsprechend der 2. EU-Kapitalrichtlinie etablieren lassen.[518] Zusammenfassend kann festgehalten werden, dass die Generaldirektion in den aktuellen Kapitalschutzsystemen keine signifikanten strukturellen Probleme für die Kapitalerhaltung von Unternehmen

516 Vgl. Zimmermann/Werner/Kilian (2011), S. 22.

517 Auch das IDW vertritt die Auffassung, dass Private Kreditvereinbarungen keinesfalls gesetzliche Gläubigerschutzvorschriften ersetzen, sondern allenfalls ergänzen sollten, um einen möglichst effizienten Interessenausgleich zwischen Gläubigern und Anteilseignern herzustellen. Vgl. IDW (2006), S. 4.

518 Vgl. Zweite Richtlinie 77/91/EWG des Rates vom 13. Dezember 1976.

sieht. Daher werden in absehbarer Zeit auch keine weiteren Maßnahmen in Bezug auf eine wesentliche Anpassung der 2. Kapitalrichtlinie für notwendig erachtet.[519]

3. Vorteilhaftigkeit einer erfolgsneutralen Rechnungslegung

Insgesamt können aufgrund der bisherigen Ausführungen folgende Punkte festgehalten werden:

- Eine uneingeschränkte Integration der Fair Value-Bewertung im Einzelabschluss kann sowohl zu einer erhöhten Ergebnisvolatilität als auch zu einem Ausweis sowie Ausschüttung unrealisierter Gewinne und damit zu einem nachhaltigen Liquiditätsabfluss aus dem Unternehmen führen.
- Die Ausschüttung unrealisierter Gewinne führt zu einer Schwächung des Gläubigerschutzes auf Kosten einer Ausrichtung an die Informationsinteressen der (potentiellen) Eigenkapitalgeber. Auch ein Solvenztest vermag den Gläubigerschutz nicht effektiv zu stärken.
- Aus informationstheoretischen Gesichtspunkten weisen die aktuellen Konzepte zur Bilanzierung Strukturierter Produkte bei der Risikodarstellung des Unternehmens ebenfalls Schwächen auf. Dennoch ist eine umfängliche Fair Value-Bewertung insbesondere für Strukturierte Finanzinstrumente vom Grundsatz her vorteilhaft, da hierdurch die besondere Risikostruktur dieser Produkte transparent wird.
- Weder das System der Internationalen noch der handelsrechtlichen Rechnungslegung können die Informations- und Schutzinteressen der unterschiedlichen Bilanzadressaten gleichermaßen erfüllen. Während die Internationale Rechnungslegung durch Fair Values durchaus relevante und aktuelle Informationen an die Kapitalgeber vermittelt[520] (vgl. auch Kapitel

[519] So heißt es wörtlich: ".... In the light of the conclusions of the external study, the view of DG Internal Market and Services is that the current capital market regime under the Second Company Law Directive does not seem to cause significant operational problems for companies. Therefore no follow-up measures or changes to the Second Company Law Directive are foreseen in the immediate future." European Commission (2008), S. 2.

[520] Die Nützlichkeit von Fair Values resultiert – trotz der bereits dargestellten Schwächen – aus der Berücksichtigung von Marktinformationen (Marktpreise oder Modellwerte auf Basis von Marktparametern), wodurch im Vergleich zu einer Anschaffungskostenbilanzierung

III), liegt der Vorteil der handelsrechtlichen Rechnungslegung im Kern in einer vorsichtigen Rechnungslegung, welche einen höheren Grad an Gläubigerschutz ermöglicht. Allerdings besteht hier der wesentliche Nachteil, dass relevante Informationen zum Ertrags- und Risikopotential nicht transparent werden und damit im Ergebnis eine niedrigere Informationseffizienz herrscht.

Insgesamt existiert somit eine Divergenz zwischen Nützlichkeit und Zuverlässigkeit der vermittelten Informationen im Rahmen der Rechnungslegung Strukturierter Produkte. So steigert eine höhere Verlässlichkeit, wie bei einer Bilanzierung zu Anschaffungskosten, nicht zwingend die Entscheidungsnützlichkeit der vermittelten Informationen.[521] Dagegen sinkt umgekehrt ein Entscheidungsnutzen, der Fair Values grundsätzlich zugesprochen wird, je weniger verlässlich sie sind.[522] Im Vergleich zu einer Anschaffungskostenbilanzierung besteht somit letztlich ein Trade-Off zwischen einem Mehr an (angestrebter) Relevanz, bzw. Entscheidungsnützlichkeit, welche durch ein Weniger an Zuverlässigkeit "erkauft" wird.[523]

Dieser Interessenkonflikt stellt ein generelles Problem beim Übergang von einer vergangenheitsorientierten Anschaffungskostenbilanzierung zu einer zukunftsorientierten Fair Value-Bilanzierung dar.[524] Ergebnis einer ganzheitlichen Analyse der Thematik sollte daher ein möglichst effizienter Ausgleich zwischen diesen beiden Rechnungslegungssystemen sein, welcher den wesentlichen mit beiden Konzepten verfolgten Zielen grundsätzlich gerecht wird und die festgestellten negativen Effekte aus der Rechnungslegung Strukturierter Produkte minimiert.

Ausgangspunkt der Überlegungen soll – in Anbetracht der dargestellten finanzwirtschaftlichen Effekte der aktuellen Gewinnkonzeptionen im Zusammen-

---

zusätzliche Informationen zum Chancen- und Risikopotential des Unternehmens vermittelt werden. Vgl. hierzu auch Kapitel III.A.2.a) sowie Kapitel III.B.3.

521 Vgl. Obermaier (2009), S. 546.

522 Vgl. Obermaier (2009), S. 546.

523 Vgl. Kirchner (2006), S. 62.

524 Vgl. Kirchner (2006), S. 62.

hang mit der Bilanzierung Strukturierter Produkte – die Frage nach einem aussagefähigen Gewinn sein.

Ziel einer der dynamischen Bilanztheorie folgenden Bilanzierung muss es sein, einen Geschäftserfolg im Sinne eines aussagefähigen Gewinns zu ermitteln und auszuweisen.[525] In diesem Zusammenhang kann angeführt werden, dass *Schmalenbach* eine Bilanz, die gleichermaßen versucht, den Gewinn und das Vermögen zutreffend darzustellen als "unwissenschaftlich" ablehnte.[526] Dementsprechend sollte nach der dynamischen Bilanztheorie eine Bilanz aufgestellt werden, die sich primär an einem aussagekräftigen Gewinn ausrichtet und die Darstellung vom Vermögen insofern mit einbezogen wird, dass der ermittelte Gewinn dadurch aussagekräftiger wird. Der angesprochene Dualismus von Gewinn und Vermögen ist aus Sicht dieser Bilanztheorie für den Zweck der Ermittlung eines Geschäftserfolgs dagegen eher hinderlich.[527]

Der ausgewiesene Gewinn sollte insbesondere Rückschlüsse auf die Ertragskraft in zukünftigen Perioden zulassen, die allerdings nur möglich sind, wenn der Gewinn im Wesentlichen nachhaltige und realisierte Erfolgsbeiträge abbildet.[528] Insofern sollten Aufwendungen und Erträge aus reinen Marktwertänderungen – deren Realisierung sowohl dem Grunde als auch der Höhe nach ungewiss ist – im Sinne einer nachhaltigen Erfolgsdarstellung weitgehend vom realisierten Ergebnis getrennt werden, da sie zu einer höheren Ergebnisvolatilität sowie zu einem verzerrten Gewinnausweis und liquiditätswirksamen Folgeeffekten führen können. Der Realisierungsgrad der Zeitwerte sinkt dabei zunehmend, je weiter Bewertungsdatum und Fälligkeitszeitpunkt des Bewertungsgegenstandes auseinanderliegen.

---

[525] Vgl. Schmalenbach (1962), S. 51, Moxter (1993), S. 31. Im Kontext dieser Arbeit erscheint diese Bilanztheorie insofern zweckmäßig, da die hier dargestellten finanzwirtschaftlichen Effekte in erster Linie auf dem bilanziellen Gewinn basieren und dessen Ermittlung somit auch bei der Bilanzierung im Mittelpunkt stehen sollte.

[526] Vgl. Schmalenbach (1962), S. 44 f., Moxter (1993), S. 31.

[527] Vgl. Moxter (1993), S. 31.

[528] Vgl. Kußmaul/Weiler (2009b), S. 210, Küting (2006a), S. 1450.

Letztlich würde das (realisierte) Ergebnis der betrieblichen Tätigkeit zunehmend von unrealisierten Komponenten überlagert.[529] Dieser Effekt steigert sich mit zunehmendem Anteil der unrealisierten Erfolgsbeiträge am Gesamterfolg.[530] Im Rahmen der finanzwirtschaftlichen Analyse wurde deutlich, dass das unrealisierte Ergebnis insbesondere bei der derivativen Komponente ein Vielfaches des realisierten Zinsergebnisses ausmachen kann.

Weiterhin muss sichergestellt sein, dass Zeitwertänderungen keinen Eingang in den zur Ausschüttung verfügbaren Unternehmenserfolg finden und zu einem existenzbedrohenden Liquiditätsabgang aus dem Unternehmen führen dürfen.

Basierend auf den herausgearbeiteten finanzwirtschaftlichen Effekten werden im Wesentlichen zwei Funktionen einer zweckmäßigen Rechnungslegung als besonders relevant erachtet: Zum Einen die Bemessung von erfolgsabhängigen Zahlungen auf Basis eines (realisierten) bilanziellen Gewinns[531] und zum Anderen die Vermittlung von für die Adressaten relevanten (Markt-)Informationen über Transaktionen des Unternehmens zur Einschätzung zukünftiger Zahlungserwartungen.[532]

Eine in diesem Sinne zweckmäßige Rechnungslegung darf sich somit weder einseitig an einer (vergangenheitsorientierten) Bilanzierung zu historischen Anschaffungskosten, noch ausschließlich an Informationen zu (unrealisierten und subjektiv beeinflussbaren) Zeitwerten orientieren. Idealerweise müssen beide Konzeptionen konsequent und eindeutig voneinander abgegrenzt im Jahresabschluss Eingang finden.

Für ein Rechnungslegungswerk, dass gleichermaßen eine vergangenheitsorientierte Betrachtung des (realisierten) Unternehmenserfolgs und zukunftsorientierte

529 Vgl. Küting (2006a), S. 1450, Kußmaul/Weiler (2009b), S. 210.

530 Vgl. Kußmaul/Weiler (2009b), S. 210. Diese Auffassung findet sich auch bei *Pellens/Crasselt/Sellhorn*, die es als notwendig erachten, eine striktere Trennung zwischen nachhaltigen und einmaligen, d.h. nur durch kurzfristige Wertschwankungen hervorgerufenen, Ergebniskomponenten vorzunehmen. Vgl. Pellens/Crasselt/Sellhorn (2009), S. 111.

531 Hierbei ist zu beachten, dass erfolgsabhängige Zahlungen durchaus auf unterschiedlichen Gewinnkennzahlen beruhen können. Bspw. wird die Ausschüttung an die Eigenkapitalgeber handelsrechtlich auf Basis des Bilanzgewinns bemessen, während variable Zahlungen ans Management auf Basis anderer Gewinnkennzahlen gesteuert werden können.

532 Vgl. Wulfert/Wieske (2011), S. 109.

Darstellung des Ertrags- und Risikopotentials für Strukturierte Produkte integriert, bietet sich eine konsequente Bilanzierung zu Anschaffungskosten in Verbindung mit einer erfolgsneutralen Verbuchung aller Zeitwertänderungen an. Eine solche Bilanzierung könnte insgesamt geeignet sein, die Entscheidungsnützlichkeit[533] für Anleger zu erhöhen, da es ihnen auf diese Weise möglich ist, Wertschwankungen besser zu identifizieren und auszuwerten. Dies ist im Grundsatz auch die Argumentation des IASB für eine erfolgsneutrale Erfassung.[534]

Die grundsätzliche Systematik einer solchen "dualistischen"[535] Erfolgsrechnung existiert bereits im Rahmen der IAS/IFRS, wird allerdings nur sehr restriktiv gewährt. Zu den Bestandteilen eines IFRS-Abschlusses zählt die Gesamtergebnisrechnung (statement of total comprehensive income), welche alle Aufwendungen und Erträge der Berichtsperiode umfasst.[536] Das IFRS-Framework definiert dabei in F.70 Erträge allgemein als Zunahme des wirtschaftlichen Nutzens in der Berichtsperiode, welche zu einer Zunahme des Eigenkapitals führen und nicht auf eine Einlage der Anteilseigner zurückzuführen sind. Analog dazu stellen Aufwendungen eine Abnahme des wirtschaftlichen Nutzens in der Berichtsperiode dar, welche zu einer Abnahme des Eigenkapitals führen und nicht aus Ausschüttungen an die Anteilseigner resultieren.[537] Das Gesamtergebnis enthält damit alle Veränderungen des Eigenkapitals, die nicht auf Transaktionen mit Eigentümern des Unternehmens, d.h. auf Einlagen, Entnahmen oder Ausschüttungen, zurückzuführen sind.[538] Die Gesamtergebnisrechnung wiederum untergliе-

---

533 Im Rahmen der Internationalen Rechnungslegung wird eine Information dann als entscheidungsnützlich angesehen, wenn sie sowohl Relevanz für den Abschlussleser hat, als auch zuverlässig ist. Eine Information ist insbesondere dann relevant, wenn sie dazu geeignet ist, ökonomische Entscheidungen der Adressaten zu beeinflussen, indem sie ihnen bei ihrer Bewertung vergangener und gegenwärtiger Ereignisse sowie zukünftiger Entscheidungen nutzt. Vgl. IFRS-Framework F.12, F.26, IFRS (2012b), BC17, S. 48, Kußmaul/Weiler (2009a), S. 163.

534 Vgl. IFRS (2012b), BC17, S. 48.

535 Hierunter wird in dieser Arbeit die Möglichkeit verstanden, Aufwendungen und Erträge buchhalterisch entweder erfolgswirksam *oder* erfolgsneutral in einem entsprechenden Eigenkapitalposten zu erfassen.

536 Vgl. Grünberger (2012), S. 30.

537 Vgl. IFRS-Framework F.70, Antonakopoulos (2010), S. 121.

538 Vgl. Grünberger (2012), S. 30.

dert sich in das "statement of profit or loss", welche alle erfolgswirksamen Aufwendungen und Erträge beinhaltet und in das "statement of other comprehensive income", in der die erfolgsneutral bilanzierten Sachverhalte dargestellt werden.[539] Erfolg geht somit nach der Definition im IFRS-Framework immer mit einer zeitgleichen Änderung des Eigenkapitals einher.[540]

Ein Charakteristikum der IFRS ist die Möglichkeit der Bildung einer Neubewertungsrücklage[541] (other comprehensive income). Sie stellt eine Bestandsposition von direkt im Eigenkapital erfassten Aufwendungen und Erträgen dar.[542] Die dort erfassten Posten resultieren zumeist aus Fair Value-Änderungen, die gemäß den entsprechenden IFRS-Standards nicht erfolgswirksam erfasst werden.[543] Im Bereich der Finanzinstrumente sind bislang nach IAS 39 solche Aufwendungen und Erträge erfolgsneutral ins OCI zu buchen, die aus einer Fair Value-Folgebewertung von zur Veräußerung verfügbaren Wertpapieren (available-for-sale-Transaktionen) sowie aus effektiven Sicherungsbeziehungen von Zahlungsströmen (cashflow hedges) im Rahmen des Hedge Accounting resultieren.[544] Die Neubewertungsrücklage kann allerdings auch negative Beträge annehmen, sofern die kumulierten Fair Value-Änderungen negativ werden. Dadurch entsteht ein eigenkapitalmindernder Effekt im Jahresabschluss.[545] Die unrealisierten Ergebnisse werden in der Neubewertungsrücklage solange erfasst,

---

539 Vgl. Grünberger (2012), S. 268-273.

540 Vgl. Antonakopoulos (2010), S. 121.

541 Allerdings ist die Bezeichnung "Rücklage" in diesem Kontext etwas missverständlich bzw. irreführend. Die im Handelsrecht bekannten Rücklagen werden i.d.R. aus dem (realisierten) Jahresüberschuss und stellen damit ein Instrument der Innenfinanzierung eines Unternehmens dar. Hier seien die Gesetzlichen Rücklagen nach § 150 Abs. 1 AktG und die Anderen Rücklagen gemäß § 58 Abs. 4 AktG bzw. § 29 Abs. 1 GmbHG genannt. Die Kapitalrücklage gemäß § 272 Abs. 2 HGB wird im Wesentlichen durch Emission von Anteilen über dem Nennwert und Zuzahlungen durch Gesellschafter gespeist und ist somit der Außenfinanzierung zuzurechnen. Dagegen werden beim OCI lediglich unrealisierte Fair Value-Änderungen eingebucht.

542 Vgl. Küting/Reuter (2009), S. 172.

543 Vgl. Küting/Reuter (2009), S. 172.

544 Vgl. IAS 39.55, IAS 39.95. Neben den vorgenannten und im Rahmen dieser Arbeit relevanten Posten, werden in der Internationalen Rechnungslegungspraxis bspw. auch Differenzen aus der Währungsumrechnung erfolgsneutral bilanziert.

545 Vgl. Küting/Reuter (2009), S. 174.

bis die entsprechenden Finanztitel vorzeitig veräußert oder zum Endfälligkeitsdatum getilgt werden. Zu diesem Zeitpunkt werden dann die den einzelnen Finanztiteln zugeordneten Beträge aus der Neubewertungsrücklage ausgebucht und in der GuV erfasst (sog. "recycling").[546] Für die transparente Darstellung im Jahresabschluss ist für Finanzinstrumente der Kategorie available-for-sale gem. IAS 32 der Betrag gesondert offenzulegen, der direkt mit der Neubewertungsrücklage verbucht wurde. Zudem sind alle Beträge gesondert darzustellen, die von der Neubewertungsrücklage in die GuV umgebucht wurden.[547] Im neuen Standard IFRS 9 zur Bilanzierung von Finanzinstrumenten existiert dagegen die Kategorie available-for-sale nicht mehr und auch die zwingende Bilanzierung bestimmter Finanzinstrumente im OCI entfällt. Lediglich für Eigenkapitalinstrumente, welche nicht zu Handelszwecken gehalten werden, hat das bilanzierende Unternehmen beim erstmaligen Ansatz das unwiderrufliche Wahlrecht, das Finanzinstrument zum Fair Value mit Erfassung der Veränderungen im sonstigen Gesamtergebnis zu bewerten (Fair Value through other comprehensive income); lediglich Dividenden dürfen dabei ergebniswirksam erfasst werden.[548] Zudem ist in IFRS 9 geregelt, dass Gewinne und Verluste aus finanziellen Verbindlichkeiten, die zum Fair Value bewertet werden, aufzuspalten sind: der Betrag, der auf Veränderungen im Kreditrisiko der Verbindlichkeit zurückgeführt werden kann, ist erfolgsneutral im sonstigen Gesamtergebnis (OCI) zu erfassen. Der verbleibende Betrag der Fair Value-Änderungen wird in der GuV erfasst. Die Erfassung des vollen Betrags der Fair Value-Änderungen in der GuV ist nur dann zulässig, wenn die Erfassung von Änderungen im Kreditrisiko der Verbindlichkeit im OCI eine Rechnungslegungsanomalie in der GuV hervorrufen oder vergrößern würde.[549] Diese Einschätzung wird bei erstmaligem Ansatz vorgenommen und darf nicht geändert werden. Die Beträge, die im OCI gebucht werden, dürfen nicht erfolgswirksam in

[546] Vgl. IAS 39.55, IAS 39.97, Küting/Reuter (2009), S. 174.

[547] Vgl. IAS 32.59, IAS 32.94.

[548] Vgl. Deloitte (2012).

[549] Vgl. Deloitte (2012).

die GuV umgebucht werden. Das Unternehmen darf die kumulierten Ergebnisse nur innerhalb des Eigenkapitals umgliedern.[550]

Im Handelsrecht ist eine solche erfolgsneutrale Bilanzierung von Wertschwankungen aus Finanzinstrumenten dagegen grundsätzlich nicht vorgesehen.[551] Damit unterscheidet sich auch das Eigenkapital nach IAS/IFRS grundsätzlich vom Eigenkapital im Handelsrecht in Höhe der beiden dargestellten Größen.[552]

Insgesamt ist der Erfolgsbegriff der IFRS grundsätzlich in zweifacher Hinsicht weiter gefasst als im deutschen Handelsrecht: Zum Einen beinhaltet der IFRS-Gesamterfolg hinsichtlich der Ergebniskomponenten zusätzlich auch alle erfolgsneutral im Sonstigen Ergebnis erfassten Wertänderungen. Zum Anderen werden nicht nur am Markt realisierte, sondern auch lediglich *realisierbare* Aufwendungen und Erträge ausgewiesen.[553] Allerdings vernachlässigt diese Argumentation die dargestellten möglichen negativen Effekte, die sich durch Ausschüttung von liquiden Mitteln ergeben, sofern das Finanzinstrument doch nicht veräußert und damit keine Gewinnmitnahme der realisierbaren Gewinne erfolgt. Insofern ist die mögliche Realisierbarkeit m.E. nicht als hinreichendes Kriterium für eine Berücksichtigung in der GuV zu sehen.

Eine erfolgsneutrale Bilanzierung erscheint anhand der bisherigen Überlegungen insgesamt geeignet, einen besseren Einblick in die Vermögenslage des Unternehmens, da Stille Reserven und Stille Lasten und damit das Ertrags- und Risikopotential des Unternehmens transparent gemacht werden. Gleichzeitig wird ein nachhaltiger, weniger volatiler und damit prinzipiell besser prognostizierbarer und aussagekräftiger Periodenerfolg ausgewiesen.

---

550 Vgl. Deloitte (2012).

551 Im Bereich der Nicht-Finanzinstrumente kann im Handelsrecht lediglich im Konzernabschluss eine erfolgsneutrale Verrechnung von Differenzen bei der Fremdwährungsumrechnung innerhalb des Konzerneigenkapitals unter dem Posten "Eigenkapitaldifferenz aus Währungsumrechnung" gemäß § 308a HGB oder bei der erfolgsneutralen Verrechnung von Geschäfts- oder Firmenwerten aus der Kapitalkonsolidierung (§ 309 Abs. 1 S. 3 HGB) erfolgen.

552 Vgl. Küting/Reuter (2009), S. 172.

553 Vgl. Grünberger (2012), S. 30.

Als Konsequenz dieser Gegebenheiten wird eine genauere Einschätzung der künftigen Zahlungsstrukturen angenommen.

Auch im Hinblick auf den in Kapitel III.C diskutierten Gläubigerschutz kann eine getrennte Erfolgsdarstellung einen Beitrag zu dessen effizienteren Erfüllung leisten.

Grundsätzlich lässt sich Gläubigerschutz im Kontext der Rechnungslegung auf zwei Arten erklären und realisieren: Durch eine Informations- und eine Kapitalerhaltungsperspektive (Abbildung 15).[554] Die Informationsperspektive wird in der Internationalen Rechnungslegung eingenommen. Es wird davon ausgegangen, dass ein Mehr an relevanten und verlässlichen Informationen – insbesondere aus Fair Values – den Gläubigern eine bessere Möglichkeit bietet, sich über die wirtschaftliche Situation des Kreditnehmers zu informieren und ökonomische Fehlentwicklungen frühzeitig zu erkennen.[555]

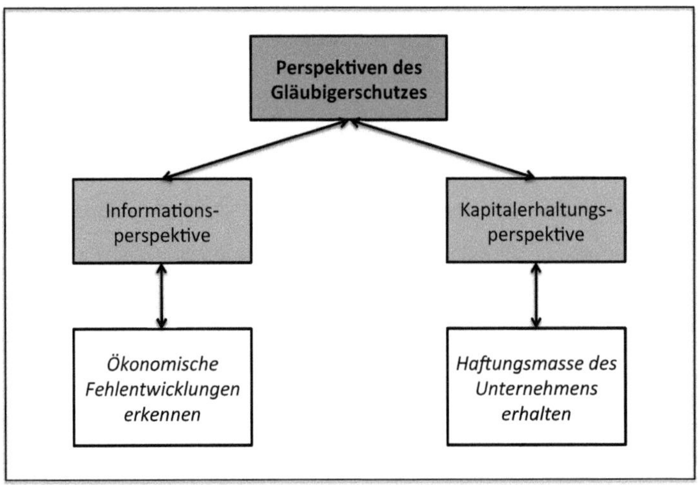

Abbildung 15: Perspektiven des Gläubigerschutzes[556]

554 Vgl. hierzu auch Lüdenbach (2010), S. 54.

555 Vgl. Hennrichs (2008). S. 420 f.

556 Abbildung in Anlehnung an Lüdenbach (2010), S. 54.

Allerdings stehen die beiden Perspektiven einander keinesfalls konkurrierend gegenüber, sondern können und müssen sich idealerweise zweckorientiert im Hinblick auf einen maximalen Grad an Gläubigerschutz ergänzen. Hierzu kann eine getrennte Erfolgsdarstellung einen wesentlichen Beitrag leisten. Für aktuellere und marktorientiertere Informationen können Gläubiger auf den erfolgsneutral erfassten und unrealisierten Erfolgskomponenten zurückgreifen und insbesondere im Unternehmen befindliche Stille Reserven und Stille Lasten und dadurch resultierende Risikopositionen erkennen und auswerten. Die auf Basis der Anschaffungskosten und realisierten Erfolgskomponenten ermittelte Bilanz sowie Gewinn- und Verlustrechnung kann wie bisher zur Ausschüttung verwendet werden, wodurch eine vorsichtige Erfolgsermittlung und Kapitalerhaltung im Sinne der Gläubiger ermöglicht wird. Somit lassen sich durch eine getrennte Erfolgsdarstellung beide Perspektiven des Gläubigerschutzes realisieren. Private Kreditvereinbarungen als weitere institutionelle Gläubigerschutzmaßnahme können ergänzend durch die Vertragsparteien – sprich Kreditgeber und Kreditnehmer – abgeschlossen werden.[557] Dagegen sind Solvenztests aufgrund ihrer praktischen Anwendungsprobleme eher weniger zur Sicherstellung des Gläubigerschutzes geeignet. Insbesondere wird eine weitere Regulierung sowie steigende Komplexität der Rechnungslegung und der Jahresabschlussprüfung durch Vermeidung einer verpflichtenden Einführung von Solvenztests vermieden.

Bezüglich der Umbuchung von in vorherigen Perioden erfolgsneutral bilanzierten Aufwendungen und Erträgen in die GuV (bspw. bei Realisierung) ist allerdings kritisch anzumerken, dass die betreffenden Beträge dadurch mehrfach Eingang in den Unternehmensgesamterfolg finden; periodenübergreifend wird dadurch die Summe der Gesamterfolge künstlich erhöht.[558] Zwar werden solche Umbuchungen regelmäßig im Anhang erläutert, erschweren aber dennoch die Jahresabschlussanalyse, insbesondere wenn gleichartige Sachverhalte im Jahresabschluss unterschiedlich behandelt werden (bspw. wenn Fair Value-Änderungen bei manchen Finanzinstrumenten erfolgswirksam und bei anderen Finanzinstrumenten erfolgsneutral erfasst werden). Dies kann allerdings auch nur

[557] Vgl. Kapitel III.C.2.

[558] Vgl. Coenenberg/Haller/Schultze (2012), S. 510.

dann als kritisch angesehen werden, wenn die Zusammensetzung bzw. das Zustandekommen des Gesamtergebnisses nicht transparent ist. Bei einer transparenten und konsequenten Trennung in der Darstellung, in der das erfolgsneutrale Ergebnis lediglich Informationscharakter hat, ist eine Umbuchung unkritisch. Auch in der Literatur wird eine solche Mischform, bei der (unrealisierte) Fair Values sowohl erfolgswirksam als auch erfolgsneutral erfasst werden, problematisch gesehen. Bspw. wird darin das Risiko gesehen, dass sowohl das Vermögen als auch der Erfolg verfälscht werden.[559]

Darüber hinaus kann durchaus bemängelt werden, dass die aktuellen Vorschriften zur erfolgsneutralen Bilanzierung teilweise nicht als konsistent erachtet werden können. Erfolgsneutral gebuchte Erfolgskomponenten aus Available-for-Sale-Finanzinstrumenten oder Eigenkapitalinstrumenten unterscheiden sich inhaltlich von anderen erfolgswirksam erfassten Fair Value-Änderungen lediglich dadurch, dass sie nicht offiziell zum Handel gehalten werden. Diese Einordnung ist allerdings größtenteils durch eine (bilanzpolitische) subjektive Einschätzung des Unternehmens motiviert und weniger durch finanzwirtschaftliche Charakteristika der betreffenden Finanzinstrumente.[560] Insgesamt bieten die bisherigen Konzepte in IAS 39 bzw. IFRS 9 einen hohen bilanzpolitischen Gestaltungsspielraum. Dies gilt sowohl für das Konzept unterschiedlicher Haltekategorien nach IAS 39 (mit subjektivem Spielraum bei der Zuordnung und teilweise nicht trennscharfen Abgrenzungskriterien der einzelnen Kategorien) als auch für das Konzept des Geschäftsmodells nach IFRS 9.

Nebeneffekt einer umfassenden erfolgsneutralen Zeitwertbilanzierung wäre allerdings, dass diese Rechnungslegungssystematik nicht dem Clean Surplus Accounting entspricht. Als Clean Surplus Accounting (bzw. Kongruenzprinzip) werden jene Rechnungslegungskonzeptionen bezeichnet, bei denen sich der Gewinn oder Verlust durch Reinvermögensänderungen, die nicht auf Einlagen oder Entnahmen der Eigentümer beruhen, ableiten lässt; d.h. alle erfolgsbeeinflussen-

[559] Vgl. hierzu Schildbach (2009), S. 594.

[560] Vgl. Höhn/Meyer (2011), S. 681.

den Sachverhalte spiegeln sich auch in der GuV wider.[561] Prinzipiell stimmt damit der Betrag des Saldos aus Aufwendungen und Erträgen mit dem Betrag der Eigenkapitalveränderungen überein, sofern die eigentümerbezogenen Transaktionen vernachlässigt werden.[562] Dadurch wird insbesondere sichergestellt, dass bilanzpolitische Spielräume des Unternehmens lediglich dazu genutzt werden können, um Erfolgskomponenten zwischen verschiedenen Rechnungslegungsperioden zu verlagern, den Gesamterfolg aber periodenübergreifend nicht in der Höhe zu beeinflussen.[563]

Dagegen sind die vorgenannten Zusammenhänge nicht mehr erfüllt, sofern Geschäftsvorfälle gemäß dem sogenannten Dirty Surplus Accounting direkt und GuV-neutral im Eigenkapital bilanziert werden. Hier fließen i.d.R. nur die Erfolge aus der gewöhnlichen Geschäftstätigkeit in die GuV ein; alle anderen außerordentlichen oder unregelmäßigen Aufwendungen oder Erträge werden GuV-neutral im Eigenkapital erfasst.[564] Somit werden bei einer Bilanzierung nach diesem Konzept lediglich solche Erfolgsbestandteile in der GuV ausgewiesen, die als nachhaltig angesehen werden und insbesondere eine bessere Prognose ermöglichen sollen.[565]

In der wissenschaftlichen Literatur wird eine umfassende erfolgsneutrale Fair Value-Bilanzierung ebenfalls durchaus als sinnvoll und zweckmäßig erachtet: *Küting/Reuter* beispielsweise sehen in einer auf dem (imparitätischen) Anschaffungskostenprinzip basierenden Bilanzierung Rechnungslegung mit zusätzlichen Anhangangaben zu den ggf. über dem Buchwert liegenden Zeitwerten eine sowohl in steigenden als auch in fallenden Märkten verlässlichere Bilanzierungspraxis.[566] Statt allgemeinen Anhangangaben ist allerdings eine umfassende Nebenrechnung eine bessere Informationsquelle und entspricht eher den

---

561 Vgl. Wagenhofer/Ewert (2007), S. 111, Coenenberg/Haller/Schultze (2012), S. 9, S. 506, Küting/Lauer (2013), S. 1187.

562 Vgl. Küting/Lauer (2013), S: 1187, Coenenberg/Haller/Schultze (2012), S. 9.

563 Vgl. Coenenberg/Haller/Schultze (2012), S. 506.

564 Vgl. Küting/Weber (2012), S. 214.

565 Vgl. Coenenberg/Haller/Schultze (2012), S. 506.

566 Vgl. Küting/Reuter (2009), S. 181.

bereits dargestellten Informationsbedürfnissen der Stakeholder des Unternehmens (vgl. Kapitel III.B.1).

Ansätze eines solchen getrennten Erfolgsausweises finden sich ebenfalls bei *Schildbach*, der vorschlägt, eine Untergliederung von Bilanzposten vorzunehmen. In den einzelnen Unterposten würden dann jeweils die Fair Values und die imparitätisch fortgeführten Anschaffungskosten einander gegenüber gestellt und damit die Marktwertänderungen eindeutig von realisierten Aufwendungen und Erträgen abgegrenzt.[567] Somit könnte es dem Bilanzleser überlassen bleiben, inwieweit er die erfolgsneutral erfassten Fair Values als bloße Marktschwankungen oder aber als potentielle Aufwendungen und Erträge ansieht.[568] Hierdurch ließe sich eine Fehlinterpretation des Gesamtergebnisses infolge einer zunehmenden Überlagerung bzw. Verschleierung der gewöhnlichen Geschäftstätigkeit durch unrealisierten Bewertungseffekte verringern.[569] Auch *Kußmaul/Weiler* sehen eine erfolgsneutrale Fair Value-Bilanzierung grundsätzlich als sinnvoll an, verweisen aber auf eine uneinheitliche Terminologie des erfolgsneutralen Ergebnisses in den Abschlüssen der Unternehmen, welche die Aussagekraft und damit die Entscheidungsnützlichkeit eines solchen Konzeptes signifikant erschwert.[570]

Als Endergebnis könnten somit die wesentlichen Vorteile beider Konzepte in einem Gesamtkonzept zusammengeführt werden. Abbildung 16 verdeutlicht das Konzept: Den Dimensionen des Informationsangebots und der Informationsnachfrage im Rahmen der Rechnungslegung stehen die beiden Konzepte der Anschaffungskosten- und der Fair Value-Bilanzierung gegenüber, wobei letztere eher eine Informationsfunktion zugesprochen wird, während der Anschaffungskostenbilanzierung das Vorsichtsprinzip zugrunde liegt. Eine erfolgsneutrale Fair Value-Bilanzierung vereint durch ihr Konzept sowohl historische Anschaffungskosten als auch eine gesonderte Behandlung von Zeitwerten,

[567] Vgl. Schildbach (2009), S. 595 f.

[568] Vgl. Schildbach (2009), S. 596.

[569] Vgl. Kußmaul/Weiler (2009b), S. 213.

[570] Vgl. Kußmaul/Weiler (2009b), S. 213-216.

wodurch dieses Bilanzierungsart als Ausgleich zwischen beiden Konzepten dienen kann.

Die Bilanzierung zu imparitätisch fortgeführten Anschaffungskosten entspricht damit den Erfordernissen einer vorsichtigen Bilanzierung und führt zu einem Fernhalten von Ergebnisvolatilität aus dem Jahresabschluss. Zudem wird ein durch Ausschüttung unrealisierter Erträge potentiell existenzbedrohender Abfluss von Liquidität verhindert. Hierdurch wird insbesondere den Ansprüchen der Gläubiger (bzw. allgemein der solvenzorientierten Gruppe) Rechnung getragen.

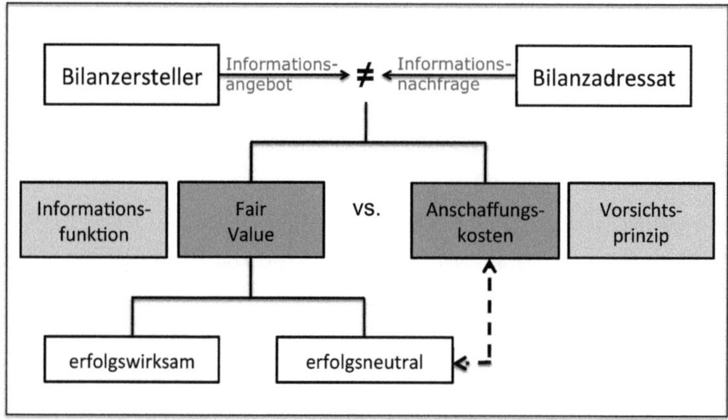

Abbildung 16: Einordnung der erfolgsneutralen FV-Bilanzierung[571]

Weiterhin könnten die Bilanzadressaten auf die von Ihnen präferierten Informationen (Anschaffungs- bzw. Marktwerte) zurückgreifen, wodurch eine höhere Informationseffizienz erreicht werden kann. Negative finanzwirtschaftliche Effekte durch eine erhöhte Ergebnisvolatilität und der Ausschüttung unrealisierter Erträge werden grundsätzlich eliminiert. Zudem könnte eine strikte und umfassende Umsetzung der erfolgsneutralen Bilanzierung zur Reduktion der Anreize für eine bilanzpolitische Gestaltung bei der Fair Value-Berechnung führen, da

571 Eigene Darstellung.

diese Informationen zumindest für die Zahlungsbemessung keine Rolle mehr spielen.

Trotz der konzeptionellen Vorteile bleibt festzuhalten, dass hierbei sowohl Fair Values als auch die historischen und fortgeführten Anschaffungskosten der einzelnen Komponenten Strukturierter Produkte zu berechnen und zu berücksichtigen sind, wodurch ein gewisser Mehraufwand gegenüber der Umsetzung eines Konzeptes basierend auf nur einem der Bewertungsmaßstäbe resultiert. Obgleich die meisten Bewertungsinformationen, insbesondere bei größeren Unternehmen und Konzernen, ohnehin innerhalb des Risikomanagements verfügbar sind und in der heutigen Zeit über automatisierte Finanzmanagementsysteme ausgewertet und in den Prozess der Rechnungslegung integriert werden können, besteht dennoch der signifikante Aufwand beide Bewertungsmaßstäbe konsequent zu verarbeiten und entsprechend im Jahresabschluss darzustellen. Dies würde insbesondere solche Unternehmen vor Herausforderungen stellen, die derzeit nur nach Handelsrecht bilanzieren. Speziell bei einem relativ geringen Volumen gehandelter Strukturierter Finanzinstrumente wäre hier die Kosten-Nutzen-Relation fragwürdig, wodurch diese Unternehmen in der Konsequenz von einem entsprechenden Handel absehen würden.

Dennoch überwiegen in Anbetracht der Alternativen m.E. die Vorteile eines solchen erfolgsneutralen Konzeptes dessen Nachteile.

4. Vorschlag einer erfolgsneutralen Fair Value-Bilanzierung für Strukturierte Produkte

Basierend auf der im vorangegangenen Kapitel dargestellten Systematik wären sämtliche Strukturierte Produkte – sowohl auf der Aktivseite als auch auf der Passivseite – zu ihren Anschaffungskosten zu bilanzieren, was bei einem Vertragsabschluss zu marktgerechten Konditionen ebenfalls dem Fair Value entspricht. Dabei sind sie im Zeitpunkt der Ersterfassung im Sinne einer transparenten Darstellung der Risikostruktur, analog zur Vorgehensweise nach IAS 39 oder IDW RS HFA 22, in ihre einzelnen Komponenten aufzuspalten und getrennt zu bilanzieren. Abgrenzungskriterium ist eine Heterogenität der wertbeeinflussenden Marktpreise.[572]

Bei der Anleihe- bzw. Zinskomponente würden eventuelle Differenzen zwischen Auszahlungsbetrag und Rückzahlungsbetrag (Agio/Disagio) über die Laufzeit nach der Effektivzinsmethode ab- bzw. zugeschrieben werden, da der Betrag entsprechenden Zinscharakter hat. Im Sinne einer periodengerechten Abgrenzung, wäre eine sofortige Erfassung als Aufwand/Ertrag im Zugangszeitpunkt daher nicht zweckmäßig. Anschaffungsnebenkosten, wie bspw. Gebühren, sollten direkt als Aufwand verbucht werden, da sie prinzipiell – im Gegensatz zu Agios bzw. Disagios – kein Zinskorrektiv darstellen.

Eingebettete Derivate mit einem positiven Marktwert zum Zugangszeitpunkt, insbesondere Optionen, werden mit der gezahlten Prämie aktiviert. Finanzinstrumente, die zum Zeitpunkt des Vertragsabschlusses keinen Marktwert aufweisen, bspw. Zins-Swaps, können dementsprechend auch nicht bilanzwirksam erfasst werden und müssten für die weitere Rechnungslegung außerhalb der Bilanz vorgemerkt werden.

Im Rahmen der Folgebilanzierung an den kommenden Abschlussstichtagen (Jahres-, Quartals- und Monatsabschlüssen) ist die weitere Verbuchung der unterschiedlichen aus den Einzelkomponenten resultierenden Aufwendungen und Erträge zu prüfen. Zentrales Kriterium muss hierbei die Realisierung am Markt sein. Für die Anleihekomponente würde dies bedeuten, dass die laufenden Zinseinnahmen unmittelbar erfolgswirksam erfasst werden.

Die Folgebewertung erfolgt entsprechend zum Fair Value, wobei keine Aufteilung nach unterschiedlichen Kategorien mit unterschiedlichen Bewertungsvorschriften (wie in IAS 39) möglich wäre. Dies soll insbesondere bilanzpolitische Gestaltungsmöglichkeiten verhindern und dem Bilanzleser dadurch einen transparenteren und umfassenden Einblick in die Ertrags-Chancen und die Risiko-Position des Unternehmens ermöglichen.

---

572 Vgl. IAS 39.11, IDW (2008), S. 3.

Zwischenzeitliche Neubewertungen über bzw. unter dem aktuellen Buchwert sind bis zur Endfälligkeit, analog zum Statement of other comprehensive income bei IAS/IFRS-Bilanzierung, in einer Erfolgsneutralen Ergebnisrechnung entsprechend als unrealisierter Ertrag bzw. Aufwand zu erfassen. Der aktivische bzw. passivische Saldo der gesamten Wertänderungen aus der Erfolgsneutralen Ergebnisrechnung fließt dann als Erfolgsneutrales Ergebnis ins Eigenkapital ein. Die gleiche Systematik erfolgt für die Bestandsposition. Auch hier werden die Wertänderungen über eine Erfolgsneutrale Bilanz verbucht und der Saldo über die Bilanz ausgeglichen.

Während im Rahmen der aktuellen IFRS-Systematik der erfolgsneutrale Aufwand bzw. -ertrag direkt gegen den jeweiligen Bilanzposten gebucht wird, bleibt der Bilanzposten bei der hier dargestellten Vorgehensweise unberührt und spiegelt nach wie vor die fortgeführten Anschaffungskosten ohne jegliche Zeitwertänderungen wider. Stattdessen werden die Wertänderungen außerhalb der Bilanz gebucht. Dadurch würden sowohl Bilanz als auch GuV lediglich realisierte Wertsteigerungen bzw. -minderungen enthalten.

Somit beinhaltet das hier dargestellte Konzept nicht nur Erfolgsneutralität der unrealisierten Marktwertänderungen, sondern im Vergleich zu IAS/IFRS auch Vermögensneutralität[573] in Bezug auf die Bilanzwirksamkeit.

Vorteil gegenüber einer Gegenbuchung direkt in der Bilanz ist m.E. eine bessere Abgrenzung unrealisierter und realisierter Marktwertänderungen sowohl in der Bilanz als auch in der GuV und damit eine höhere Konsistenz. Hierdurch würden die Bilanzpositionen ebenfalls transparenter werden, indem für den Bilanzleser nun sowohl die historischen Anschaffungskosten als auch unrealisierte Wertänderungen ersichtlich sind. Insgesamt kann somit nicht nur eine Verzerrung des Gewinns durch unrealisierte Wertänderungen verhindert werden; auch die Möglichkeit einer Verzerrung des Vermögens und eine möglicherweise hieraus resultierende Fehlinterpretation wird vermieden.

---

573 Als Vermögensneutralität wird in diesem Zusammenhang die Nicht-Berücksichtigung der Marktwertänderungen in der Bilanzposition bezeichnet.

Die Aussagekraft und einheitliche Abbildung kann dabei noch erhöht werden, indem die Erfolgsneutrale Bilanz die gleiche Gliederung aufweist wie die Bilanz, so dass eine einfachere Zuordnung des erfolgsneutralen Ergebnisses zu einzelnen Bilanzpositionen ermöglicht wird. Im konkreten Beispiel der Indexanleihe würde eine Aufteilung in einen Posten "Anleihen" und einen Posten "(Eingebettete) Indexoptionen" erfolgen. Bei einer gleichen Struktur der erfolgsneutralen Ergebnisrechnung könnten die dort gebuchten Beträge der Bilanzposition direkt gegenüber gestellt werden. Hieraus ließen sich auch die Risikodimensionen sowie Verhältniskennzahlen zwischen der Bilanzpositionen und den damit zusammenhängenden Risiken ermitteln.

Allerdings kann es in jenen Fällen zu unerwünschten Nebeneffekten kommen, in denen die Netto-Wertänderungen[574] negativ ausfallen: Bei Netto-Aufwendungen bestünde für das Unternehmen bei einer konsequenten Trennung von Bilanz/GuV und erfolgsneutraler Rechnung nämlich die Möglichkeit, (realisierte) Gewinne trotz der negativen Netto-Wertänderungen auszuschütten. Eine Verlustantizipation würde unterbleiben. Ein Lösungsansatz für diese Problematik wäre, die Höhe des Betrags der Nettoaufwendungen als Ausschüttungssperre zu berücksichtigen.[575]

D.h., sofern die Summe der Wertänderungen positiv ist, erfolgt eine reguläre erfolgsneutrale Erfassung. Der resultierende Unterschiedsbetrag aus der Erfolgsneutralen Bilanz wird auf der Aktivseite gegengebucht. Bei negativen Wertänderungen würde ebenfalls eine erfolgsneutrale Erfassung stattfinden, wobei der Unterschiedsbetrag auf der Passivseite gebucht wird und dort in gleicher Höhe als Ausschüttungssperre herangezogen werden kann.

Im Sinne einer transparenten Darstellung der Chancen- und Risikoposition des Unternehmens und einer Erhöhung des Informationsgehalts des Jahresabschlusses wäre eine Aufteilung und Gliederung der unrealisierten Ergebniskomponenten nach der Art der wertbestimmenden Marktpreise vorteilhaft. Bei der in dieser Arbeit exemplarisch dargestellten Indexanleihe wäre eine Unterteilung der

574 Als Netto-Wertänderungen wird hier der Saldo aus den gesamten unrealisierten Aufwendungen und Erträgen verstanden.

575 Der Vorschlag einer vollumfänglichen Ausschüttungssperre in Höhe der unrealisierten Gewinne findet sich auch bei Jessen/Haaker (2013), S. 1620 f.

Wertänderungen entsprechend "aus Zinsbewegungen" sowie "aus Aktienindexbewegungen" vorzunehmen.[576] Eine Gliederung nach einzelnen Risikoarten würde die Qualität der vermittelten Informationen somit erhöhen. Für den Bilanzleser wäre einfacher ersichtlich, welche unrealisierten Ergebnisse bspw. aus Zinsänderungen, Aktienindexbewegungen oder sonstigen Marktpreisen resultieren und könnte damit das Chancen- und Risikopotential des Unternehmens besser einschätzen.

Die hier dargestellte Erfolgsneutrale Bilanz sowie die Erfolgsneutrale Ergebnisrechnung wäre als Erläuterung im Anhang aufzunehmen. Dort wären auch weitere Informationen zu verwendeten Bewertungsmodellen und zur Ermittlung der Bewertungsparameter anzugeben.

Für das in Kapitel III.A.2 eingeführte Zahlenbeispiel, würden sich bei einer Bilanzierung nach dem hier dargestellten Konzept folgende Werte ergeben (sofern ein Unternehmen angenommen wird, welches zum Zeitpunkt der Erfassung lediglich ein Bankguthaben i.H.v. 20.000 EUR aufweist und die Indexanleihe der einzige erworbene Vermögensgegenstand ist):

Beim Zugang der Indexanleihe erfolgt eine Aufspaltung des Gesamtproduktes in die einzelnen Komponenten und eine Bilanzierung zu Anschaffungskosten.

Aktiva		**Bilanz per**	**31.12.2011**	Passiva
Anlagevermögen		0	Eigenkapital	15.000
Umlaufvermögen[577]			Fremdkapital	5.000
* Anleihen	9.574,42			
* Indexoptionen	2.356,05			
* Bank	8.069,53			
Bilanzsumme		20.000	Bilanzsumme	20.000

[576] Vgl. hierzu auch Tabelle 1 in Kapitel II.A.1, die bereits zur Klassifizierung Strukturierter Produkte anhand der Art der eingebetteten Risikokomponente verwendet wurde.

[577] Die Anschaffungswerte der Anleihe- und Optionskomponente wurden in Kapitel III.A.2 berechnet. Das Bankguthaben am 31.12.2012 ergibt sich aus dem Anfangsbestand i.H.v. 20.000 EUR abzgl. des Kaufpreises der Indexanleihe i.H.v. 11.930,47 EUR.

Im Rahmen des Folgebilanzierung am 31.12.2012, ist eine erfolgsneutrale Verbuchung der Fair Value-Veränderungen beider Komponenten vorzunehmen, wobei die Bestandsposition in der Bilanz unverändert zu fortgeführten Anschaffungskosten bilanziert wird. Stattdessen wird die Gegenbuchung gegen eine Nebenrechnung durchgeführt, deren Saldo als aktivischer bzw. passivischer Unterschiedsbetrag in der Bilanz erfasst wird.

Aktiva	**Bilanz per 31.12.2012**		Passiva
Anlagevermögen	0	Eigenkapital	15.000
		Periodengewinn	153,86
		Erfolgsneutrales	
Umlaufvermögen[578]		Ergebnis	1.210,88
* Anleihen	9.678,28		
* Indexoptionen	2.356,05	Fremdkapital	5.000
* Bank	8.119,53		
Erfolgsneutraler			
Unterschiedsbetrag	1.210,88		
Bilanzsumme	21.364,74	Bilanzsumme	21.364,74

Soll	**GuV per 31.12.2012**		Haben
Periodengewinn	*153,86*	Zinsertrag[579]	153,86

578 Der Betrag der Anleihe setzt sich aus den Anschaffungskosten i.H.v. 9.574,42 zzgl. des abgegrenzten Disagios von 103,86 zusammen. Dagegen bleibt der Wert der Optionskomponente gleich. Die Position "Bank" erhöht sich aufgrund des vereinnahmten Coupons i.H.v. 50,00.

579 Der Betrag setzt sich aus der Summe der Disagio-Abgrenzung zum 31.12.2012 i.H.v. 103,86 EUR und dem Coupon i.H.v. von 50,00 EUR zusammen. Die fortgeführten Anschaffungskosten der Anleihekomponente können Tabelle 9 entnommen werden.

Aktiva	**Erfolgsneutrale Bilanz per 31.12.2012**		Passiva
Anlagevermögen	0	Langfristige Verbindlichkeiten	0
Umlaufvermögen			
* Anleihen	264,11	Kurzfristige Verbindlichkeiten	0
* Indexoptionen[580]	946,77		
		Unterschieds-betrag	1.210,88
Summe	1.210,88	Summe	1.210,88

Soll	**Erfolgsneutrale Ergebnisrechnung per 31.12.2012**		Haben
Erfolgsneutrales Ergebnis	*1.210,88*	aus Zins-bewegungen	264,11[581]
		aus Aktienindex-bewegungen	946,77[582]

Somit dient die erfolgsneutrale Ergebnisrechnung der Abrechnung der unrealisierten Aufwendungen und Erträge, welche in die Bilanz als "Erfolgsneutrales Ergebnis" einfließen. Dagegen dient die Erfolgsneutrale Bilanz der Abrechnung der Bilanzpositionen und damit der unverzerrten Darstellung der Vermögensseite. In den Folgeperioden würde die Erfolgsneutrale Ergebnisrechnung jeweils nur die unrealisierten Aufwendungen und Erträge beinhalten, während die Erfolgsneutrale Bilanz die kumulierten Wertänderungen darstellt. D.h. die Summe der Werte der

580 Die Werte in der erfolgsneutralen Bilanz entsprechen zum 31.12.2012 den Werten in der erfolgsneutralen Ergebnisrechnung. In späteren Perioden würde hier entsprechend die kumulierte Wertänderung ausgewiesen.

581 Der unrealisierte Ertrag aus der Zinskomponente bei einheitlicher Bilanzierung kann Tabelle 11 entnommen werden bzw. ergibt sich aus der Differenz der Zeitwerte vom 31.12.2011 und 31.12.2012 (vgl. Tabelle 8).

582 Der unrealisierte Ertrag aus der Optionskomponente bei einheitlicher Bilanzierung ist in Tabelle 11 dargestellt bzw. ergibt sich aus der Differenz der Zeitwerte vom 31.12.2011 und 31.12.2012 (vgl. Tabelle 8).

Bilanz und den (kumulierten) Wertänderungen entspricht dem aktuellen Fair Value der entsprechenden Position.

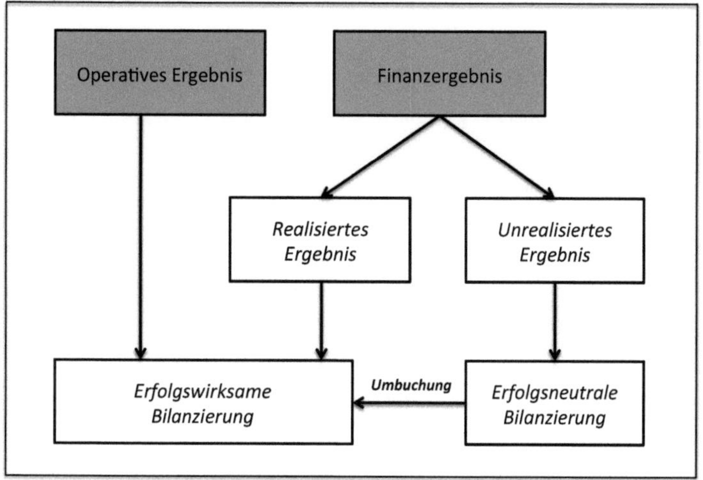

Abbildung 17: Systematik einer erfolgsneutralen FV-Bilanzierung[583]

Abbildung 17 veranschaulicht das Konzept grafisch. Im Bereich der Finanzinstrumente würden die Aufwendungen und Erträge anhand des Kriteriums der Realisierung der jeweiligen Erfolgsrechnung zugeordnet. Realisierte Ergebnisse werden unmittelbar erfolgswirksam erfasst, während unrealisierte Wertänderungen zunächst im erfolgsneutralen Ergebnis ausgewiesen werden. Erst bei Realisierung werden sie entsprechend erfolgswirksam umgebucht.

Bei der Rechnungslegung Strukturierter Finanzinstrumente werden die Nachteile einer Bilanzierung nach IAS 39 bzw. IFRS 9 vermieden. Bei einer getrennten Bilanzierung nach IAS 39 liegt der Nachteil in einer Ignorierung der Marktwertinformationen bzw. der Risikoposition aus der Anleihekomponente, d.h. die gesamte Risikoposition ist nicht transparent. Dagegen ist bei einer einheitlichen Bilanzierung nach IAS 39 bzw. IFRS 9 bei einer gleichlaufenden

583 Eigene Darstellung.

Marktwertentwicklung die Chancen- bzw. Risikoverteilung auf die einzelnen Marktpreisrisiken nicht transparent, während bei entgegengesetzter Marktwertentwicklung der einzelnen Komponenten zusätzlich auch eine Ergebniskompensation resultiert.

Durch eine Aufspaltung der beiden Komponenten und Erfassung aller Fair Value-Änderungen im erfolgsneutralen Ergebnis nach Art des wertbestimmenden Marktpreises, ließen sich die genannten Nachteile prinzipiell beheben. Eine klare Abgrenzung unrealisierter Ergebniskomponenten würde auch eine unnötige Ergebnisvolatilität vermeiden.

Darüber hinaus wird die Aussagefähigkeit des Jahresabschlusses insofern erhöht, als realisierte und unrealisierte Ergebniskomponenten nicht mehr in einer Ergebniskennzahl aggregiert und zudem einzelne Risikoarten ersichtlich werden. Im Ergebnis wird das Chancen- und Risikopotential des Unternehmens transparenter. Hierdurch könnte auch die Erfolgsquellenanalyse wesentlich erleichtert werden.[584]

Besonders schwerwiegend war in den bisherigen Ausführungen die Möglichkeit einer Ausschüttung unrealisierter Gewinne durch die Berücksichtigung von Fair Values in der Ausschüttungsbemessung. Dieser Punkt würde durch die ausschließliche Berücksichtigung realisierter Ergebniskomponenten in der GuV verhindert, womit ein höheres Gläubigerschutz-Niveau einherginge.

Neben der weitgehenden Vermeidung der bereits in Kapitel III.A dargestellten negativen Effekte ergibt sich zudem eine verbesserte Integration von entscheidungsnützlichen Informationen an den Kapitalmarkt.

Allerdings ist kritisch festzustellen, dass im Rahmen der aktuellen erfolgsneutralen Rechnungslegungspraxis keine einheitliche Terminologie verwendet und das erfolgsneutrale Ergebnis äußerst unterschiedlich in den Abschlüssen benannt wird. Während von der E.ON SE (vgl. Abbildung 18) der Begriff "(Kumuliertes)

---

[584] Unter Erfolgsquellenanalyse wird die Analyse des Zustandekommens des Unternehmenserfolgs bezeichnet und dient damit der Beurteilung des (nachhaltigen) Ertragspotentials durch Aufteilung der Erfolgsquellen. Letztlich ist das Ziel der Erfolgsquellenanalyse, Aussagen über die zukünftige Ertragslage treffen zu können. Vgl. Coenenberg/Haller/Schultze (2009), S. 1103 f., Küting/Weber (2012), S. 252 f., Antonakopoulus (2010), S. 121.

Other Comprehensive Income" verwendet wird, ist in den Abschlüssen der Daimler AG von "Übrigen Rücklagen" die Rede. Weitere Begriffe für das erfolgsneutrale Ergebnis sind "Kumulierte sonstige erfolgsneutrale Eigenkapitalveränderung" (Deutsche Bank AG), "Neubewertungsrücklage" (Deutsche Börse AG), "Übrige Neutrale Rücklagen" (Deutsche Lufthansa AG), "Sonstige Bestandteile des Eigenkapitals" (Henkel AG) oder "Erfolgsneutrale Rücklagen" (Continental AG).[585]

in Mio €
Gezeichnetes Kapital
Kapitalrücklage
Gewinnrücklagen
Kumuliertes Other Comprehensive Income
Eigene Anteile
Anteil der Gesellschafter der E.ON SE

Abbildung 18: Bilanzielles Eigenkapital der E.ON SE[586]

Eine derart unterschiedliche Bezeichnung schränkt die Aussagekraft und insbesondere die Vergleichbarkeit von Abschlüssen ein.

Insofern wäre die Vorgabe einer einheitlichen Terminologie notwendig.

Aus praktischer Sicht sollte eine solche erfolgsneutrale Fair Value-Bilanzierung zumindest für größere Unternehmen und Banken, die im Fokus dieser Arbeit stehen, in einem angemessenen Kosten-Nutzen-Verhältnis stehen, da die entsprechenden notwendigen Werte (nicht zuletzt in Zeiten einer zunehmenden

585 Vgl. E.ON (2013), S. 99, Daimler (2013), S. 194, Deutsche Bank (2013), S. 275, Deutsche Börse (2013), S. 199, Lufthansa (2013), S. 133, Henkel (2013), S. 105, Continental (2013), S. 157.

586 Entnommen aus E.ON (2013), S. 99.

Automatisierung durch Finanzmanagement- und Reporting-Software) ohnehin im Unternehmen verfügbar sind. Aus wirtschaftlichkeitsorientierter Sicht kann allerdings eine mögliche Pflicht der betreffenden Unternehmen zur erfolgsneutralen Bilanzierung bspw. am Volumen der gehandelten Strukturierten Finanzinstrumente abgeleitet werden. Hier könnte eine Festlegung bestimmter Schwellenwerte zweckmäßig sein, ab deren Überschreitung eine erfolgsneutrale Bilanzierung verpflichtend wird. Ein solches am gehandelten Volumen orientierte Konzept verfolgt bspw. auch die European Securities and Markets Authority (ESMA) bei der Regulierung von OTC-Derivaten. Hier wird eine Verpflichtung zum zentralen Clearing ebenfalls anhand von Schwellenwerten festgelegt.[587]

Zusammenfassend lässt sich die hier dargestellte umfassende erfolgsneutrale Bilanzierung als grundsätzlich zweckmäßige Möglichkeit einer Bilanzierung Strukturierter Produkte sehen, die beiden Konzepte miteinander in Einklang zu bringen und den Informations- und Schutzinteressen aller Rechnungslegungsadressaten weitgehend zu entsprechen. Bislang galten die beiden Konzepte von vorsichtsgeprägter Bilanzierung mit einem bilanzrechtlichen Gläubigerschutz als Fokus und einer Fair Value-Bilanzierung mit Ausrichtung auf die Erfüllung der Informationsfunktion des Kapitalmarkts als prinzipiell im Gegensatz zueinander stehende Konzepte.

Mit einer umfassenden erfolgsneutralen Fair Value-Bilanzierung ließen sich die Vorzüge beider Rechnungslegungssysteme integrieren, ohne weitgehend die jeweils mit dem Konzept verbundenen Nachteile in Kauf nehmen zu müssen. Eine solche Bilanzierung dürfte sich nicht nur für Strukturierte Produkte eignen, sondern auch für sonstige originäre und derivative Finanzinstrumente.

587 Vgl. hierzu den entsprechenden technischen Standard der European Securities and Markets Authority (2012), S. 20.

IV. Zusammenfassung und Ausblick

Während die bisherige Literatur sich eher einseitig mit den Rechnungslegungsvorschriften, rechtlichen Rahmenbedingungen oder aber mit der modelltheoretischen Duplikation und Bewertung von Strukturierten Produkte beschäftigt, liegt das Ziel der vorliegenden Arbeit in einer systematischen und umfassenden Analyse der aus deren Bilanzierung resultierenden finanzwirtschaftlichen Implikationen. Insbesondere stehen die Interdependenzen von Rechnungslegung, finanzwirtschaftlichen Ergebniseffekten und institutionellen Möglichkeiten zur Sicherstellung eines Gläubigerschutzes bei der Bilanzierung im Mittelpunkt. Unterschiedliche finanzwirtschaftliche Effekte können sich bei Strukturierten Produkten durch eine Aufspaltung des Gesamtproduktes in die einzelnen Komponenten und einer unterschiedlichen bilanziellen Behandlung ergeben (einheitliche oder getrennte Bilanzierung).

Für die Analyse dieser Effekte wurde zunächst eine Systematisierung und die Herausarbeitung der besonderen Risikostruktur von Strukturierten Produkten vorgenommen, um im nächsten Schritt die Modellbewertung sowie die aktuellen Rechnungslegungsvorschriften von IAS/IFRS und HGB darzustellen. Anhand einer exemplarischen Indexanleihe konnte verdeutlicht werden, dass bei einheitlicher Rechnungslegung zum Fair Value je nach Marktentwicklung eine wesentliche Erhöhung der Ergebnisvolatilität resultieren kann. Darüber hinaus kann es zudem zu einer unzutreffenden bzw. intransparenten Darstellung der Risiko*verteilung* im Unternehmen kommen, da sich die unterschiedlichen Wertänderungen bei gegenläufiger Wertentwicklung kompensieren. Dagegen kommt es bei einer getrennten Rechnungslegung regelmäßig zu einer Ignoranz des Zinsrisikos der Anleihekomponente und damit zu einer unzutreffenden Darstellung der Risiko*position* des Unternehmens.

Darüber hinaus kann es durch den Ausweis unrealisierter Fair Value-Änderungen sowohl nach IAS/IFRS als auch nach HGB/BilMoG zu einem Abfluss liquider Mittel aus dem Unternehmen kommen, der je nach Wertentwicklung des Strukturierten Produktes die tatsächliche Realisierung übersteigt. Dieser Mittelabfluss kann sich durch weitere Zahlungen, die an den bilanziellen Gewinn anknüpfen (bspw. Managementvergütung, Tariferhöhungen, Kapitalkosten in späteren Perioden für die Refinanzierung des Liquiditätsabflusses) sogar weiter erhöhen. Dieser ungedeckte Liquiditätsabfluss hat dabei nicht nur Implikationen für den Fortbestand des Unternehmens, sondern ist auch kritisch im Hinblick auf ein Mindestniveau für den Gläubigerschutz zu sehen. Hierzu wurden im Anschluss die Notwendigkeit und die Möglichkeiten eines institutionellen Gläubigerschutzes herausgearbeitet. Dabei wurde ausgeführt, dass zukunftsgerichtete Solvenztest als Alternative zu einer bilanzrechtlichen Kapitalerhaltung in der Praxis auf wesentliche Anwendungsprobleme (insbesondere im Bereich der Prognose des zukünftigen Liquiditätsbestands) stoßen.

Anhand der gewonnenen Erkenntnisse der negativen finanzwirtschaftlichen Effekte aus der Fair Value-Bilanzierung sowie mangelnder Marktinformationen und Risikotransparenz bei einer Anschaffungskostenbilanzierung, wurde im abschließenden Teil der Arbeit die Notwendigkeit einer erfolgsneutralen Fair Value-Bilanzierung verdeutlicht. Diese Bilanzierung scheint – bezugnehmend auf die Ausführungen in den Kapiteln III.C.3 und III.C.4 – konzeptionell geeignet, die dargestellten negativen Effekte wesentlich zu reduzieren. Sie wäre damit als zweckmäßige Möglichkeit für eine Bilanzierung Strukturierter Produkte zu sehen, welche die Vorzüge von Anschaffungskosten- und Fair Value-Rechnungslegung kombiniert und die Informations- und Schutzinteressen aller Rechnungslegungsadressaten weitgehend berücksichtigt. Eine solche erfolgsneutrale Bilanzierung wird auch in der wissenschaftlichen Literatur prinzipiell positiv gesehen.[588]

Dabei geht das hier dargestellte Konzept allerdings insofern weiter als die bisherigen erfolgsneutralen Bilanzierungskonzepte, als nicht nur die unrealisierte Ergebniskomponente aus dem Jahresabschluss (Verlagerung von der GuV in eine Nebenrechnung) ferngehalten wird, sondern auch die Vermögenskomponente (Verlagerung von der Bilanz in eine Nebenrechnung). Somit ist das dargestellte Konzept nicht nur durch Ergebnisneutralität (hinsichtlich einer Berücksichtigung der unrealisierten Wertänderungen in der GuV), sondern auch durch

588 Vgl. hierzu Vgl. Küting/Reuter (2009), S. 181, Schildbach (2009), S. 595 f., Kußmaul/Weiler (2009b), S. 213-216 sowie die Ausführungen in Kapitel III.C.3.

Vermögensneutralität (hinsichtlich einer Berücksichtigung in der Bilanz) charakterisiert. D.h., die Bilanzpositionen der Komponenten des Strukturierten Produktes werden durch die unrealisierte Wertänderung nicht korrigiert, sondern die Wertänderungen werden in einer erfolgsneutralen Nebenbilanz gebucht und der Saldo über einen Unterschiedsbetrag reguliert.

Schwerpunkt weiterer wissenschaftlicher Arbeiten und Diskussionen sollte das Konzept einer umfassenden erfolgsneutralen Fair Value-Bilanzierung sein. Hier wäre eine Diskussion in der wissenschaftlichen Literatur und in der Rechnungslegungspraxis wünschenswert hinsichtlich einer weiteren Konkretisierung und Umsetzung eines solchen Konzeptes sowie der Eignung für sonstige originäre und derivative Finanzinstrumente.

Im Bereich der finanzwirtschaftlichen Effekte bestünde weiterer Forschungsbedarf an einer empirischen Analyse der Effekte nach Einführung der Rechnungslegungsvorschriften von IFRS 9; insbesondere für Unternehmen, die von einer getrennten auf eine einheitliche Rechnungslegung umstellen müssten.

ANHANG

Restlaufzeit (in Jahren)	1	2	3	4
Spot Rate per 31.12.2011 (in %)	- 0,0	0,14	0,36	0,61
Spot Rate per 31.12.2012 (in %)	- 0,01	0,2	1,1	-
Spot Rate per 31.12.2013 (in %)	1,0	2,0	-	-
Spot Rate per 31.12.2014 (in %)	5,0	-	-	-
Spot Rate per 31.12.2015 (in %)	-	-	-	-

Tabelle 14: Laufzeitabhängige Entwicklung der Spot Rates (Szenario B)[589]

Datum	DAX-Stand	Volatilität	Credit Spread
31.12.2011	5.898,35	0,30	0,10
31.12.2012	5.700,00	0,18	0,10
31.12.2013	5.600,00	0,15	0,10
31.12.2014	5.500,00	0,10	0,10
31.12.2015	5.400,00	-	-

Tabelle 15: Entwicklung der Options-Bewertungsparameter (Szenario B)

Restlaufzeit (in Jahren)	1	2	3	4
Spot Rate per 31.12.2011 (in %)	- 0,02	0,14	0,36	0,61
Spot Rate per 31.12.2012 (in %)	- 0,04	- 0,04	0,05	-
Spot Rate per 31.12.2013 (in %)	0,3	0,7	-	-
Spot Rate per 31.12.2014 (in %)	1,0	-	-	-
Spot Rate per 31.12.2015 (in %)	-	-	-	-

Tabelle 16: Laufzeitabhängige Entwicklung der Spot Rates (Szenario C)

589 Der 1-jährige Zinssatz zum 31.12.2014 wurde im Beispiel bewusst in der Höhe gewählt, um einen annahmegemäß kontinuierlich sinkenden Fair Value der Anleihekomponente darzustellen.

Datum	DAX-Stand	Volatilität	Credit Spread
31.12.2011	5.898,35	0,30	0,10
31.12.2012	6.800,00	0,35	0,10
31.12.2013	8.000,00	0,36	0,10
31.12.2014	7.600,00	0,30	0,10
31.12.2015	6.500,00	-	-

Tabelle 17: Entwicklung der Options-Bewertungsparameter (Szenario C)[590]

[590] Für die Volatilität wird aufgrund der Marktschwankung eine tendenziell steigende Entwicklung angenommen.

Literaturverzeichnis

Abt, S. / Gehlen, T. (1999):

Emission Strukturierter Produkte. In: Eller, R. / Gruber, W. / Reif, M. (Hrsg.): Handbuch Strukturierter Kapitalmarktprodukte. Konstruktion, Pricing und Risikomanagement. Stuttgart 1999.

Adler, H. / Düring, W. / Schmaltz, K. (1997):

Rechnungslegung und Prüfung der Unternehmen. 6. Auflage, Stuttgart 1997.

Albrecht, M. / Reinbacher, P. / Niehoff, K. / Derfuß, K. (2013):

Bilanzierung von Finanzinstrumenten bei Kreditinstituten nach IFRS und HGB - Ein kritischer Vergleich unter besonderer Berücksichtigung strukturierter Finanzinstrumente. In: KoR - Zeitschrift für internationale und kapitalmarktorientierte Rechnungslegung, 06/2013, S. 273 - 280.

Antonakopoulos, N. (2010):

Erfolgsquellenanalyse nach IFRS auf Basis des Gesamterfolgs (total comprehensive income). In: KoR - Zeitschrift für internationale und kapitalmarktorientierte Rechnungslegung, 03/2010, S. 121-129.

Baetge, J. / Kirsch, H.-J. / Thiele, S. (2011a):

Bilanzen. 11. Auflage, Düsseldorf 2011.

Baetge, J. / Kirsch, H.-J. / Thiele, S. (2011b):

Konzernbilanzen. 11. Auflage, Düsseldorf 2011.

Baetge, J. / Kirsch, H.-J. / Thiele, S. (2005):

Bilanzen. 8. Auflage, Düsseldorf 2005.

Ballwieser, W. (2001):

Anforderungen des Kapitalmarkts an Bilanzansatz- und Bilanzbewertungsregeln. In: KoR - Zeitschrift für internationale und kapitalmarktorientierte Rechnungslegung, 04/2001, S. 160-164.

BaFin (1999a):

Rundschreiben 3/1999: Strukturierte Produkte (vom 30.10.1999). Veröffentlicht im Internet (07.03.2013), http://www.bafin.de/SharedDocs/Downloads/DE/Rundschreiben/dl_rs_9903_va_strukturierte_produkte.html

BaFin (1999b):

Rundschreiben 17/1999: Zuordnung der Bestände und Geschäfte der Institute zum Handelsbuch und zum Anlagebuch (§ 1 Abs. 12 KWG, § 2 Abs. 11 KWG). Veröffentlicht im Internet (07.10.2013), http://www.bafin.de/SharedDocs/Veroeffentlichungen/DE/Rundschreiben/rs_9917_ba.html

Ballwieser, W. (2002):

Informations-GoB - auch im Lichte von IAS und US-GAAP. In: KoR - Zeitschrift für internationale und kapitalmarktorientierte Rechnungslegung, 03/2002, S. 115-121.

Ballwieser, W. / Küting, K. / Schildbach, T. (2004):

Fair Value – erstrebenswerter Wertansatz im Rahmen einer Reform der handelsrechtlichen Rechnungslegung? In: BFuP - Betriebswirtschaftliche Forschung und Praxis, 06/2004, S. 529-549.

Ballwieser, W. (2011):

Unternehmensbewertung. Prozeß, Methoden und Probleme. 3. Auflage, Stuttgart 2011.

Baule, R. / Scholz, H. / Wilkens, M. (2004):
Short-Zertifikate auf Indizes - Bewertung und Analyse eines innovativen Retail-Produktes für Baissephasen. In: ZfB - Zeitschrift für Betriebswirtschaft, 74. Jg., Heft 4/2004, S. 315-338.

Bernanke, B. S. / Kuttner, K. N. (2004):
What Explains the Stock Market's Reaction to Federal Reserve Policy? Veröffentlicht im Internet (15.10.2012), http://www.federalreserve.gov/pubs/feds/2004/200416/200416pap.pdf

Bertsch, . / Kärcher, . (2005):
Handels- und steuerbilanzielle Behandlung von Derivaten und strukturierten Produkten. In: Handbuch Derivativer Instrumente, hrsg. von Eller, R. / Heinrich, M. / Perrot, R. / Reif, M., 3. Auflage, Stuttgart 2005, S. 549-596.

Bieg, H. et.al. (2008):
Die Saarbrücker Initiative gegen den Fair Value. In: DER BETRIEB, Heft 47, 11/2008, S. 2549-2552.

Bieg, H. / Kußmaul, H. (2009):
Externes Rechnungswesen. 5. Auflage, München 2009.

Bieg, H. (2010):
Bankbilanzierung nach HGB und IFRS. 2. Auflage, München 2010.

Bieg, H. / Kußmaul, H. / Waschbusch, G. (2012):
Externes Rechnungswesen. 6. Auflage, München 2012.

Bier, N. / Lopatta, K. (2008):
Die Bilanzierung strukturierter Produkte und eingebetteter Derivate im Kontext der IFRS. In: KoR - Zeitschrift für internationale und kapitalmarktorientierte Rechnungslegung, 05/2008, S. 304-314.

Black, F. / Scholes, M. (1973):

The Pricing of Options and Corporate Liabilities. In: Journal of Political Economy. Vol. 81/1973, S. 637-654.

Blanchard, O. / Illing, G. (2009):

Makroökonomie. 5. Auflage, München 2009.

BMW (2013):

Geschäftsbericht 2012 der BMW AG. Veröffentlicht im Internet (11.10.2013), http://geschaeftsbericht2012.bmwgroup.com/bmwgroup/annual/2012/gb/German/pdf/bericht2012.pdf

Börse Online (2012):

Millionengrenze bei strukturierten Produkten geknackt. Veröffentlicht im Internet (19.06.2012), http://www.boerse-online.de/zertifikat/nachrichten/meldungen/:Zertifikate-und-Hebelprodukte--Millionengrenze-bei-strukturierten-Produkten-geknackt/641267.html

Bösch, M. (2013):

Finanzwirtschaft. Investition, Finanzierung, Finanzmärkte und Steuerung. 2. Auflage, München 2013.

Boos, K.-H. (2008):

Problemfelder der internationalen Bilanzierungsregeln im Lichte der Finanzmarktkrise. In: Kreditwesen - Zeitschrift für das gesamte Kreditwesen, 19/2008, S. 977-979.

Brinkmann, R. / Rilling, U. (2008):

IFRS für Ausschüttungszwecke geeignet? In: Accounting, 6/2008, S. 11-15.

Bruns, C. / Meyer-Bullerdiek, F. (2013):

Professionelles Portfoliomanagement. Aufbau, Umsetzung und Erfolgskontrolle strukturierter Anlagestrategien. 5. Auflage, Stuttgart 2013.

Clement, R. / Terlau, W. / Kiy, M. (2013):

Angewandte Makroökonomie. 5. Auflage, München 2013.

Coenenberg, A. G. / Haller, A. / Schultze, W. (2009):

Jahresabschluss und Jahresabschlussanalyse - Betriebswirtschaftliche, handelsrechtliche, steuerrechtliche und internationale Grundsätze - HGB, IFRS, US-GAAP. 21. Auflage, Stuttgart 2009.

Continental (2013):

Geschäftsbericht 2012 der Continental AG. Veröffentlicht im Internet (11.10.2013),

http://report.conti-online.com/pages/service/download/docs/gb_2012_de.pdf

Credit Suisse (2013):

Mögliche Risiken bei strukturierten Produkten. Veröffentlicht im Internet (12.11.2013),

https://perspectives.credit-suisse.com/ch/privatkunden/anlegen/de/unsere-produkte/strukturierte-produkte/moegliche-risiken.jsp

Das, S. (2001):

Structured products & hybrid securities. Singapore 2001.

Daimler (2013):

Geschäftsbericht 2012 der Daimler AG. Veröffentlicht im Internet (11.10.2013), http://www.daimler.de/Projects/c2c/channel/documents/2287151_Daimler_Geschaeftsbericht_2012.pdf

Deloitte (2012):
Überblick über IFRS 9. Veröffentlicht im Internet (19.06.2012), http://www.iasplus.com/de/standards/standard46.

DER BETRIEB (2011):
Kurznachrichten Internationale Rechnungslegung. FASB: Fair-Value-Vorschlag entschärft. In: DER BETRIEB, Heft 07, 02/2011, S. 373.

Deutsche Bank (2013):
Jahresbericht 2012 der Deutsche Bank AG. Veröffentlicht im Internet (11.10.2013), https://www.db.com/ir/de/download/Deutsche_Bank_Geschaeftsbericht_2012_gesamt.pdf

Deutsche Börse (2006):
VDAX-NEW - Der neue Volatilitätsindex der Deutschen Börse. Veröffentlicht im Internet (12.01.2013), http://deutsche-boerse.com/dbg/dispatch/de/binary/gdb_content_pool/imported_files/public_files/10_downloads/20_indices_misc/VDAX-Flyer_D.pdf

Deutsche Börse (2012):
Unternehmensbericht 2012. Veröffentlicht im Internet (24.08.2013), http://deutsche-boerse.com/dbg/dispatch/de/binary/gdb_content_pool/imported_files/public_files/10_downloads/12_db_annual_reports/2012/Annual_Report_2012.pdf

Deutsche Bundesbank (1997):
Schätzung von Zinsstrukturkurven. In: Monatsbericht Oktober 1997. Veröffentlicht im Internet (21.05.2012), http://www.bundesbank.de/download/volkswirtschaft/mba/1997/199710mba_zstrukt.pdf

Deutsche Bundesbank (2013):
Kapitalmarktstatistik August 2013 - Statistisches Beiheft 2 zum Monatsbericht. Veröffentlicht im Internet (26.09.2013), http://www.bundesbank.de/Redaktion/DE/Downloads/Veroeffentlichungen/Statistische_Beihefte_2/2013/2013_08_kapitalmarktstatistik.pdf?__blob= publicationFile

Deutsche Telekom (2013):
Geschäftsbericht 2012 der Deutsche Telekom AG. Veröffentlicht im Internet (11.10.2013), http://www.geschaeftsbericht.telekom.com/site0412/de/co/download-center/index.php

Deutscher Bundestag (2009):
Beschlussempfehlung und Bericht des Rechtsausschusses (6. Ausschuss) zu dem Gesetzentwurf der Bundesregierung – Drucksache 16/10067. Veröffentlicht im Internet (02.11.2013), http://dip21.bundestag.de/dip21/btd/16/124/1612407.pdf

Deutscher Derivate Verband (2012):
Credit Spreads. Veröffentlicht im Internet (29.12.2012), http://www.deutscher-derivate-verband.de/DEU/Transparenz/CreditSpreads

Dornbusch, R. / Fischer, S. / Startz, R. (2011):
Macroeconomics. 11. Auflage, New York 2011.

DRSC (2009):
Positionspapier des Deutschen Standardisierungsrates vom 29.04.2009: Auswirkungen der globalen Finanzmarktkrise auf die Bilanzierung von Finanzinstrumenten. Veröffentlicht im Internet (21.03.2013), http://www.drsc.de/docs/press_releases/090409_DSR_Pospapier_Finanzmarktkrise.pdf

E.ON (2013):
Geschäftsbericht 2012 der E.ON SE. Veröffentlicht im Internet (11.07.2013), http://www.eon.com/content/dam/eon-com/ueber-uns/GB_2012_D_eon.pdf

Ebertz, T. (1992):
Arbitragetheoretische Bewertung von Index-Anleihen. Berlin 1992.

Eckes, B. / Gehrer, J. (2003):
IAS 39 aus Sicht der Wirtschaftsprüfung. In: Kreditwesen - Zeitschrift für das gesamte Kreditwesen, 11/2003, S. 585-592.

Eckes, B. / Weigel, W. (2006):
Die Fair Value-Option. In: KoR - Zeitschrift für internationale und kapitalmarktorientierte Rechnungslegung, 06/2006, S. 415-421.

Eisele, W. / Knobloch, A. P. (2003):
Strukturierte Anleihen und Bilanzrechtsauslegung. In: ZfbF - Schmalenbachs Zeitschrift für betriebswirtschaftliche Forschung, 55. Jg., 12/2003, S. 749-772.

Eiselt, A. / Haneberg, L. / Lopatta, K. (2012):
Änderung des Kapitalschutzsystems in Europa? Eine Fallstudie zu den diskutierten Reformvorschlägen. In: KoR - Zeitschrift für internationale und kapitalmarktorientierte Rechnungslegung, 06/2012, S. 305-311.

ESMA (2012):
Regulatory technical standards on indirect clearing arrangements, the clearing obligation, the public register, access to a trading venue, non-financial counterparties, risk mitigation techniques for OTC derivatives contracts not cleared by a CCP. Veröffentlicht im Internet (22.10.2013), http://eur-lex.europa.eu/LexUriServ/LexUriServ.do?uri=OJ:L:2013:052:0011:0024:EN:PDF

EU (2001):
Richtlinie 2001/65/EG des Europäischen Parlaments und des Rates. Veröffentlicht im Internet (12.10.2013), http://eur-lex.europa.eu/LexUriServ/LexUriServ.do?uri=OJ:L:2001:283:0028:0032:DE:PDF

European Commission (2008):
Results of the external study on the feasibility of an alternative to the Capital Maintenance Regime of the Second Company Law Directive and the impact of the adoption of IFRS on profit distribution. Veröffentlicht im Internet (12.03.2013), http://ec.europa.eu/internal_market/company/docs/capital/feasbility/markt-position_en.pdf

European Commission (2011):
Vorschlag für eine Richtlinie des Rates über eine Gemeinsame konsolidierte Körperschaftsteuer-Bemessungsgrundlage (GKKB), KOM (2011) 121/4. Veröffentlicht im Internet (12.10.2013), http://ec.europa.eu/taxation_customs/resources/documents/taxation/company_tax/common_tax_base/com_2011_121_de.pdf

Federal Reserve (1997):
Monetary Policy Report to the Congress Pursuant to the Full Employment and Balanced Growth Act of 1978. Veröffentlicht im Internet (06.10.2013), http://www.federalreserve.gov/boarddocs/hh/1997/july/FullReport.pdf

Fischer, A. / Haller, A. (1993):
Bilanzpolitik zum Zwecke der Gewinnglättung. Empirische Erkenntnisse. In: ZfB - Zeitschrift für Betriebswirtschaft, 63. Jg., 01/1993, S. 35-59.

Fischer, E. O. / Keber, C. / Schuster, M. G. (2001):

Fallstudie aus Financial Engineering: Darstellung, Bewertung und Analyse des Raiffeisen Garantiezertifikates 2000 - 2004 auf den Dow Jones Euro Stoxx 50. In: JFB - Journal für Betriebswirtschaft, 01/2001, S. 28-41.

Fischer, E. O. / Schuster, M. G. (2002):

Indexanleihen mit Kapitalgarantien: Darstellung, Bewertung und Analyse. In: ZfB - Zeitschrift für Betriebswirtschaft, 72. Jg., 03/2002, S. 243-274.

Förster, G. / Schmidtmann, D. (2009):

Steuerliche Gewinnermittlung nach dem BilMoG. In: Betriebs Berater, Heft 25, 06/2009, S. 1342-1346.

Franke, G. / Hax, H. (2009):

Finanzwirtschaft des Unternehmens und Kapitalmarkt. 6. Auflage, Berlin/Heidelberg 2009.

Frühwirth, M. / Höger, A. (2000):

Die Schätzung der Zinsstruktur aus Swapmarkt-Daten unter besonderer Berücksichtigung des Bonitätsrisikos. In: FINANZ BETRIEB, 1/2000, S. 40-43.

Gallati, R. R. (2011):

Verzinsliche Wertpapiere - Bewertung und Strategien. 3. Auflage, Wiesbaden 2011.

Gilgenberg, B. / Weiss, J. (2009):

Die "Zeitwertfalle" - Bilanzierung von Finanzinstrumenten im Spannungsfeld der gegenwärtigen Finanzmarktkrise. In: KoR - Zeitschrift für internationale und kapitalmarktorientierte Rechnungslegung, 03/2009, S. 182-186.

Glischke, T. / Mach, P. / Stemmer, D. (2009):
Credit Valuation Adjustments (CVA) - Berücksichtigung von Kontrahentenausfallrisiken bei der Bewertung von Derivaten. In: FINANZ BETRIEB, 10/2009, S. 553-557.

Grottke, M. (2009a):
Kritik an der Kapitalerhaltung und synoptische Darstellung des aktuellen Stands der Reformvorschläge - Gläubigerschutz durch Ausschüttungsbemessung I. In: KoR - Zeitschrift für internationale und kapitalmarktorientierte Rechnungslegung, 05/2009, S. 261-266.

Grottke, M. (2009b):
Der Solvenztest: (k)eine sinnvolle Alternative zur Kapitalerhaltung? Eine kritische Analyse - Gläubigerschutz durch Ausschüttungsbemessung II. In: KoR - Zeitschrift für internationale und kapitalmarktorientierte Rechnungslegung, 06/2009, S. 353-362.

Grünberger, D. (2009):
IFRS 2009. 7. Auflage, Herne 2009.

Grünberger, D. (2011a):
IFRS 2011. 9. Auflage, Herne 2011.

Grünberger, D. (2011b):
Das credit value adjustment von Derivaten nach IFRS 13. In: KoR - Zeitschrift für internationale und kapitalmarktorientierte Rechnungslegung, 09/2011, S. 410-417.

Grünberger, D. (2012):
IFRS 2012. 10. Auflage, Herne 2012.

Haaker, A. (2009):
Zur Zukunft der Kapitalerhaltung - IFRS und Solvenztest statt HGB-Abschluss In: ZfgG - Zeitschrift für das gesamte Genossenschaftswesen, 03/2009, S. 198-218.

Hartenberger, H. (2013):
Finanzinstrumente. In: Beck'sches IFRS-Handbuch - Kommentierung der IFRS/IAS, hrsg. von Bohl, W. / Riese, J. / Schlüter, J., München/Bern 2013, S. 129-281.

Hayn, S. / Waldersee, G. Graf (2006):
IFRS/US-GAAP/HGB im Vergleich - Synoptische Darstellung für den Einzel- und Konzernabschluss. 6. Auflage, Stuttgart 2006.

Heinrich, M. (1999):
Strukturierte Produkte im Aktienbereich. In: Eller, R. / Gruber, W. / Reif, M. (Hrsg.): Handbuch Strukturierter Kapitalmarktprodukte. Konstruktion, Pricing und Risikomanagement. Stuttgart 1999.

Henkel (2013):
Geschäftsbericht 2012 der Henkel AG & Co. KGaA. Veröffentlicht im Internet (11.10.2013),
http://unternehmensbericht.henkel.de/fileadmin/2012_GB/PDF_DE/Henkel_GB2012_de.pdf

Henkel, K. (2010):
Rechnungslegung von Treasury-Instrumenten nach IAS/IFRS und HGB. - Ein Umsetzungsleitfaden mit Fallstudien und Tipps. Wiesbaden 2010.

Hennrichs, J. (2008):
IFRS – Eignung für Ausschüttungszwecke? In: BFuP - Betriebswirtschaftliche Forschung und Praxis, 05/2008, S. 415-432.

Henselmann, K. (1999):

Unternehmensrechnungen und Unternehmenswert: Ein situativer Ansatz. Aachen 1999.

Herzig, N. / Stock, C. (2011):

Entwicklungen der Organschaft und Zukunftsperspektiven einer Gruppenbesteuerung. In: BFuP - Betriebswirtschaftliche Forschung und Praxis, Jg. 63 (2011), Heft 05/2011, S. 476-502.

Hitz, J.-M. (2006):

Fair Value in der Rechnungslegung. In: DBW - Die Betriebswirtschaft, 01/2006, S. 109 - 113.

Hockmann, H.-J. / Thießen, F. (2007):

Investment Banking. 2. Auflage, Stuttgart 2007.

Höhn, B. / Meyer, C. (2011):

Die ökonomische Relevanz des Other Comprehensive Income - Eine empirische und qualitative Analyse der Unternehmen am SPI mit IFRS-Abschluss. In: Der Schweizer Treuhänder, Jg. 85, Heft 09/2011, S. 677-682.

HSBC Trinkaus (2012):

Zertifikate und Optionsscheine. 12. Auflage, Düsseldorf 2012. Veröffentlicht im Internet (04.12.2012).

http://www.hsbc-zertifikate.de/pdfs/produktbeschreibungen/

OptionsscheineZertifikate_online.pdf

Hull, J. C. / White, A. (1995):

The impact of default risk on the prices of options and other derivative securities. In: Journal of Banking & Finance, Vol. 19, No. 2/1995, S. 299-322.

Hull, J. C. (2009):

Optionen, Futures und andere Derivate. 7. Auflage, München 2009.

IASB (2008a):

Discussion Paper: Reducing Complexity in Reporting Financial Instruments, Veröffentlicht im Internet (13.02.2013). http://www.ifrs.org/Current-Projects/IASB-Projects/Financial-Instruments-A-Replacement-of-IAS-39-Financial-Instruments-Recognitio/Discussion-Paper-and-Comment-Letters/ Documents/DPReducingComplexity_ReportingFinancialInstruments.pdf

IASB (2008b):

IASB Expert Advisory Panel - Measuring and disclosing the fair value of financial instruments in markets that are no longer active, Veröffentlicht im Internet (15.04.2013). http://www.ifrs.org/News/Press-Releases/Documents/IASB_Expert_Advisory_Panel_October_2008.pdf

IASB (2012a):

Snapshot: Financial Instruments: Classification and Measurement (Limited Amendments to IFRS 9). Veröffentlicht im Internet (05.12.2012). http://www.ifrs.org/Current-Projects/IASB-Projects/Financial-Instruments-A-Replacement-of-IAS-39-Financial-Instruments-Recognitio/Limited-modifications-to-IFRS-9/Documents/Snapshot-ED-Limited-Amendments-IFRS-9.pdf

IASB (2012b):

Exposure Draft ED/2012/4. Classification and Measurement: Limited Amendments to IFRS 9. Veröffentlicht im Internet (05.10.2013), http://www.ifrs.org/Current-Projects/IASB-Projects/Financial-Instruments-A-Replacement-of-IAS-39-Financial-Instruments-Recognitio/Limited-modifications-to-IFRS-9/Documents/ED-Classification-and-Measurement-November-2012-bookmarks.pdf

IDW (2006):

Vorschläge des IDW zur Neukonzeption der Kapitalerhaltung und zur Ausschüttungsbemessung. Presseinformation 8/06 vom 11.09.2006. Veröffentlicht im Internet (13.03.2013), http://www.idw.de/idw/portal/d412914/index.jsp

IDW (2008):

IDW Stellungnahme zur Rechnungslegung: Zur einheitlichen oder getrennten handelsrechtlichen Bilanzierung strukturierter Finanzinstrumente (IDW RS HFA 22). In: WPg Supplement 4/2008, S. 41 ff., FN-IDW 10/2008, S. 455 ff.

IDW (2009):

IDW Prüfungsstandard: Rechnungslegungs- und Prüfungsgrundsätze für die Abschlussprüfung (IDW PS 201). In: WPg Supplement 4/2009, S. 1 ff., FN-IDW 11/2009, S. 533 ff.

IDW (2012):

IFRS 9 - Eine Antwort auf die Schwächen von IAS 39? Presseinformation 3/2012 vom 24.05.2012. Veröffentlicht im Internet (21.12.2012). http://www.idw.de/idw/download/Presseinfo_3_2012.pdf?id=619934&property=Datei.

Jakobus, P. / Papa, V. (2009):

Fair Value aus Investorensicht. In: Kreditwesen - Zeitschrift für das gesamte Kreditwesen, 11/2009, S. 541-543.

Jaschke, S. / Stehle, R. / Wernicke, S. (2000):

Arbitrage und die Gültigkeit des Barwertprinzips im Markt für Bundeswertpapiere. In: ZfbF - Zeitschrift für betriebswirtschaftliche Forschung, 52. Jg., 08/2000, S. 440-468.

Jensen, M. / Meckling, W. (1976):
Theory of the firm. Managerial behavior, agency costs, and ownership structure. In: Journal of Financial Economics. Band 3, 04/1976, S. 305–360.

Jessen, U. / Haaker, A. (2012):
EU-Konsultation zur Kapitalerhaltung durch IFRS und Solvenztest. In: KoR - Zeitschrift für internationale und kapitalmarktorientierte Rechnungslegung, Heft 7, 07/2012, S. M1.

Jessen, U. / Haaker, A. (2013):
Implikationen der neuen Rechnungslegungsrichtlinie für die Fortentwicklung des deutschen Bilanzrechts. In: DER BETRIEB, Heft 30, 07/2013, S. 1617-1622

Kahle, H. / Schulz, S. (2011):
Harmonisierung der steuerlichen Gewinnermittlung in der Europäischen Union. In: BFuP - Betriebswirtschaftliche Forschung und Praxis, Jg. 63 (2011), Heft 05/2011, S. 455-576.

Kalk, U. (2008):
Fair Value Accounting von Finanzinstrumenten in der internationalen Rechnungslegung. Lohmar 2008.

Kirchner, C. (2006):
Probleme von Ermessensspielräumen in der fair value-Bewertung nach Internationalen Rechnungslegungsstandards. In: ZfbF - Schmalenbachs Zeitschrift für betriebswirtschaftliche Forschung, Sonderheft 55/2006, S. 61-78.

Köpf, G. / Walz, H. (1986):
Die Indexanleihe der Deutschen Bank: Ansatzpunkte zu ihrer Bewertung. In: Die Bank, 09/1986, S. 459-462.

KPMG (2008):
Feasibility study on an alternative to the capital maintenance regime established by the Second Company Law Directive 77/91/EEC of 13 December 1976 and an examination of the impact on profit distribution of the new EU-accounting regime. Abrufbar unter:
http://ec.europa.eu/internal_market/company/docs/capital/feasbility/study_en.pdf

KPMG (2009):
First Impressions: IFRS 9 Financial Instruments. Veröffentlicht im Internet (05.12.2012).
http://www.kpmg.com/Global/en/IssuesAndInsights/ArticlesPublications/first-impressions/Documents/First-Impressions-IFRS-9-Financial-Instruments.pdf

Kropff, B. (1983):
Sinn und Grenzen von Bilanzpolitik - im Hinblick auf den Entwurf des Bilanzrichtlinien-Gesetzes. In: Baetge, J. (Hrsg.), Der Jahresabschluss im Widerstreit der Interessen, S.179-211. Düsseldorf, 1983.

Krumnow, J. / Sprißler, W. / Bellavite-Hövermann, Y. / Brütting, C. (2004):
Rechnungslegung der Kreditinstitute. Stuttgart 2004.

Kruschwitz, L. / Husmann, S. (2012):
Finanzierung und Investition. 7. Auflage, München 2012.

Kußmaul, H. (2003):
Bilanzierungsfähigkeit und Bilanzierungspflicht. In: Küting, K. / Weber, C.-P. (Hrsg.), Handbuch der Rechnungslegung, 5. Auflage.

Kußmaul, H. / Weiler, D. (2009a):
Fair Value-Bewertung im Licht aktueller Entwicklungen (Teil 1). In: KoR - Zeitschrift für internationale und kapitalmarktorientierte Rechnungslegung, 03/2009, S. 163-171.

Kußmaul, H. / Weiler, D. (2009b):

Fair Value-Bewertung im Licht aktueller Entwicklungen (Teil 2). In: KoR - Zeitschrift für internationale und kapitalmarktorientierte Rechnungslegung, 04/2009, S. 209-216.

Küting, K. (2005):

Erkennung von Unternehmenskrisen anhand der angewandten Bilanzpolitik. In: Controlling – Zeitschrift für erfolgsorientierte Unternehmenssteuerung, Heft 4-5/2005, S. 223-231.

Küting, K. (2006a):

Auf der Suche nach dem richtigen Gewinn - Die Gewinnkonzeption von HGB und IFRS im Vergleich. In: DER BETRIEB, Heft 27/28, 07/2006, S. 1441-1450.

Küting, K. (2006b):

Der Stellenwert der Bilanzanalyse und Bilanzpolitik im HGB- und IFRS-Bilanzrecht. In: DER BETRIEB, 12/2006, S. 2753-2762.

Küting, K. / Lauer, T. (2009):

Der Fair Value in der Krise. In: BFuP - Betriebswirtschaftliche Forschung und Praxis, Heft 6/2009, S. 547-567.

Küting, K. / Lauer, T. (2013):

Die Bedeutung des Anschaffungskostenprinzips und die Folgen seiner Durchbrechung - eine vergleichende Würdigung des HGB und der IFRS. In: DER BETRIEB, Heft 22, 05/2013, S. 1185-1191.

Küting, K. / Reuter, M. (2009):

Neubewertungsrücklagen als Konsequenz einer (erfolgsneutralen) Fair Value-Bewertung - Untersuchung dieser IFRS-spezifischen Eigenkapitalposten und ihrer fragwürdigen Bedeutung in der Bilanzierungspraxis. In: KoR - Zeitschrift für internationale und kapitalmarktorientierte Rechnungslegung, 03/2009, S. 172-181.

Küting, K. / Kaiser, T. (2010):

Fair Value-Accounting - Zu komplex für den Kapitalmarkt? In: CORPORATE FINANCE biz, 06/2010, S. 375-386.

Küting, K. / Weber, C.-P. (2012):

Die Bilanzanalyse. Beurteilung von Abschlüssen nach HGB und IFRS. 10. Auflage, Stuttgart 2012.

Lamers, A. (1981):

Aktivierungsfähigkeit und Aktivierungspflicht immaterieller Werte. München 1981.

Lanfermann, G. / Richard, M. (2008):

Ausschüttungen auf Basis von IFRS: Bleibt die deutsche Bundesregierung zu zögerlich? - Zum Regierungsentwurf eines Gesetzes zur Modernisierung des Bilanzrechts (Bilanzrechtsmodernisierungsgesetz - BilMoG). In: DER BETRIEB, Heft 36, 09/2006, S. 1925-1932.

Leffson, U. (1987):

Die Grundsätze ordnungsmäßiger Buchführung. 7. Auflage, Düsseldorf 1987.

Löffler, G. (2005):

Avoiding the rating bounce: why rating agencies are slow to react to new information. In: Journal of Economic Bahavior & Organization, Vol. 56, p. 365-381.

Löw, E. / Scharpf, P. / Weigel, W. (2008):

Auswirkungen des Regierungsentwurfs zur Modernisierung des Bilanzrechts auf die Bilanzierung von Finanzinstrumenten. In: WPg - Die Wirtschaftsprüfung, 21/2008, S. 1011-1020.

Lüdenbach, N. (2010):

IFRS. Der Ratgeber zur erfolgreichen Anwendung von IFRS. 6. Auflage, Freiburg 2010.

Lufthansa (2013):

Geschäftsbericht 2012 der Deutsche Lufthansa AG. Veröffentlicht im Internet (11.10.2013), http://investor-relations.lufthansagroup.com/fileadmin/downloads/de/finanzberichte/geschaeftsberichte/LH-GB-2012-d.pdf

Mankiw, N. G. (2013):

Macroeconomics. 8. Auflage, Basingstoke 2013.

Märkl, H. / Schaber, M. (2009):

Zur Nachfolgeregelung des IAS 39: Inhalt und kritische Würdigung des ED "Classification and Measurement". In: KoR - Zeitschrift für internationale und kapitalmarktorientierte Rechnungslegung, 10/2009, S. 533-544.

Merton, R. C. (1973):

Theory of Rational Option Pricing. In: Bell Journal of Economics and Management Science. Vol. 4/1973, S. 141-183.

Merton, R. C. (1974):

On the Pricing of Corporate Debt: The Risk Structure of Interest Rates. In: Journal of Finance. Vol. 29/ 1974, S. 449-470.

Merton, R. C. / Scholes, M. S. / Gladstein, M. L. (1978):

The Returns and Risk of Alternative Call Option Portfolio Investment Strategies. In: The Journal of Business, Vol. 51/1978, S. 183-242.

Modigliani, F. / Miller, M. H. (1958):

The Cost of Capital, Corporation Finance and the Theory of Investment. In: The American Economic Review, Vol. 48/1958, No. 3, S. 261-297.

Moxter, A. (1993):
Bilanzlehre. Band I: Einführung in die Bilanztheorie. 3. Auflage, Wiesbaden 1993.

Nguyen, T. (2009):
Offene Fragen zur Bilanzierung von Finanzinstrumenten nach BilMoG. In: Kreditwesen - Zeitschrift für das gesamte Kreditwesen, 05/2009, S. 230-235.

Nguyen, T. / Rohlf, K. (2011):
Zeitwertbilanzierung von Finanzinstrumenten bei Kredit- und Finanzdienstleistungsinstituten. In: Kreditwesen - Zeitschrift für das gesamte Kreditwesen, 02/2011, S. 94-100.

Niehaus, H. (2008):
Bewährungsprobe für die Fair-Value-Bewertung in Zeiten der Finanzmarktkrise. In: Kreditwesen - Zeitschrift für das gesamte Kreditwesen, Heft 22, 11/2008, S. 1170-1174

o.V. (2011):
Bedeutung und Einsatz von Strukturierten Produkten. In: Schweizer Bank, Nr. 10, 08/2011, S. 60.

Obermaier, R. (2009):
Fair Value-Bilanzierung nach IFRS auf der Basis von Barwertkalkülen - Ermittlung und Wirkungen kapitalmarktorientierter Basiszinssätze. In: KoR - Zeitschrift für internationale und kapitalmarktorientierte Rechnungslegung, 10/2009, S. 545-554.

Oestreicher, A. (1992):
Grundsätze ordnungsmäßiger Bilanzierung von Zinsterminkontrakten - das Prinzip der Einzelbewertung bei funktional verknüpften Finanzgeschäften. Düsseldorf 1992.

Olfert, K. (2013):
Finanzierung. 16. Auflage, Herne 2013.

Pelger, C. (2008):
Ansatzpunkte und zweifelhafte Anreizwirkungen: Entwicklungen in den IFRS und der Zusammenhang zur Unternehmenssteuerung. In: KoR - Zeitschrift für internationale und kapitalmarktorientierte Rechnungslegung, 09/2008, S. 565-574.

Pellens, B. / Crasselt, N. / Sellhorn, T. (2007):
Solvenztest zur Ausschüttungsbemessung - Berücksichtigung unsicherer Zukunftserwartungen. In: ZfbF - Schmalenbachs Zeitschrift für betriebswirtschaftliche Forschung, Jg. 59, 03/2007, S. 264-283.

Pellens, B. / Crasselt, N. / Sellhorn, T. (2009):
Corporate Governance und Rechnungslegung. In: ZfbF - Schmalenbachs Zeitschrift für betriebswirtschaftliche Forschung, Jg. 61, 02/2009, S. 102-113.

Pellens, B. / Jödicke, D. / Richard, M. (2005):
Solvenztests als Alternative zur bilanziellen Kapitalerhaltung? In: DER BETRIEB, Jg. 58, 07/2005, S. 1393-1401.

Perridon, L. / Steiner, M. / Rathgeber, A. (2009):
Finanzwirtschaft der Unternehmung. 15. Auflage, München 2009.

Perridon, L. / Steiner, M. / Rathgeber, A. (2012):
Finanzwirtschaft der Unternehmung. 16. Auflage, München 2012.

Pfitzer, N. / Scharpf, P. / Schaber, M. (2007):
Voraussetzungen für die Bildung von Bewertungseinheiten und Plädoyer für die Anerkennung antizipativer Hedges. Teil 1. In: In WpG - Die Wirtschaftsprüfung, 16/2007, S. 675-685.

Pfleger, Günter (2001):

Bilanzlifting – legale und illegale Praktiken zur Schönung von Bilanzen. 2. Auflage, Freiburg 2001.

Prahl, R. / Naumann, T. K. (1992):

Moderne Finanzinstrumente im Spannungsfeld zu traditionellen Rechnungslegungsvorschriften: Barwertansatz, Hedge-Accounting und Portfolio-Approach. In WpG - Die Wirtschaftsprüfung, 23/1992, S. 709-719.

Rammert, S. (2004):

Lohnt die Erhaltung der Kapitalerhaltung? In: BFuP - Betriebswirtschaftliche Forschung und Praxis, 06/2004, S. 578-595.

Rappaport, A. (1999):

Shareholder Value - Ein Handbuch für Manager und Investoren. 2. Auflage, Stuttgart 1999.

Riechert, M. S. / Eck, C. (1999):

Risiko- und Performanceanalyse von Strukturierten Kapitalmarktprodukten. In: Eller, R. / Gruber, W. / Reif, M. (Hrsg.): Handbuch Strukturierter Kapitalmarktprodukte. Konstruktion, Pricing und Risikomanagement. Stuttgart 1999.

Rieger, M. O. (2009):

Optionen, Derivate und strukturierte Produkte. Zürich 2009.

Rudolph, B. / Schäfer, K. (2005):

Derivative Finanzmarktinstrumente. Eine anwendungsbezogene Einführung in Märkte, Strategien und Bewertung. Berlin/Heidelberg 2005.

Ruhnke, K. (2008):

Rechnungslegung nach IFRS und HGB. Stuttgart 2008.

Ruhnke, K. / Simons, D. (2012):
Rechnungslegung nach IFRS und HGB. 3. Auflage, Stuttgart 2012.

Sandig, C. (1970):
Bilanzpolitik. In: Kosiol, E. (Hrsg.), Handwörterbuch des Rechnungswesens, Sp. 231-238. Stuttgart, 1970.

Schaber, M. / Rehm, K. / Märkl, H. / Spies, K. (2009):
Handbuch Strukturierte Finanzinstrumente. HGB - IFRS. 2. Auflage, Düsseldorf 2009.

Scharpf, P. (1999):
Überlegungen zur Bilanzierung strukturierter Produkte (Compound Instruments). In: FINANZ BETRIEB, 5/1999, S. 21-30.

Scharpf, P. / Luz, G. (2000):
Risikomanagement, Bilanzierung und Aufsicht von Finanzderivaten. 2. Auflage, Stuttgart 2000.

Schildbach, T. (2000):
Der handelsrechtliche Jahresabschuss. 6. Auflage, Herne 2000.

Schildbach, T. (2009):
Fair value-Statik und Information des Kapitalmarktes. In: BFuP - Betriebswirtschaftliche Forschung und Praxis, 06/2009, S. 581-598.

Schlecker, M. (2009):
Credit Spreads. Einflussfaktoren, Berechnung und langfristige Gleichgewichtsmodellierung. Lohmar 2009.

Schmalenbach, E. (1962):
Dynamische Bilanz. 13. Auflage, Köln und Opladen 1962.

Spremann, K. (2006):

Portfoliomanagement. 3. Auflage, München 2006.

Spremann, K. / Gantenbein, P. (2007):

Zinsen, Anleihen, Kredite. 4. Auflage, München 2007.

Steiner, M. / Bruns, C. (2000):

Wertpapiermanagement. 7. Auflage, Stuttgart 2000.

Steiner, M. / Bruns, C. / Stöckl, S. (2012):

Wertpapiermanagement. 10. Auflage, Stuttgart 2012.

Steiner, P. / Uhlir, H. (2001):

Wertpapieranalyse. Heidelberg 2001.

Stoimenov, P. A. / Wilkens, S. (2004):

Der Markt für strukturierte Aktienprodukte in Deutschland - Produktüberblick, Bewertung und empirische Untersuchung der Preisbildung. In: FINANZ BETRIEB, 3/2004, S. 207-218.

SVSP (2012):

Worin liegen die Vorteile von Investments in Strukturierte Produkte? FAQ's. Veröffentlicht im Internet (10.04.2012). http://www.svsp-verband.ch/home/faq.aspx?lang=de.

SVSP (2013):

Strukturierte Produkte - Emittentenbonität. Veröffentlicht im Internet (12.11.2013), http://www.svsp-verband.ch/home/bonitaet.aspx?lang=de

Trauten, A. / Wilkens, S. / Wimschulte, J. (2008):

BIP-indexierte Anleihen - Überblick, Analyse und Bewertung. In: FINANZ BETRIEB, 7-8/2008, S. 507-520.

Velte, P. (2008):

Auswirkungen des BilMoG-RefE auf die Informations- und Zahlungsbemessungsfunktion des handelsrechtlichen Jahresabschlusses - Würdigung ausgewählter novellierter Ansatz- und Bewertungsvorschriften unter besonderer Berücksichtigung kleiner und mittelständischer Unternehmen. In: KoR - Zeitschrift für internationale und kapitalmarktorientierte Rechnungslegung, 02/2008, S. 61-73.

Wagenhofer, A. / Ewert, R. (2007):

Externe Unternehmensrechnung. 2. Auflage, Berlin/Heidelberg 2007.

Wagenhofer, A. (2008):

Fair Value-Bewertung: Führt sie zu einer nützlicheren Finanzberichterstattung? In: ZfbF - Schmalenbachs Zeitschrift für betriebswirtschaftliche Forschung, Jg. 60, 03/2008, S. 185-194.

Walter, B. (2008):

Strukturierte Produkte - Systematik, Kosten sowie Eignung als Refinanzierungsinstrument für Sparkassen. 2. Auflage, Taunusstein 2008.

Wiechens, G. / Varain, T. (2008):

Bilanzierung strukturierter Finanzinstrumente nach IDW RS HFA 22. In: Betriebs Berater, Heft 43/2008, S. 2338-2341.

Wiedemann, A. (2003):

Financial Engineering. Bewertung von Finanzinstrumenten. Frankfurt am Main 2003.

Wielenberg, S. (2009):

Ausschüttungsbegrenzung und liquidationsfinanzierte Ausschüttungen - wie sinnvoll ist vorsichtige Rechnungslegung? In: ZfbF - Schmalenbachs Zeitschrift für betriebswirtschaftliche Forschung, Jg. 61, 02/2009, S. 2-21.

Wilding, B. / Volkart, R. (2007):
Strukturierte Produkte aus Anlegersicht - Überlegungen zum Chancen-Risiken-Potential anhand ausgewählter Beispiele. In: Der Schweizer Treuhänder, 11/2007, S. 814-822.

Wilkens, S. / Stoimenov, P. A. (2005):
Strukturierte Finanzprodukte am deutschen Kapitalmarkt. In: FINANZ BETRIEB, 7-8/2005, S. 512-517.

Winkeljohann, N. (2006):
Rechnungslegung nach IFRS. 2. Auflage, Herne 2006.

Wohlwend, H. (2001):
Der Markt für strukturierte Produkte in der Schweiz. Eine empirische Untersuchung. Bern/Stuttgart/Wien 2001.

Wohlwend, H. (2004):
Der Markt für strukturierte Produkte in der Schweiz. Eine empirische Untersuchung. 2. Auflage, Bern/Stuttgart/Wien 2004.

Wolz, M. (2004):
Bilanzierung von Finanzderivaten nach HGB und IAS/IFRS. In: Betrieb und Wirtschaft, 10/2004, S. 397-428.

Wulfert, I. / Wieske, D. (2011):
Die externe Rechnungslegung aus der Perspektive der Prinzipal-Agenten-Theorie unter besonderer Berücksichtigung der Rechnungslegungsvorschriften für Finanzinstrumente. In: Heyd, R. / Beyer, M. (2011): Die Prinzipal-Agenten-Theorie in der Finanzwirtschaft. Analysen und Anwendungsmöglichkeiten. Berline 2011.

Zantow, R. (2007):

Finanzwirtschaft der Unternehmung. Die Grundlagen des modernen Finanzmanagements. 2. Auflage, München 2007.

Zantow, R. / Dinauer, J. (2011):

Finanzwirtschaft der Unternehmung. Die Grundlagen des modernen Finanzmanagements. 3. Auflage, München 2011.

Zimmermann, J. / Werner, J. R. / Kilian, J. (2011):

Wie verbreitet sind Covenants? In: Die Bank, 07/2011, S. 20-25.

Zülch, H. / Siggelkow, L. (2012):

Bilanzpolitik im Rahmen der Entscheidung zur Erfassung einer Wertminderung gemäß IAS 36 – Empirische Analyse des Bilanzierungsverhaltens deutscher Unternehmen im Zeitraum 2004 bis 2010. In: CORPORATE FINANCE biz, Heft 8, 12/2012, S. 383-391.

EINZELSCHRIFTEN

Daniel M. Blab
Die Anwendung der International Public Sector Accounting Standards (IPSAS) als funktionales Element einer Neuordnung der öffentlichen Verwaltung – Eine konzeptionelle und normative Analyse am Beispiel von Natur- und Kulturgütern
Lohmar – Köln 2014 • 460 S. • € 69,- (D) • ISBN 978-3-8441-0305-2

Nicole Seifferth-Schmidt
Die Theorie des Sozialkapitals und dessen empirische Genese und Wirkungen in Deutschland
Lohmar – Köln 2014 • 204 S. • € 49,- (D) • ISBN 978-3-8441-0308-3

Stephan Dieter Prym
Die Bedeutung von Sozialkapital beim Internationalisierungsprozess von Familienunternehmen
Lohmar – Köln 2014 • 484 S. • € 72,- (D) • ISBN 978-3-8441-0314-4

Philipp Huber
Bewertung von Unternehmen im Economic und Financial Distress – Eine Analyse der Discounted Cashflow-Verfahren
Lohmar – Köln 2014 • 172 S. • € 48,- (D) • ISBN 978-3-8441-0318-2

Anne Böttcher
Der Einfluss des Wettbewerbs unter deutschen Banken auf den zyklischen Verlauf des Kreditangebotes
Lohmar – Köln 2014 • 192 S. • € 49,- (D) • ISBN 978-3-8441-0324-3

Regine Merz
Künstlerische Therapien zur Burnout-Prävention in Unternehmen – Einsatzmöglichkeiten und ökonomischer Nutzen
Lohmar – Köln 2014 • 84 S. • € 37,- (D) • ISBN 978-3-8441-0330-4

Abdelhakim Azaouagh
Finanzwirtschaftliche Effekte der Bilanzierung Strukturierter Produkte – Erfolgsneutrale Fair Value-Bilanzierung als alternatives Konzept?
Lohmar – Köln 2014 • 240 S. • € 56,- (D) • ISBN 978-3-8441-0333-5

JOSEF EUL VERLAG